New Wun Ching Developmental Publishing Co., Ltd.

New Age · New Choice · The Best Selected Educational Publications — NEW WCDP

附 MATLAB、Pspice 實習演練電子書
MATLAB 程式檔

第**2**版

電子學下

葉倍宏 編著

2nd Edition

ELECTRONICS

　　本書編寫目的，在於使用數值計算 MATLAB 與電路模擬 TINA：Pspice 兩套功能強大的軟體，來輔助學習電子學與模擬電子實習課程，內容淺顯易懂，非常適合大專以上理工學院非電子電機科系，以及電子電機科系主修電子學及其實習課程的同學研習與入門導讀所需。

　　電子學是本書的主體，著重在對不簡單的課程能夠有簡單的呈現，全書中盡量避免使用艱深難解的數學，易讀易懂，因此，即使未曾修過基本電學課程，同樣可以輕鬆學習；至於 MATLAB 與 Pspice，必須再三強調，只是做為輔助學習電子學的工具而已，雖然在進階應用上有其必要性，在教學的立場上，當然非常鼓勵盡量使用，但是，絕對不能取代或省略筆算的過程，此訴求重點請務必確實做到，如此才能有好的學習效果，進而奠定未來繼續研習微電子學課程的基礎。

　　持續進行多元化相關連的學習，不僅能落實深化學習效果，更有助於未來競爭力的提昇，有鑑於此，極力推薦使用 MATLAB 與 Pspice；在學習過程中，建議：

- 確實筆算過所有範例與練習。

- 快速瀏覽每一章最後一節的習題單元，複習本章內容重點是否都已經充分了解；若有疑問，針對該主題再重覆進行上述步驟，直到全部了解為止。

- 行有餘力，再使用 MATLAB 撰寫程式，進行模擬數值分析。

- 最後配合電子學進度，完成相關電子實習的 Pspice 電路模擬。

　　書末內附光碟，有 Pspice 與 MATLAB 模擬的內文電子檔，以及 MATLAB 程式檔案，前者為了節省篇幅，後者可備而不用，但方便讀者需要時對照學習，至於 Pspice 檔案，因要求學習者必須親自操作，因此不提供原始檔案。

　　筆者才疏學淺，純粹以教學需要編撰，尚祈讀者、先進不吝指正，針對本書中任何問題，或有任何建議，請 email：

　　　　yehcai@mail.ksu.edu.tw

　　本次改版除了部分內容修正外，並提供與加強多元化網路數位學習功能；爾後相關更新資料與解惑回函，請瀏覽教學網站：

　　　　http://120.114.73.240/elec/

葉倍宏　謹識

目 錄
CONTENTS

說明：章節名稱之後，標有《※》表示搭配光碟電子書中 Pspice 分析
　　　章節名稱之後，標有《＊》表示搭配光碟電子書中 MATLAB 分析
　　　書中多數輸出圖皆以程式演算模擬圖檔直接真實呈現。

CH 15　運算放大器 321

11
Chapter

場效電晶體放大器

研究完本章，將學會

- 轉換電導 gm
- 共源放大器
- 淹沒共源放大器
- 共洩放大器
- 共閘放大器
- JFET 串級放大器

11-1 轉換電導 g_m*

分析 JFET 放大器，必須先瞭解**轉換電導**(Transconductance)，代號 g_m，定義為小信號輸出電流與小信號輸出電壓的比率，即

$$g_m = \frac{i_d}{v_{gs}} = \frac{\Delta I_D}{\Delta V_{GS}}$$

將**轉換電導曲線**方程式微分，可得

$$g_m = g_{m0}\left(1 - \frac{V_{GS}}{V_{GS(off)}}\right)$$

其中 g_{m0} 為 $V_{GS} = 0$ 的轉換電導值，此時，g_m 值最大，大小為

$$g_{m0} = \frac{-2I_{DSS}}{V_{GS(off)}}$$

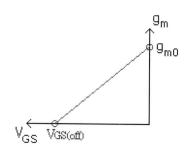

由 g_m 方程式可知，g_m 與 V_{GS} 呈線性關係，顯示 V_{GS} 愈負，g_m 愈小

1 範例

JFET 的 $I_{DSS} = 12\text{mA}$ ，$V_{GS(off)} = -4\,\text{V}$ ，求 (a) g_{m0} (b) $V_{GS} = -2\,\text{V}$ ，$g_m = ?$

解

(a) 使用 $g_{m0} = \dfrac{-2I_{DSS}}{V_{GS(off)}}$

$$g_{m0} = -2\frac{12\text{ mA}}{-4} = 6\text{ mS} = 6000\ \mu\text{S}$$

上式中，S 為電導單位

(b) 使用 $g_m = g_{m0}\left(1 - \dfrac{V_{GS}}{V_{GS(off)}}\right)$

$$g_m = 6000\left(1 - \frac{-2}{-4}\right) = 3000\ \mu\text{S}$$

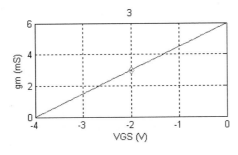

上圖中，標題顯示相對的 $g_m = 3$ mS

經之前說明與例題後，請參考隨書電子書光碟以程式進行相關例題模擬：

11-1-A 轉換電導 MATLAB 分析

 練習 1 JFET 的 $g_{m0} = 4000\ \mu\text{S}$ ， $V_{GS(off)} = -4$ V ， 求 g_m ，當 (a) $V_{GS} = -1$ V
(b) $V_{GS} = -3$ V

Answer (a) 3 mS (b) 1 mS

11-2 共源放大器※*

● 11-2-1 共源放大器分析

　　共源極放大器（Common-Source Amplifier，簡稱 CS 放大器），簡稱**共源放大器**，電路如下圖所示，其中一併顯示輸出電壓 v_{out} 與輸入電壓 v_s 相位反轉與信號放大的示意概念。由電路可知，CS 放大器非常類似電晶體 BJT 的 CE 放大器，分析計算步驟同樣是先行求出輸入阻抗，電壓增益，以及輸出阻抗，再代入所謂的分離式交流模型。

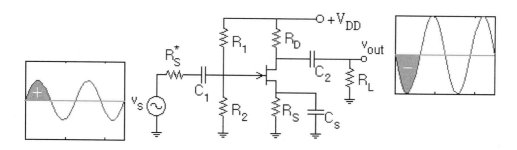

相位反轉

　　如同共射 CE 放大器一般，共源 CS 放大器的輸出信號具有相位反轉的特性，原因如下

　　正半週：p 型區接正，順偏壓，$i_d \uparrow$，$i_d R_D \uparrow$，$(v_{out} = V_{DD} - i_d R_D) \downarrow$，意即輸出較負的電壓。

　　負半週：p 型區接負，逆偏壓，$i_d \downarrow$，$i_d R_D \downarrow$，$(v_{out} = V_{DD} - i_d R_D) \uparrow$，意即輸出較正的電壓。

簡易模型

　　JFET 的 R_{GS} 值高達數十或數百 M 歐姆，形同斷路，而洩極（或者稱為汲極）則是一個相依電流源，其大小為

$$i_d = g_m v_{gs}$$

根據以上所述的概念，建立 JFET 的交流簡易模型，如下圖所示，

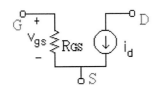
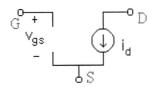

或者進階考慮洩極是一個相依電流源，並且有汲極輸出電阻 r_d（或稱為內部輸出電阻 r_o，下標字 o 代表輸出），此種比較複雜的交流模型如下圖所示，其中汲極輸出電阻 r_d 典型值在 20 kΩ～100 kΩ 之間。

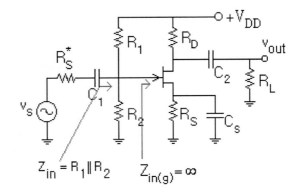

● 11-2-2　交流分析

以下內容不再詳細討論，僅根據 JFET 放大器的三個重要參數類推，若有疑問，請自行複習 BJT 放大器。

輸入阻抗 Z_{in}

共源 CS 放大器比照共射 CE 放大器的做法，但必須將閘極視為斷路，換言之，閘極輸入阻抗為

$$Z_{in(g)} = \infty$$

由如右所示的電路可以清楚看出，不包括信號源電阻，從輸入端往輸出端看，輸入阻抗 Z_{in} 是 3 電阻並聯的結果，其值為

$$Z_{in} = R_1 \| R_2 \| \infty = R_1 \| R_2$$

電壓增益 A

送入電晶體閘極的電壓 v_{gs}，洩極輸出電壓 $v_{out} = -i_d \times R_D$，不包括負載電阻 R_L 作用的信號放大倍數為

$$A = -\frac{v_{out}}{v_{gs}} = -\frac{i_d R_D}{v_{gs}} = -\frac{(g_m v_{gs}) R_D}{v_{gs}} = -g_m R_D$$

或改寫為

$$A = -\frac{R_D}{\left(\dfrac{1}{g_m}\right)}$$

上式中的負號代表相位反轉，此特性從下圖所示電路的電流源方向，亦可清楚看出

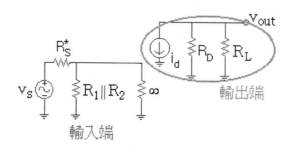

輸入阻抗 Z_{out}

　　將上圖所示的諾頓電路改為戴維寧電路，由化簡後的電路中可以清楚看出，或者直接觀察如下圖所示的放大器電路，其不包括負載電阻，從輸出端往輸入端看，輸出阻抗 Z_{out} 只有洩極電阻，即

$$Z_{out} = R_D$$

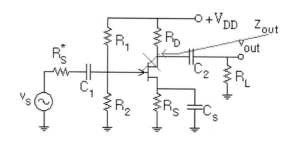

 補充

　　所謂**分離式交流模型**，如下圖所示，一般稱為**轉導放大器**，

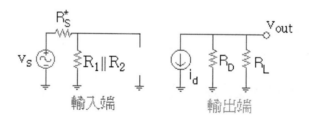

若將放大器等效電路的輸出端，由諾頓電路改為戴維寧電路，則稱為**電壓放大器**；兩種交流模型皆可嘗試使用，建議若時間允許，盡量相互使用，驗算答案是否正確。

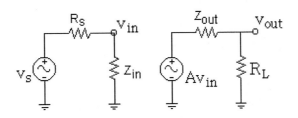

 補充

JFET 內部輸出電阻 r_o 對輸出阻抗的影響

JFET 若有考慮內部輸出電阻 r_o，只要將 $Z_{out} = R_D$ 式中的 R_D 改為 $r_o \| R_D$ 即可

$$Z_{out} = r_o \| R_D$$

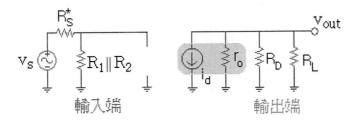

輸入端　　　　　輸出端

總結

　以**分離式交流模型**分析放大器

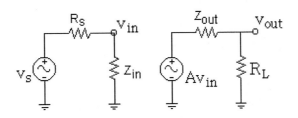

必須事先計算出輸入阻抗

$$Z_{in} = R_1 \| R_2 \| \infty = R_1 \| R_2$$

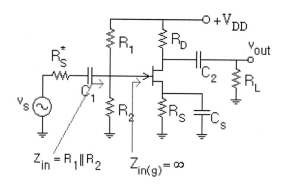

直接從電路圖，根據「分流就是並聯效果」原則，可以幫助瞭解輸入阻抗；接著是電壓增益，

$$A = -\frac{R_D}{\left(\dfrac{1}{g_m}\right)}$$

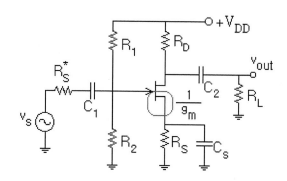

電壓增益 A 是電晶體本身的信號放大倍數，其值並不包括信號源內阻與負載電阻的作用，因此，從電路圖瞭解時，只需考慮中間分壓偏壓電路即可，如上圖所示，輸出電壓為 $-i_d R_D$，輸入電壓為 $i_d\left(\dfrac{1}{g_m}\right)$，兩者相除就是電壓增益；最後是輸出阻抗，

$$Z_{out} = R_D$$

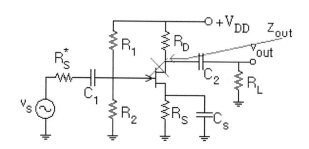

欲求輸出阻抗，從輸出端往輸入端看，其等效電路中，若有電壓源，必須要使其短路，若有電流源，則必須斷路，因為 JFET 的洩極是電流源，所以斷路處理，斷路後左半部的電路不用再考慮，顯見輸出阻抗為洩極電阻 R_D。

 補充

JFET 若有考慮內部輸出電阻，意即洩極為非理想電流源，其內阻 r_o 為有限值，處理方式當然是並聯的效果。

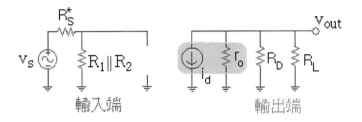

總電壓增益 A_t

以分壓、放大、分壓的方式，計算總電壓增益 A_t。

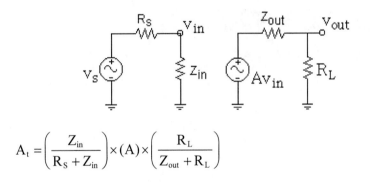

$$A_t = \left(\frac{Z_{in}}{R_S + Z_{in}} \right) \times (A) \times \left(\frac{R_L}{Z_{out} + R_L} \right)$$

 補充

轉導放大器型態處理：直接在共源 CS 放大器（如下圖左所示）電路的源極上標示轉導值的倒數 g_m^{-1} 與輸出電阻 r_o，對應於電晶體 BJT 共射 CE 放大器的交流射極電阻 r_e 與輸出電阻 r_o（如下圖右所示），觀察共源 CS 放大器電路，注意送入 JFET 閘極的電壓橫跨在那些參數上，以及輸出端從何處接出，又與那些參數有關。

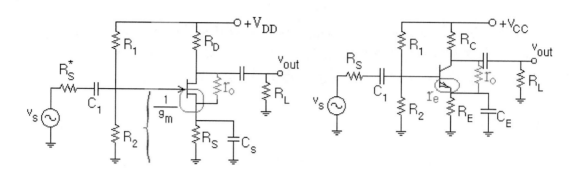

　　由上圖可見送入電晶體閘極的電壓橫跨在轉導值的倒數 g_m^{-1} 上（源極電阻 R_S 已經被旁路電容 C_S 短路掉），輸出電壓則相關於 $r_o \| R_D \| R_L$ （從輸出端節點放入一測試電流，有分流效果就是並聯處理，反之沒有分流效果就是串聯處理），$i_d = i_s$，因此放大器總電壓增益 A_t 可以表示為

$$A_t = （分壓項）（轉導項）$$

$$A_t = (\frac{R_i}{R_S^* + R_i})(-\frac{(r_o \| R_D \| R_L)}{g_m^{-1}}) = (\frac{R_i}{R_S^* + R_i})[-g_m(r_o \| R_D \| R_L)]$$

2 範例

如圖電路，$g_m = 3850\,\mu S$，$v_s = 10\,mV$，求總電壓增益 A_t。

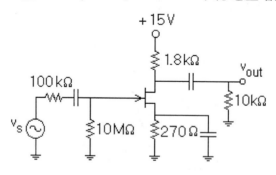

解

計算三個重要參數：（轉換電導值已知，但是實際值為何，請自行練習）

$$Z_{in} = R_1 \| R_2 = \infty \| 10\,M\Omega = 10\,M\Omega$$

$$A = -\frac{R_D}{\left(\dfrac{1}{g_m}\right)} = -g_m R_D = -(3850\,\mu)(1.8k) = -6.93$$

$$Z_{out} = R_D = 1.8\,k\Omega$$

根據分離式交流模型，以「**分壓、放大、分壓**」方式，計算 v_{out}

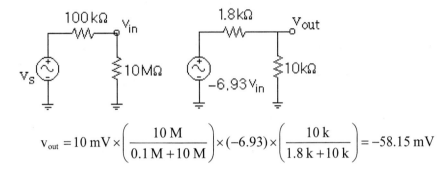

$$v_{out} = 10\,mV \times \left(\frac{10\,M}{0.1\,M + 10\,M}\right) \times (-6.93) \times \left(\frac{10\,k}{1.8\,k + 10\,k}\right) = -58.15\,mV$$

或者直接計算總電壓增益 A_t

$$A_t = \left(\frac{10\,M}{0.1\,M + 10\,M}\right) \times (-6.93) \times \left(\frac{10\,k}{1.8\,k + 10\,k}\right) = -5.82$$

意即 v_s 放大 5.82 倍，而且 v_{out} 與 v_s 反相（相位差 180 度）。

補充

　　輸出端所有的電阻也可以全部並聯處理，此時包括負載電阻作用的電壓增益為 $A = -g_m(R_D \parallel R_L)$，代入數值，可得

$$A = -(3.85m)(1.8k \parallel 10k) = -5.873$$

此狀況下的分離式交流模型如下所示

因為負載電阻已經併入計算，因此只需用「**分壓、放大**」動作即可，可得總電壓增益為

$$A_t = (\frac{10}{0.1+10})\,(-5.872) = -5.815$$

補充

若有考慮輸出電阻 r_o 的作用，例如 $y_{os} = 20\,\mu S$，即 $r_o = 1/y_{os} = 50\,k\Omega$，此時包括輸出電阻 r_o 作用的電壓增益為 $A = -g_m(r_o \| R_D \| R_L)$，代入數值，可得

$$A = -(3.85m)\,(50k \| 1.8k \| 10k) = -5.7$$

總電壓增益為

$$A_t = (\frac{10}{0.1+10})\,(-5.7) = -5.644$$

換言之，輸出電阻的作用將降低些許總電壓增益值。

範例 2 直接給值 $g_m = 3850\,\mu S$，省略計算自給偏壓在 Q 點的轉換電導值，雖然方便使用，但一般電路應該只提供 JFET 的 I_{DSS} 與 $V_{GS(off)}$，因此，請務必練習求出放大器的 g_m 值，例如 n 通道 JFET 的 $I_{DSS} = 12\,mA$，$V_{GS(off)} = -4\,V$。

Answer 略。

3 範例

如圖電路，JFET 的 $I_{DSS} = 12\,mA$，$V_{GS(off)} = -4\,V$，$v_s = 10\,mV$，求總電壓增益 A_t。

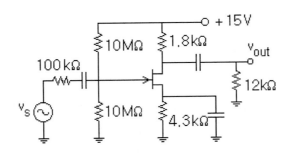

- -

解

根據第十章 JFET 分壓偏壓電路的計算，可知轉換電導值 g_m 為

$$g_m = 2610\,\mu S$$

計算三個重要參數：

$$Z_{in} = R_1 \,\|\, R_2 = 10\,M\Omega \,\|\, 10\,M\Omega = 5\,M\Omega$$

$$A = -\frac{R_D}{\left(\dfrac{1}{g_m}\right)} = -g_m R_D = -(2610\,\mu)(1.8k) = -4.7$$

$$Z_{out} = R_D = 1.8\,k\Omega$$

根據分離式交流模型，以「**分壓、放大、分壓**」方式，計算 v_{out}

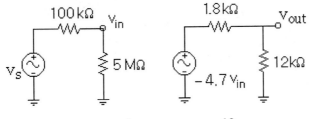

$$v_{out} = 10\,mV \times \frac{5}{0.1+5} \times (-4.7) \times \frac{12}{1.8+12} = -40.1\,mV$$

或者直接計算總電壓增益 A_t

$$A_t = \frac{5}{0.1+5} \times (-4.7) \times \frac{12}{1.8+12} = -4.01$$

意即 v_s 放大 4.01 倍，而且 v_{out} 與 v_s 反相（相位差 180 度）。

練習

若有考慮輸出電阻的作用，例如 $y_{os} = 20\,\mu S$ ，即 $r_o = 1/y_{os} = 50\,k\Omega$ ，總電壓增益為何？

 略

經之前說明與例題後，請參考隨書電子書光碟以程式進行相關例題模擬：

11-2-A　共源放大器 Pspice 分析

11-2-B　共源放大器 MATLAB 分析

練習 2

如圖電路，若 $I_{DSS} = 8\,mA$ ， $V_{GS(off)} = -4V$ ， $v_s = 10\,mV$ ，求總電壓增益 A_t 。

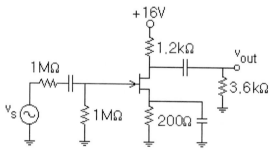

Answer　　$g_m = 3062.26\,\mu S$ ， $A_t = -1.38$

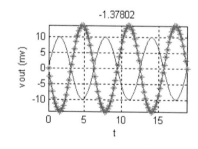
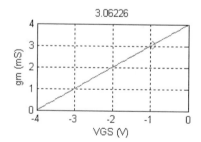

練習 3

如圖電路，JFET 的 $I_{DSS} = 12\,mA$，$V_{GS(off)} = -4\,V$，求總電壓增益 A_t。

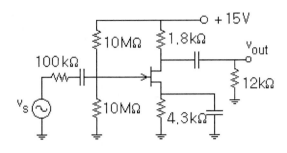

Answer　$g_m = 1951.83\,\mu S$，$A_t = -4.31$

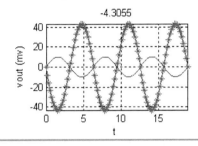
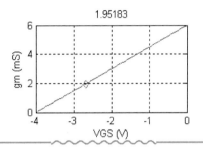

11-3　淹沒共源放大器※*

● 11-3-1　淹沒共源放大器分析

前述的共源放大器電路，其直流偏壓部分的電壓增益為

$$A = -\frac{R_D}{\left(\dfrac{1}{g_m}\right)}$$

可知當在源極加上未被旁路的淹沒電阻 r_s，如下圖所示，將使電壓增益有降低的效果，

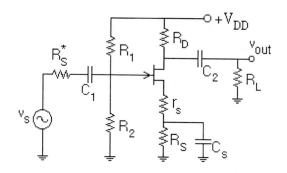

或者將旁路電容斷路，同樣可以達到降低電壓增益 A 的目的。

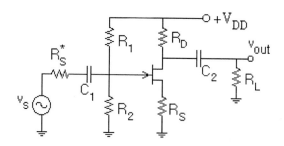

　　這就是所謂的**淹沒共源放大器**(Swamped CS Amplifier)，以外加淹沒電阻 r_s 的放大器電路為例，對交流而言，源極除了 g_m^{-1} 外，現在必須再串聯淹沒電阻 r_s，換言之，只要將共源放大器中的 g_m^{-1}，改成 $(g_m^{-1} + r_s)$，就是就是處理淹沒共源放大器的關鍵；以此類推，對直接將旁路電容斷路的放大器電路而言，只要將共源放大器中的 g_m^{-1}，改成 $(g_m^{-1} + R_S)$。

● 11-3-2　交流分析

　　回顧共源放大器的分析參數與步驟，首先求出三個重要參數

$$Z_{in} = R_1 \| R_2 \| \infty = R_1 \| R_2$$

$$A = -\frac{R_D}{\left(\dfrac{1}{g_m}\right)}$$

$$Z_{out} = R_D$$

代入分離式交流模型

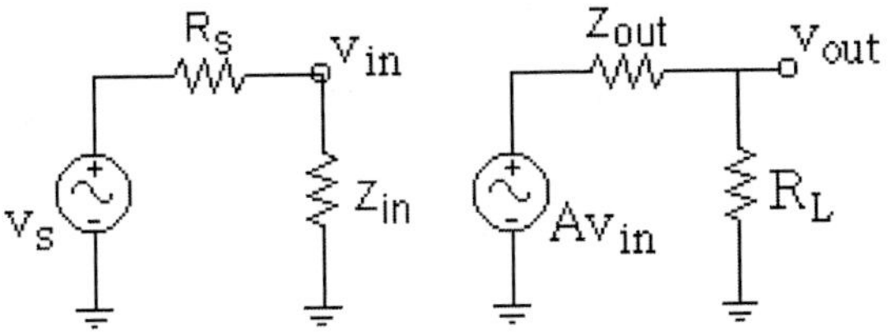

提供快速分析放大器的計算方法，以分壓、放大、分壓的方式，計算總電壓增益 A_t

$$A_t = \left(\frac{Z_{in}}{R_S + Z_{in}}\right) \times (A) \times \left(\frac{R_L}{Z_{out} + R_L}\right)$$

如果是淹沒共源放大器的電路，觀察電路可知外加淹沒電阻為 r_s，只要將 g_m^{-1}，改成 $(g_m^{-1} + r_s)$，其餘如同共源放大器處理。

$$Z_{in} = R_1 \parallel R_2 \parallel \infty = R_1 \parallel R_2$$

$$A = -\frac{R_D}{(g_m^{-1} + r_s)}$$

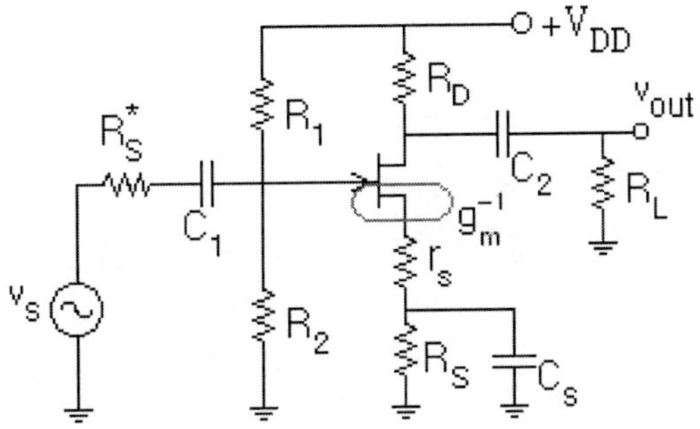

如果是直接將旁路電容 C_S 斷路的淹沒共源放大器電路，只要將 g_m^{-1}，改成 $(g_m^{-1} + R_S)$

$$Z_{in} = R_1 \parallel R_2 \parallel \infty = R_1 \parallel R_2$$

$$A = -\frac{R_D}{(g_m^{-1} + R_S)}$$

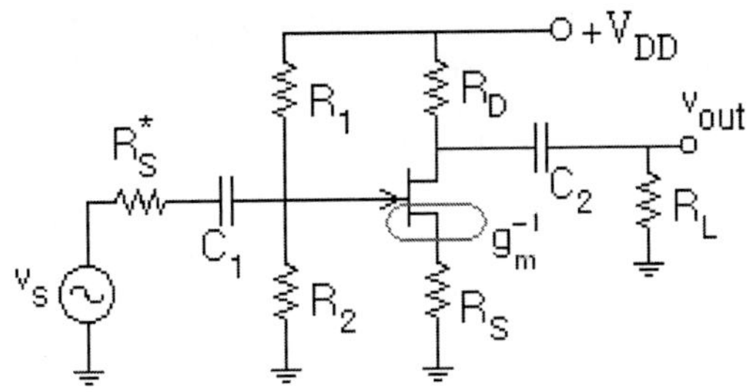

由以上結果可知，淹沒電阻加在電壓增益的分母項中，因此會有降低電壓增益值的效果。

淹沒電阻對失真的效應

因為 JFET 的轉換電導曲線呈現拋物線關係，使得 JFET 放大器會有輸出信號失真的情況發生，即使是 JFET 放大器的總電壓增益一般都比 BJT 放大器小很多。JFET 淹沒放大器中安排淹沒電阻 r_s，有減少輸出信號失真的優點，其道理就如同 CE 淹沒放大器中 r_E 的淹沒效果一樣。

補充

轉導放大器型態處理：直接在淹沒共源 CS 放大器（如下圖所示）電路的源極上標示轉導值的倒數 g_m^{-1}，觀察電路，注意送入 JFET 閘極的電壓橫跨在那些參數上，以及輸出端從何處接出，又與那些參數有關。

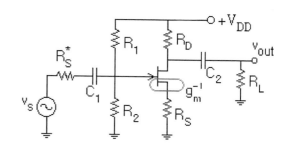

由上圖可見送入電晶體閘極的電壓橫跨在轉導值的倒數 g_m^{-1} 與源極電阻 R_S 上，輸出電壓則相關於 $R_D \| R_L$（從輸出端節點放入一測試電流，有分流效果就是並聯處理，反之沒有分流效果就是串聯處理），因此放大器總電壓增益 A_t 可以表示為

$$A_t = (\frac{R_i}{R_S^* + R_i})(-\frac{(R_D \| R_L)}{g_m^{-1} + R_S}) = (\frac{R_i}{R_S^* + R_i})(-\frac{g_m (R_D \| R_L)}{1 + g_m R_S})$$

上式中 R_i 為輸入阻抗，等同於 Z_{in}。

4 範例

如圖電路，JFET 的 $I_{DSS} = 12 \text{ mA}$，$V_{GS(off)} = -4 \text{ V}$，求總電壓增益 A_t。

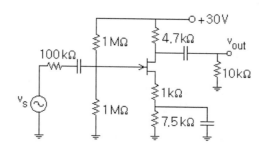

解

根據第十章 JFET 分壓偏壓電路的計算，可知轉換電導值 $g_m = 2474.6\,\mu S$，即

$$g_m^{-1} = \frac{1}{2474.6\,\mu S} = 404.11\,\Omega$$

計算三個重要參數：

$$Z_{in} = R_1 \| R_2 \| Z_{in(g)} = 1\,M\Omega \| 1\,M\Omega \| \infty = 500\,k\Omega$$

$$A = -\frac{R_D}{(g_m^{-1} + r_s)} = -\frac{4.7}{(0.404 + 1)} = -3.35$$

$$Z_{out} = R_D = 4.7\,k\Omega$$

根據分離式交流模型，以「**分壓、放大、分壓**」方式，計算 v_{out}

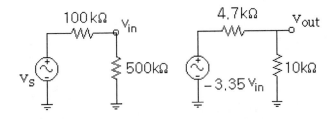

或直接計算總電壓增益 A_t

$$A_t = \frac{500}{100 + 500} \times (-3.35) \times \frac{10}{4.7 + 10} = -1.9$$

意即 v_s 放大 1.9 倍，而且 v_{out} 與 v_s 反相（相位差 180 度）

練習　若有考慮輸出電阻的作用，例如 $y_{os} = 20\,\mu S$，即 $r_o = 1/y_{os} = 50\,k\Omega$，總電壓增益為何？

Answer　略

5 範例

如圖電路，JFET 的 $I_{DSS} = 12\,mA$ ， $V_{GS(off)} = -4\,V$ ，求總電壓增益 A_t 。

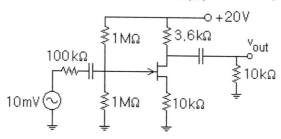

解

此範例接續練習 3： $g_m = 1951.83\,\mu S$ ， $A_t = -4.31$ ，因為直流偏壓一樣，直接套用 g_m 值，即

$$g_m^{-1} = \frac{1}{1951.8\,\mu S} = 512.3\,\Omega$$

計算三個重要參數：

$$Z_{in} = R_1 \| R_2 \| Z_{in(g)} = 1\,M\Omega \| 1\,M\Omega \| \infty = 500\,k\Omega$$

$$A = -\frac{R_D}{(g_m^{-1} + R_S)} = -\frac{3.6}{(0.512 + 10)} = -0.343$$

$$Z_{out} = R_D = 3.6\,k\Omega$$

根據分離式交流模型，以「**分壓、放大、分壓**」方式，計算 v_{out}

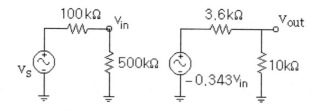

或直接計算總電壓增益 A_t

$$A_t = \frac{500}{100 + 500} \times (-0.343) \times \frac{10}{3.6 + 10} = -0.21$$

意即 v_s 放大 0.21 倍，而且 v_{out} 與 v_s 反相（相位差 180 度），顯見淹沒電阻愈大，電壓增益被淹沒的程度也愈大，致使放大器只有 0.21 倍的電壓放大。

練習　若有考慮輸出電阻的作用，例如 $y_{os} = 20\,\mu s$，即 $r_o = 1/y_{os} = 50\,k\Omega$，總電壓增益為何？

Answer　略

經之前說明與例題後，請參考隨書電子書光碟以程式進行相關例題模擬：

11-3-A　淹沒共源放大器 Pspice 分析

11-3-B　淹沒共源放大器 MATLAB 分析

 練習 4　如圖電路，JFET 的 $I_{DSS} = 8\,mA$，$V_{GS(off)} = -4\,V$，求總電壓增益 A_t。

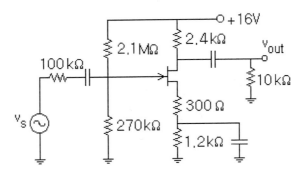

Answer　$g_m = 2198.3\,\mu S$，$A_t = -1.81$

 練習 5　續練習 4，但將旁路電容斷路，求總電壓增益 A_t。

Answer　$g_m = 2198.3\,\mu S$，$A_t = -0.7$

11-4 共洩放大器※*

● 11-4-1 共洩放大器分析

JFET **共洩極放大器**（Common- Drain Amplifier，簡稱 CD 放大器），簡稱**共洩放大器**，電路如下圖所示，其中一併顯示輸出電壓 v_{out} 與輸入電壓 v_s 相位同步與信號近似的示意概念。由電路可知，CD 放大器非常類似電晶體 BJT 的 CC 放大器，分析計算步驟同樣是先行求出輸入阻抗，電壓增益，以及輸出阻抗，再代入所謂的分離式交流模型。

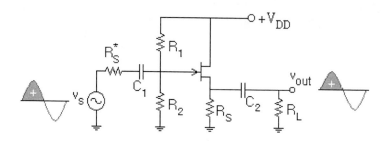

相位同步

如同 CC 放大器一般，CD 放大器的輸出信號具有相位同步的特性，原因如下：

正半週：p 型區接正，順偏壓，$i_d\uparrow$ ，$i_d R_S\uparrow$ ，$v_{out}\uparrow$ ，意即輸出較正的電壓。

負半週：p 型區接負，逆偏壓，$i_d\downarrow$ ，$i_d R_S\downarrow$ ，$v_{out}\downarrow$ ，意即輸出較負的電壓。

● 11-4-2 交流分析

輸入阻抗 Z_{in}

按照 CE 放大器的做法，但必須將閘極視為斷路，換言之，

$$Z_{in} = R_1 \| R_2 \| \infty = R_1 \| R_2$$

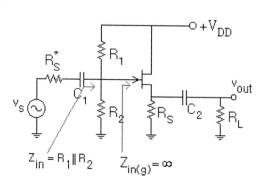

電壓增益 A

送入電晶體閘極的電壓 v_{gs}，源極輸出電壓 $i_d R_S$，不包括負載電阻 R_L 作用的信號放大倍數為

$$A = \frac{R_S}{(g_m^{-1} + R_S)}$$

輸入阻抗 Z_{out}

直接觀察如下圖所示的放大器電路，其不包括負載電阻，從輸出端往輸入端看，因閘源間的電阻無窮大，形同斷路，因此看入是分流效果，可見輸出阻抗 Z_{out} 為

$$Z_{out} = g_m^{-1} \parallel R_S$$

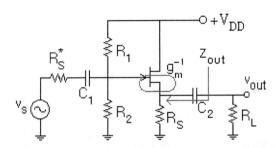

總電壓增益 A_t

以分壓、放大、分壓的方式，計算總電壓增益 A_t

$$A_t = \left(\frac{Z_{in}}{R_S + Z_{in}}\right) \times (A) \times \left(\frac{R_L}{Z_{out} + R_L}\right)$$

補充

　　轉導放大器型態處理：直接在共汲 CD 放大器（如下圖所示）電路的源極上標示轉導值的倒數 g_m^{-1} 與輸出電阻 r_o，觀察電路，注意送入 JFET 閘極的電壓橫跨在那些參數上，以及輸出端從何處接出，又與那些參數有關。

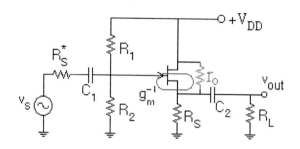

　　由上圖可見送入 JFET 閘極的電壓橫跨在轉導值的倒數 g_m^{-1} 與 $(r_o \| R_S \| R_L)$ 上，輸出電壓則相關於 $(r_o \| R_S \| R_L)$，因此放大器總電壓增益 A_t 可以表示為

$$A_t = \left(\frac{R_i}{R_S^* + R_i}\right)\left(\frac{(r_o \| R_S \| R_L)}{g_m^{-1} + (r_o \| R_S \| R_L)}\right) = \left(\frac{R_i}{R_S^* + R_i}\right)\left(\frac{g_m(r_o \| R_S \| R_L)}{1 + g_m(r_o \| R_S \| R_L)}\right)$$

6　範例

　　如圖電路，JFET 的 $I_{DSS} = 12 \text{ mA}$，$V_{GS(off)} = -4 \text{ V}$，求總電壓增益 A_t。

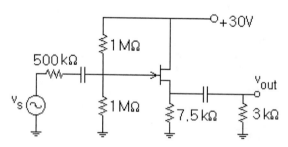

解

　　根據第十章 JFET 分壓偏壓電路的計算，可知轉換電導值 $g_m = 2626.7 \text{ μS}$，即

$$g_m^{-1} = \frac{1}{2626.7 \text{ μS}} = 380.71 \text{ }\Omega$$

計算三個重要參數：

$$Z_{in} = R_1 \| R_2 \| Z_{in(g)} = 1\,M\Omega \| 1\,M\Omega \| \infty = 500\,k\Omega$$

$$A = \frac{R_S}{(g_m^{-1} + R_S)} = \frac{7.5}{(0.381 + 7.5)} = 0.952$$

$$Z_{out} = g_m^{-1} \| R_S = 380.71\,\Omega \| 7500\,\Omega = 362.32\,\Omega$$

根據分離式交流模型，以「**分壓、放大、分壓**」方式，計算 v_{out}

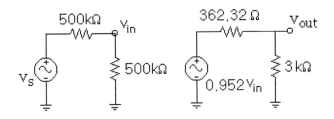

或直接計算總電壓增益 A_t

$$A_t = \frac{500}{500 + 500} \times (0.952) \times \frac{3000}{362.32 + 3000} = 0.43$$

意即 v_s 放大 0.43 倍，而且 v_{out} 與 v_s 同相。

練習

若有考慮輸出電阻的作用，例如 $y_{os} = 20\,\mu S$，即 $r_o = 1/y_{os} = 50\,k\Omega$，總電壓增益為何？

Answer 　略。

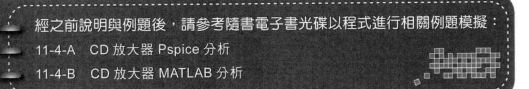

經之前說明與例題後，請參考隨書電子書光碟以程式進行相關例題模擬：

11-4-A　CD 放大器 Pspice 分析

11-4-B　CD 放大器 MATLAB 分析

練習 6

如圖電路，JFET 的 $I_{DSS} = 12\,mA$ ， $V_{GS(off)} = -4\,V$ ，求總電壓增益 A_t 。

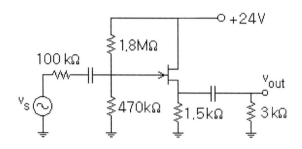

Answer　　$g_m = 3620.8\,\mu S$ ， $A_t = 0.618$

11-5　共閘放大器※＊

11-5-1　共閘放大器分析

　　JFET **共閘放大器**（Common-Gate Amplifier，簡稱 CG 放大器），電路如下圖所示，其中一併顯示輸出電壓 v_{out} 與輸入電壓 v_s 相位同步與信號放大的示意概念。由電路可知，CG 放大器非常類似電晶體 BJT 的共基 CB 放大器，分析計算步驟同樣是先行求出輸入阻抗，電壓增益，以及輸出阻抗，再代入所謂的分離式交流模型。

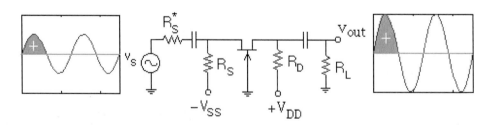

相位同步

　　如同 CB 放大器一般，CG 放大器的輸出信號具有相位同步的特性，原因如下：

　　正半週：n 型區接正，逆偏壓，$i_d \downarrow$ ，$i_d R_D \downarrow$ ，$(v_{out} = V_{DD} - i_d R_D) \uparrow$ ，意即輸出較正的電壓。

負半週：n 型區接負，順偏壓，$i_d \uparrow$，$i_d R_D \uparrow$，$(v_{out} = V_{DD} - i_d R_D) \downarrow$，意即輸出較負的電壓。

● 11-5-2　交流分析

輸入阻抗 Z_{in}

按照 CB 放大器的做法，將洩極斷路，從輸入端往輸出端看，因為 R_S 與 g_m^{-1} 有分流效果，可知是並聯處理，其值為

$$Z_{in} = R_S \| g_m^{-1}$$

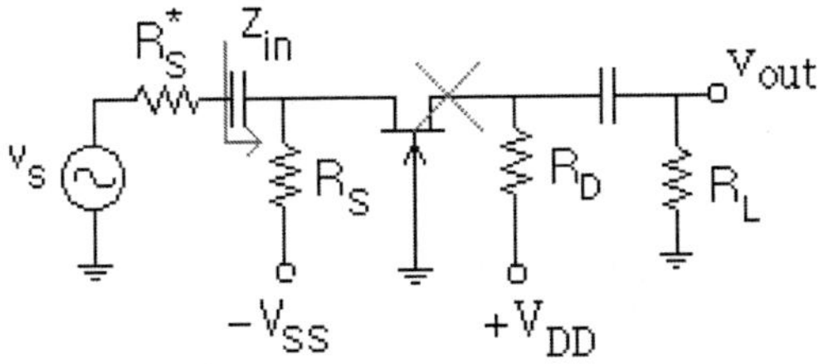

電壓增益 A

送入電晶體閘極的電壓 v_{gs}，源極輸出電壓 $i_d R_D$，不包括負載電阻 R_L 作用的信號放大倍數為

$$A = \frac{R_D}{g_m^{-1}} = g_m R_D$$

輸入阻抗 Z_{out}

直接觀察如下圖所示的放大器電路，其不包括負載電阻，從輸出端往輸入端看，因閘源間的電阻無窮大，形同斷路，洩極電流源也是斷路，可見輸出阻抗 Z_{out} 為

$$Z_{out} = R_D$$

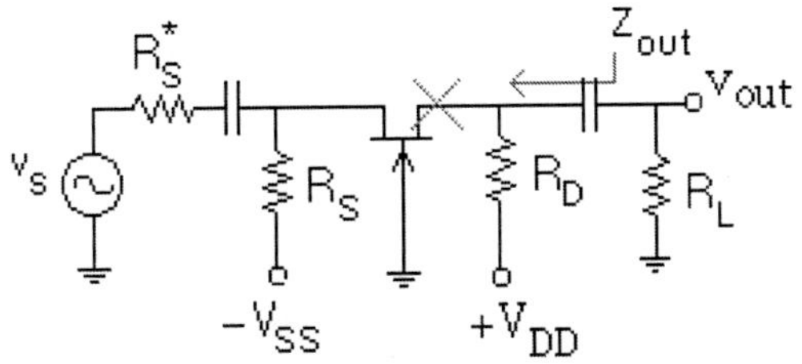

總電壓增益 A_t

以分壓、放大、分壓的方式，計算總電壓增益 A_t

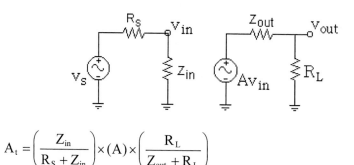

$$A_t = \left(\frac{Z_{in}}{R_S + Z_{in}}\right) \times (A) \times \left(\frac{R_L}{Z_{out} + R_L}\right)$$

 補充

轉導放大器型態處理：直接在共閘 CG 放大器（如下圖所示）電路的源極上標示轉導值的倒數 g_m^{-1}，觀察電路，注意送入 JFET 閘極的電壓橫跨在那些參數上，以及輸出端從何處接出，又與那些參數有關。

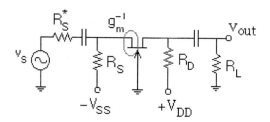

由上圖可見送入 JFET 閘極的電壓橫跨在轉導值的倒數 g_m^{-1} 上，輸出電壓則相關於 $(R_D \| R_L)$，因此放大器總電壓增益 A_t 可以表示為

$$A_t = (\frac{R_i}{R_S^* + R_i})(\frac{R_D \| R_L}{g_m^{-1}}) = (\frac{R_i}{R_S^* + R_i}) g_m (R_D \| R_L)$$

上式中 R_i 為輸入阻抗。

7 範例

如圖電路，JFET 的 $I_{DSS} = 12\,mA$ ， $V_{GS(off)} = -4\,V$ ，求總電壓增益 A_t 。

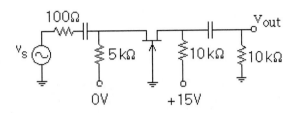

解

根據第十章 JFET 分壓偏壓電路的計算，可知轉換電導值 $g_m = 1362\,\mu S$ ，即

$$g_m^{-1} = \frac{1}{1362\,\mu S} = 734.2\,\Omega$$

計算三個重要參數：

$$Z_{in} = R_S \| g_m^{-1} = 5\,k\Omega \| 734.2\,\Omega = 640.2\,\Omega$$

$$A = \frac{R_D}{g_m^{-1}} = g_m R_D = (1362\,\mu S)(10\,k\Omega) = 13.62$$

$$Z_{out} = R_D = 10\,k\Omega$$

根據分離式交流模型，以「**分壓、放大、分壓**」方式，計算 v_{out}

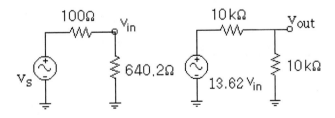

或直接計算總電壓增益 A_t

$$A_t = \frac{640.2}{100 + 640.2} \times (13.62) \times \frac{10}{10 + 10} = 5.89$$

意即 v_s 放大 5.89 倍，而且 v_{out} 與 v_s 同相。

練習　若有考慮輸出電阻的作用，例如 $y_{os} = 20\,\mu S$，即 $r_o = 1/y_{os} = 50\,k\Omega$，總電壓增益為何？

Answer　略。

經之前說明與例題後，請參考隨書電子書光碟以程式進行相關例題模擬：
11-5-A　CG 放大器 Pspice 分析
11-5-B　CG 放大器 MATLAB 分析

練習 7　如圖電路，JFET 的 $I_{DSS} = 10\,mA$，$V_{GS(off)} = -4\,V$，求總電壓增益 A_t。

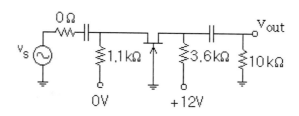

Answer　$g_m = 2240.1\,\mu S$，$A_t = 5.93$

11-6　JFET 串級放大器※*

　　雙載子電晶體串級放大器的概念：放大器前一級的輸出是下一級放大器的輸入，同樣適用於 JFET 串級放大器，例如下圖所示的共源串級共源放大器，

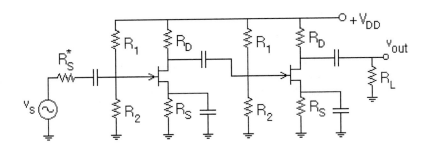

或者是淹沒共源串級淹沒共源放大器，

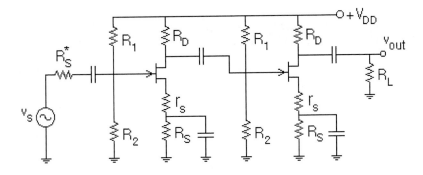

以共源串級共源放大器為例，使用分離式交流模型分析放大器，

其中各級三個重要參數為，

$$Z_{in1} = Z_{in2} = R_1 \| R_2$$

$$A_1 = A_2 = -\frac{R_D}{g_m^{-1}}$$

$$Z_{out1} = Z_{out2} = R_D$$

總電壓增益

　　以**分壓、放大、分壓、放大、分壓**的方式，計輸出電壓 v_{out}

$$v_{in1} = v_s \times \frac{Z_{in1}}{R_S + Z_{in1}} \qquad , \qquad v_{out1} = v_{in2} = A_1 v_{in1} \times \frac{Z_{in2}}{Z_{out1} + Z_{in2}}$$

$$v_{out} = A_2 v_{in2} \times \frac{R_L}{Z_{out2} + R_L} \qquad , \qquad A_t = \frac{v_{out}}{v_s}$$

或直接計算總電壓增益 A_t

$$A_t = \left(\frac{Z_{in1}}{R_S + Z_{in1}} \right) \times (A_1) \times \left(\frac{Z_{in2}}{Z_{out1} + Z_{in2}} \right) \times (A_2) \times \left(\frac{R_L}{Z_{out2} + R_L} \right)$$

8 範例

如圖電路，JFET 的 $I_{DSS} = 12 \text{ mA}$ ， $V_{GS(off)} = -4 \text{ V}$ ，求總電壓增益 A_t 。

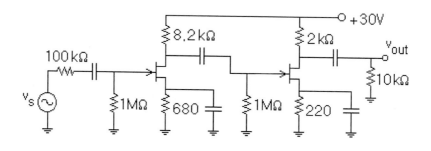

解

根據第十章 JFET 分壓偏壓電路的計算，可知轉換電導值為

$$g_{m1} = 2980.2 \text{ μS} \qquad , \qquad g_{m1}^{-1} = \frac{1}{2980.2 \text{ μS}} = 335.5 \text{ Ω}$$

$$g_{m2} = 4126.7 \text{ μS} \qquad , \qquad g_{m2}^{-1} = \frac{1}{4126.7 \text{ μS}} = 242.3 \text{ Ω}$$

計算三個重要參數：第一級

$$Z_{in1} = 1000 \text{ kΩ} \qquad , \qquad A_1 = -24.44 \qquad , \qquad Z_{out1} = 8.2 \text{ kΩ}$$

第二級：

$$Z_{in2} = 1000 \text{ kΩ} \qquad , \qquad A_2 = -8.25 \qquad , \qquad Z_{out2} = 2 \text{ kΩ}$$

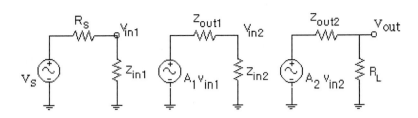

根據分離式交流模型

$$A_t = \frac{1}{0.1+1} \times -24.44 \times \frac{1000}{8.2+1000} \times -8.25 \times \frac{10}{2+10} = 151.51$$

意即 v_s 放大 151.51 倍，而且 v_{out} 與 v_s 同相。

練習

若有考慮輸出電阻的作用，例如 $y_{os} = 20\,\mu S$ ，即 $r_o = 1/y_{os} = 50\,k\Omega$ ，總電壓增益為何？

Answer　略。

9　範例

如圖電路，JFET 的 $I_{DSS} = 12\,mA$ ， $V_{GS(off)} = -4\,V$ ，求總電壓增益 A_t 。

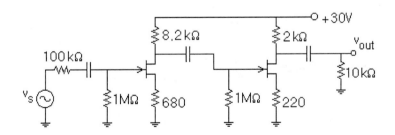

解

根據範例 8 的計算，可知轉換電導值為

$$g_{m1} = 2980.2\,\mu S \qquad , \qquad g_{m1}^{-1} = \frac{1}{2980.2\,\mu S} = 335.5\,\Omega$$

$$g_{m2} = 4126.7\,\mu S \qquad , \qquad g_{m2}^{-1} = \frac{1}{4126.7\,\mu S} = 242.3\,\Omega$$

計算三個重要參數：第一級

$$Z_{in1} = 1000 \text{ k}\Omega \quad , \quad A_1 = -24.44 \quad , \quad Z_{out1} = 8.2 \text{ k}\Omega$$

第二級：

$$Z_{in2} = 1000 \text{ k}\Omega \quad , \quad A_2 = -8.25 \quad , \quad Z_{out2} = 2 \text{ k}\Omega$$

現在的串級電路中無旁路電容，可知為淹沒型 CS 放大器，因此，原來有 g_m^{-1} 的因素，必須改為 $(g_m^{-1} + R_S)$，即

$$A_1 = -\frac{R_{D1}}{(g_{m1}^{-1} + R_{S1})} = -\frac{8.2}{(0.336 + 0.68)} = -8.07$$

$$A_2 = -\frac{R_{D2}}{(g_{m2}^{-1} + R_{S2})} = -\frac{2}{(0.242 + 0.22)} = -4.33$$

根據分離式交流模型，計算總電壓增益

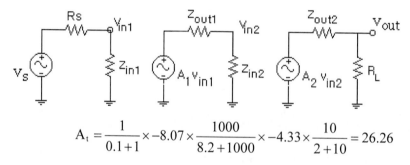

$$A_t = \frac{1}{0.1 + 1} \times -8.07 \times \frac{1000}{8.2 + 1000} \times -4.33 \times \frac{10}{2 + 10} = 26.26$$

意即 v_s 放大 26.26 倍，而且 v_{out} 與 v_s 同相。

10 範例

如圖電路，JFET 的 $I_{DSS} = 12 \text{ mA}$，$V_{GS(off)} = -4 \text{ V}$，求總電壓增益 A_t。

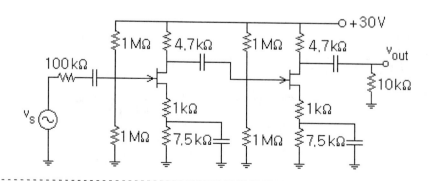

解

根據範例 4 的計算，可知轉換電導值為 $g_m = 2474.6\,\mu S$，即

$$g_m^{-1} = \frac{1}{2474.6\,\mu S} = 404.11\,\Omega$$

計算三個重要參數：

$$Z_{in} = R_1 \| R_2 \| Z_{in(g)} = 1\,M\Omega \| 1\,M\Omega \| \infty = 500\,k\Omega$$

$$A = -\frac{R_D}{(g_m^{-1} + r_s)} = -\frac{4.7}{(0.404+1)} = -3.35$$

$$Z_{out} = R_D = 4.7\,k\Omega$$

因為兩級的元件安排相同，以上各參數直接套用即可；根據分離式交流模型，計算總電壓增益

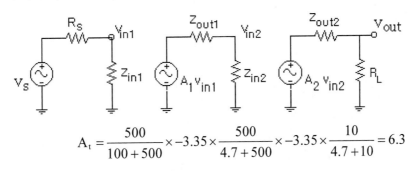

$$A_t = \frac{500}{100+500} \times -3.35 \times \frac{500}{4.7+500} \times -3.35 \times \frac{10}{4.7+10} = 6.3$$

意即 v_s 放大 6.3 倍，而且 v_{out} 與 v_s 同相。

11 範例

如圖電路，JFET 的 $I_{DSS} = 12\,mA$，$V_{GS(off)} = -4\,V$，求總電壓增益 A_t。

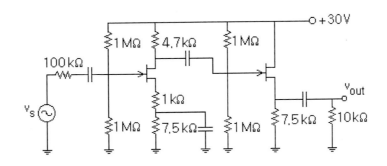

解

根據範例 4 的計算，可知轉換電導值為 $g_m = 2474.6\,\mu S$，即

$$g_m^{-1} = \frac{1}{2474.6\,\mu S} = 404.11\,\Omega$$

第一級的三個重要參數：

$$Z_{in} = R_1 \| R_2 \| Z_{in(g)} = 1\,M\Omega \| 1\,M\Omega \| \infty = 500\,k\Omega$$

$$A = -\frac{R_D}{(g_m^{-1} + r_s)} = -\frac{4.7}{(0.404 + 1)} = -3.35$$

$$Z_{out} = R_D = 4.7\,k\Omega$$

第二級的三個重要參數：

$$g_m = 2626.7\,\mu S \quad , \quad g_m^{-1} = \frac{1}{2626.7\,\mu S} = 380.7\,\Omega$$

$$Z_{in} = R_1 \| R_2 \| Z_{in(g)} = 1\,M\Omega \| 1\,M\Omega \| \infty = 500\,k\Omega$$

$$A = \frac{R_S}{(g_m^{-1} + R_S)} = \frac{7.5}{0.3807 + 7.5} = 0.952$$

$$Z_{out} = g_m^{-1} \| R_S = 380.7 \| 7500 = 362.3\,\Omega$$

以上各級參數代入分離式交流模型，計算總電壓增益。

$$A_t = \frac{500}{100 + 500} \times -3.35 \times \frac{500}{4.7 + 500} \times 0.952 \times \frac{10}{0.362 + 10} = -2.54$$

意即 v_s 放大 2.54 倍，而且 v_{out} 與 v_s 相位相差 180 度。

練習 **8**　如圖電路，JFET 的 $I_{DSS} = 12\,mA$，$V_{GS(off)} = -4\,V$，求總電壓增益 A_t。

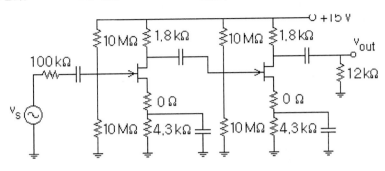

Answer　$Z_{in1} = Z_{in2} = 5\,M\Omega$，$A_1 = A_2 = -4.7$，$Z_{out1} = Z_{out2} = 1.8\,k\Omega$，$A_t = 18.8$

練習 **9**　如圖電路，JFET 的 $I_{DSS} = 12\,mA$，$V_{GS(off)} = -4\,V$，求總電壓增益 A_t。

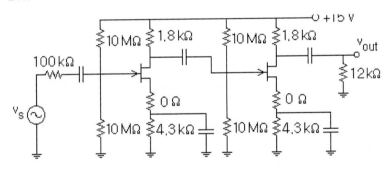

Answer　$Z_{in1} = Z_{in2} = 5\,M\Omega$，$A_1 = A_2 = -0.384$，$Z_{out1} = Z_{out2} = 1.8\,k\Omega$，$A_t = 0.13$

練習 **10**　如圖電路，JFET 的 $I_{DSS} = 12\,mA$，$V_{GS(off)} = -4\,V$，求總電壓增益 A_t。

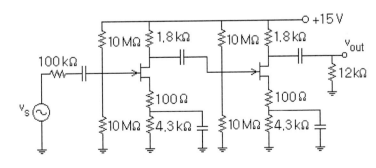

Answer　$Z_{in1} = Z_{in2} = 5\,M\Omega$，$A_1 = A_2 = -3.694$，$Z_{out1} = Z_{out2} = 1.8\,k\Omega$，$A_t = 11.63$

練習 11 如圖電路，JFET 的 $I_{DSS} = 12\,mA$ ， $V_{GS(off)} = -4\,V$ ，求總電壓增益 A_t 。

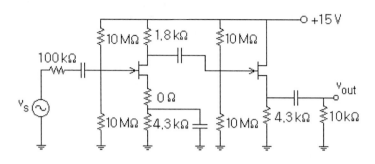

Answer

$Z_{in1} = 5\,M\Omega$ ， $A_1 = -4.7$ ， $Z_{out1} = 1.8\,k\Omega$ ， $Z_{in2} = 5\,M\Omega$ ， $A_2 = 0.918$ ，

$Z_{out2} = 351.9\,\Omega$ ， $A_t = -4.08$

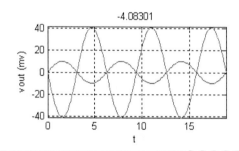

經之前說明與例題後，請參考隨書電子書光碟以程式進行相關例題模擬：

11-6-A　串級放大器 Pspice 分析

11-6-B　串級放大器 MATLAB 分析

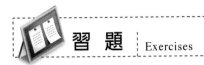

習 題 Exercises

全部習題的 JFET：$I_{DSS} = 12\,mA$ ， $V_{GS(off)} = -4\,V$ ，除非特別註明。

11-1 如圖電路，求總電壓增益 A_t 。

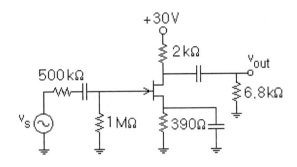

11-2 如圖電路，求總電壓增益 A_t 。

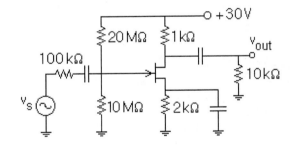

11-3 續 11-2 題，將旁路電容斷路，求總電壓增益 A_t 。

11-4 續 11-2 題，外加淹沒電阻 $r_s = 250\,\Omega$ ，求總電壓增益 A_t 。

11-5 如圖電路，求總電壓增益 A_t 。

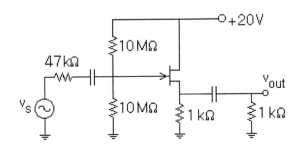

11- 6 如圖電路，$I_{DSS} = 8\,mA$，$V_{GS(off)} = -2.8\,V$，求總電壓增益 A_t。

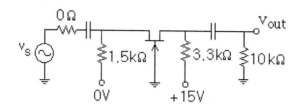

11- 7 續 11-6 題，若(a) $R_s^* = 100\,\Omega$　(b)JFET 輸出電阻 $r_o = 50\,k\Omega$，求總電壓增益 A_t。

11- 8 如圖電路，求總電壓增益 A_t。

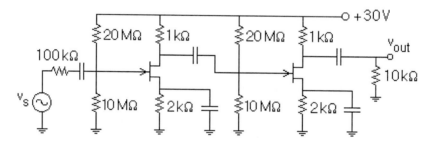

11- 9 如圖電路，求總電壓增益 A_t。

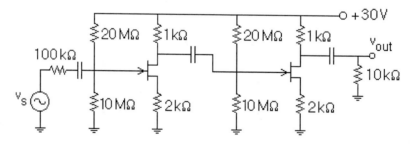

11-10 如圖電路，求總電壓增益 A_t。

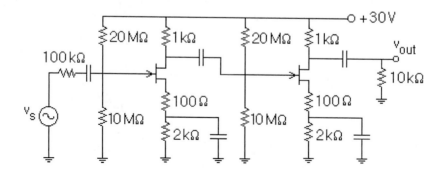

11-11 如圖電路，求總電壓增益 A_t。

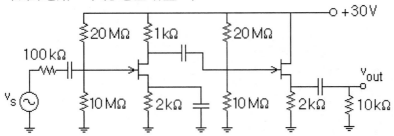

Memo

12 Chapter

金屬氧化物半導體場效電晶體

研究完本章，將學會

- n 通道 D-MOSFET
- n 通道 E-MOSFET
- n 通道 D-MOSFET 偏壓
- n 通道 E-MOSFET 偏壓
- D-MOSFET 主動負載反相器
- E-MOSFET 主動負載反相器

- CMOS
- MOSFET 放大器
- E-MOSFET 汲極回授組態放大器
- 單級積體電路放大器
- NMOS 邏輯電路
- CMOS 邏輯電路

12-1　n 通道 D-MOSFET※*

● 12-1-1　n 通道 D-MOSFET 分析

空乏型金屬氧化物半導體場效電晶體（Depletion Metal Oxide Semiconductor FET，簡稱 D-MOSFET）有 n 通道與 p 通道兩種結構，如下圖左顯示 n 通道 D-MOSFET 的示意結構，閘極連同絕緣體層 SiO_2 與當作基板的 p 型半導體之間是 n 型半導體的通道，三個端點如同 JFET，分別為

下端點：源極(Source)，簡稱 S，因為電子從此出發進入元件內部。

上端點：汲極(Drain)或洩極，簡稱 D，因為電子從此洩放出去。

左端點：閘極(Gate)，簡稱 G，因為有絕緣體層 SiO_2，閘極電流 I_G 可視為零，即使加上正閘極偏壓。

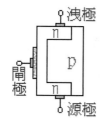
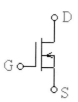

如上圖右顯示 n 通道 D-MOSFET 的電子符號，通道以垂直線表示，箭頭指向通道是沿用 pn 二極體的概念；另外，p 通道 D-MOSFET 的示意結構與電子符號，如下圖所示，

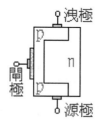
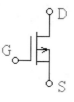

同樣比照前述電晶體的處理習慣，討論以 n 通道 D-MOSFET 為主，若想瞭解 p 通道 D-MOSFET 的特性，只要將「電壓極性相反，電流方向相反」即可。由於電洞的移動率(mobility)比較低，造成 PMOS 元件的特性比較差，以致在選用元件考慮上皆以 NMOS 為主，不過，必須再三強調，PMOS 仍然是非常重要的元

件，例如在同一基板上與 NMOS 所組成的 CMOS 元件，就是使用 PMOS 元件所構成的電流鏡當做主動負載。

● 12-1-2　洩極特性曲線

　　n 通道 D-MOSFET 的偏壓電路，如下圖所示，其外加偏壓可正可負，相動動作原理分述如下，

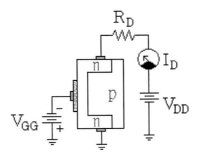

空乏型： V_{GS} 為負壓，聯想類似電容器動作，因負電排斥通道中的導電電子而在 n 通道上留下正離子，使通道的導電率降低，意即 I_D 降低，此時就如同 n 通道 JFET 的動作。

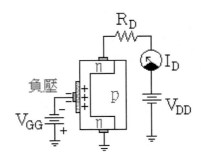

增強型： V_{GS} 為正壓，在 n 通道上留下負離子，使通道的導電率增強，意即 I_D 增加。

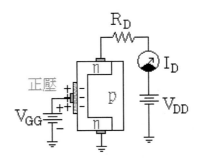

n 通道 D-MOSFET 的**洩極特性曲線**(Drain characteristic curve)，非常類似 JFET 的洩極特性曲線，如下圖所示，

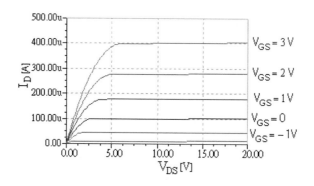

其中每一條曲線的電流達到飽和值（即理想最大值），往右邊所圍成的區域稱為**飽和區**(Saturation region)，往左邊所圍成的區域則稱為**非飽和區**(Nonsaturation region)，如下圖陰影區域所示，判斷式為 $V_{DS(sat)} = V_{GS} - V_{TN}$ ，意即如果 V_{DS} 大於 $V_{DS(sat)}$ ，表示偏壓在飽和區，反之，如果 V_{DS} 小於 $V_{DS(sat)}$ 則表示在偏壓非飽和區

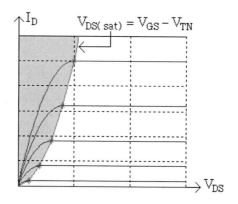

相比較於如下圖所示的 JFET 的洩極特性曲線，差別在 D-MOSFET 的 V_{GS} 可正可負。

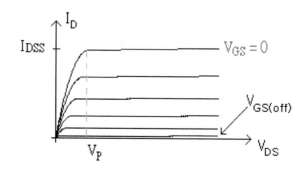

●12-1-3 轉換電導曲線

直接由洩極特性曲線中飽和區的數值找出對應的 $V_{GS} - I_D$ 點即可，如下圖所示，

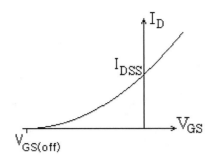

此**轉換電導曲線**(Transfer characteristic)屬於拋物線，可用數學式表示為

$$I_D = I_{DSS} \left(1 - \frac{V_{GS}}{V_{GS(off)}} \right)^2$$

n 通道 D-MOSFET 比較常用的洩極電流方程式，如下所示，

$$I_D = K_n (V_{GS} - V_T)^2$$

其中 K_n 為**導電參數**(Conduction parameter)，V_T 為**門檻電壓**(Threshold voltage)，或者稱為臨界電壓，等同於 $V_{GS(off)}$。

補充

V_T 在此為門檻電壓，非前述的熱電壓(Thermal voltage) V_T，為了避免混淆，可以自行更換使用 V_t，或 V_{TN}。

Note p 通道 D-MOSFET 洩極電流方程式為 $I_D = K_p (V_{SG} + V_T)^2$，$V_T$ 小於零。

1 範例

n 通道 D-MOSFET 的 $K_n = 1\,mA/V^2$，$V_T = -2\,V$，求 I_D，當 $V_{GS} =$ (a)1V (b)0 (c)$-1\,V$。

解

洩極電流方程式：$I_D = K_n (V_{GS} - V_T)^2$

(a) $I_D = (1\,m)(1-(-2))^2 = 9\,mA$

(b) $I_D = (1\,m)(0-(-2))^2 = 4\,mA$

(c) $I_D = (1\,m)(-1-(-2))^2 = 1\,mA$

 練習 1

D 型 MOSFET 的 $I_{DSS} = 10\,mA$，$V_{GS(off)} = -4\,V$，求(a)此為 n 通道或 p 通道？ (b) $V_{GS} = -2\,V$ 時，$I_D = ?$ (c) $V_{GS} = +2\,V$ 時，$I_D = ?$

 Answer (a) n 通道 (b) $I_D = 2.5\,mA$ (c) $I_D = 22.5\,mA$

經之前說明與例題後，請參考隨書電子書光碟以程式進行相關例題模擬：

12-1-A　n 通道 D-MOSFET 洩極特性曲線 Pspice 分析

12-1-B　n 通道 D-MOSFET 洩極特性曲線 MATLAB 分析

12-2 n 通道 E-MOSFET※

● 12-2-1　n 通道 E-MOSFET 分析

增強型金屬氧化物半導體場效電晶體（Enhancement Metal Oxide Semiconductor FET，簡稱 E-MOSFET）同樣有 n 型反轉層與 p 型反轉層兩種結構，如下圖左顯示 n 型反轉層 E-MOSFET 結構，當作基板的 p 型半導體延伸至絕緣體層 SiO_2，之間的 n 通道已不復見。

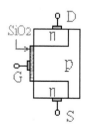

如上圖右顯示 n 型反轉層 E-MOSFET 的電子符號，通道以垂直線表示，但是有斷線，表示不是經常有電流流通，箭頭指向通道是沿用 pn 二極體的概念。

● 12-2-2 洩極特性曲線

n 型反轉層 E-MOSFET，或者稱為 n 通道 E-MOSFET 的偏壓電路，如下圖所示，當 $V_{GS} = 0$，$I_D = 0$，意即 E-MOSFET 不加偏壓時電流常斷；當正壓大於某臨界值時，在 p 基質中感應出負電性電子，如同產生一層 n 通道，此層稱為 **n 型反轉層**(N-type inversion layer)

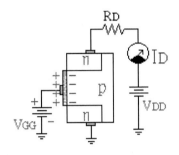

由於可知，n 型反轉層 E-MOSFET 的洩極特性曲線，就好像是 n 通道 D-MOSFET 的洩極特性曲線 $V_{GS} > 0$ 的部分，如下圖所示，假設門檻電壓 $V_T = 2\,V$。

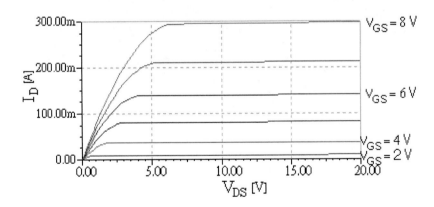

 補充

n 型反轉層 E-MOSFET 的洩極特性曲線圖中，同樣可以區分為 3 區，例如下陰影區域所示的歐姆區，可以稱為**非飽和區**(Nonsaturation region)，或者稱為**三極管區**(Triode region)

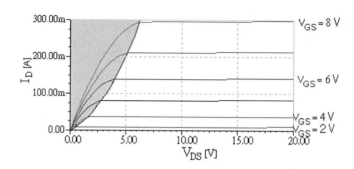

方程式表示為

$$I_D = K_n \left[2(V_{GS} - V_T)V_{DS} - V_{DS}^2 \right] = \frac{k_n'}{2} \frac{W}{L} \left[2(V_{GS} - V_T)V_{DS} - V_{DS}^2 \right]$$

其餘除了 $V_T = 2\,V$ 區域外，稱為**飽和區**(Saturation region)，或者稱為**活化區** (Active region)，如下陰影區域所示；上式中，W 為通道寬度，L 為通道長度，$\frac{W}{L}$ 為寬長比。

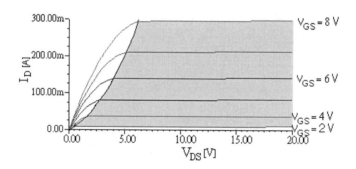

方程式表示為

$$I_D = K_n (V_{GS} - V_T)^2 = \frac{k_n'}{2} \frac{W}{L} (V_{GS} - V_T)^2$$

●12-2-3　轉換電導曲線

從 n 型反轉層 E-MOSFET 的洩極特性曲線中，直接找出對應的 $V_{GS} - I_D$ 點，結果如下圖左所示，若是 p 型反轉層 E-MOSFET，其轉換特性曲線，如下圖右所示；由圖可知，n 型反轉層 E-MOSFET 的門檻電壓大於 0，p 型反轉層 E-MOSFET 的門檻電壓則小於 0。

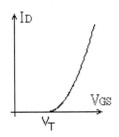
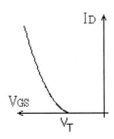

n 型反轉層 E-MOSFET 的洩極電流方程式，如下所示

$$I_D = K_n (V_{GS} - V_T)^2$$

其中 K_n 為導電參數(Conduction parameter)，V_T 為門檻電壓(Threshold voltage)；通常，資料手冊列出門檻電壓，以及測試值 $I_{D(on)}$ 與 $V_{GS(on)}$，藉由這些已知數據，可以反求 K_n 值，表示式如下所示

$$K_n = \frac{I_{D(on)}}{(V_{GS(on)} - V_T)^2}$$

 補充

有限輸出電阻(Finite output resistance)

　　由於**通道長度調變效應**(Channel length modulation effect)的緣故，其典型的輸出特性曲線如下圖所示

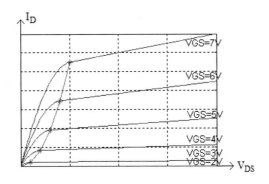

由輸出特性曲線可以很明顯看到，飽和區的電流不再維持固定值，導致產生有限的輸出電阻 r_o。此狀況下的飽和區的洩極（或者稱為汲極）電流方程式修正如下，

$$I_D = K_n (V_{GS} - V_T)^2 (1 + \lambda V_{DS})$$

λ 為通道長度調變參數，或表示成

$$I_D = K_n (V_{GS} - V_T)^2 \left(1 + \frac{V_{DS}}{V_A} \right)$$

V_A 為歐力電壓(Early voltage)，其輸出電阻 r_o

$$r_o = \left(\frac{\partial I_D}{\partial V_{DS}} \right)_Q^{-1} = \frac{V_A}{I_{DQ}} = \frac{1}{\lambda I_{DQ}}$$

不同於 BJT 的歐力效應(Early effect)，MOSFET 的通道長度調變效應可以由電路設計者所控制，因為前者的基極寬度無法調整，以致在相同的製程條件下，所有 BJT 都是固定的歐力電壓，而後者的長度 L 與通道長度調變參數 λ 成反比，意即較大的長度 L 可以降低電壓 V_{DS} 對電流 I_D 的影響。

● 12-2-4 本體效應

為簡化起見，n 通道 MOSFET 的源極與基板視為相連接，在此狀況下**門檻電壓**(Threshold voltage)為固定值；但是在實際的積體電路中，源極與基板之間的電壓差未必會等於零。例如下圖所示，因為源極與基板之間的電壓差 $V_{SB} \neq 0$，所造成不同門檻電壓的現象，即稱為**本體效應**(Body effect)，

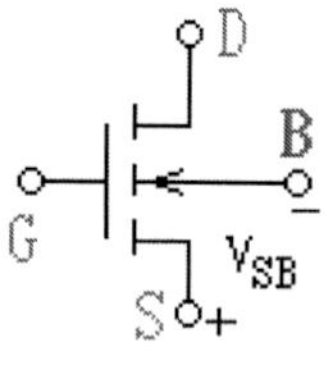

其門檻電壓為

$$V_{TN} = V_{TN0} + \gamma \left[\sqrt{2\phi_f + V_{SB}} - \sqrt{2\phi_f} \right]$$

上式中 V_{TN0}：$V_{SB} = 0$ 的門檻電壓，γ：本體效應參數(Body effect parameter)，典型值為 $0.5\,V^{0.5}$，ϕ_f：半導體摻雜函數，典型值約為 $0.35\,V$。

NMOS 元件，包括本體效應的小信號等效電路，如下圖所示。

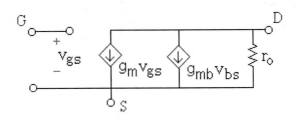

2 範例

n 通道 E-MOSFET 的 $K_n = 0.25 \, mA / V^2$，$V_T = 0.75 \, V$，求 I_D，當 $V_{GS} =$ (a)1.5V   (b)3V。

解

洩極電流方程式：$I_D = K_n (V_{GS} - V_T)^2$

(a)　$I_D = (0.25 \, m)(1.5 - 0.75)^2 = 0.141 \, mA$

(b)　$I_D = (0.25 \, m)(3 - 0.75)^2 = 1.266 \, mA$

練習 **2**　E 型 MOSFET 的 $K_n = 0.12 \, mA / V^2$，$V_T = 5 \, V$，求　(a)此為 n 通道或 p 通道？　(b) $V_{GS} = 7 \, V$ 時，$I_D = ?$

Answer　(a) $V_T = 5 \, V > 0$，反轉層的導電載子為電子，所以是 n 通道　(b) $0.48 \, mA$

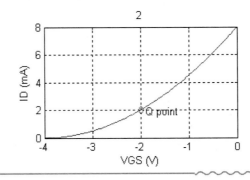

經之前說明與例題後，請參考隨書電子書光碟以程式進行相關例題模擬：

12-2-A　n 通道 E-MOSFET 洩極特性曲線 Pspice 分析

12-3　n 通道 D-MOSFET 偏壓※*

如下圖所示的 n 通道 D-MOSFET 的偏壓電路，因為 $V_{GS} = 0V$，就會有洩極電流流通，因此，這是最簡易方便的偏壓接法。

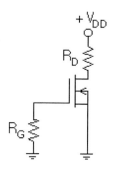

🔍 分析

求靜態工作點 Q：$I_D = K_n(V_{GS} - V_T)^2$，代入 $V_{GS} = 0\,V$，求出 I_D，根據電路安排，再求出 V_{DS}，

$$V_{DS} = V_{DD} - I_D \times R_D$$

此即為 $Q(V_{DS}, I_D)$。

另外一種 n 通道 D-MOSFET 的偏壓電路，如右圖所示，因為 V_{GS} 可正可負，透過分壓偏壓方式即可達到控制 V_{GS} 的目的。

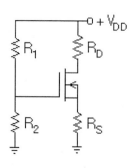

分析

求靜態工作點 Q：解聯立方程

$$V_{GS} = V_G - V_S = V_G - I_D R_S \cdots\cdots\cdots\cdots\cdots\cdots\cdots\cdots\cdots (1)$$

$$I_D = K_n (V_{GS} - V_T)^2 \cdots\cdots\cdots\cdots\cdots\cdots\cdots\cdots\cdots\cdots (2)$$

欲求 V_{GS}，將(2)式代入(1)式，反之欲求 I_D，將(1)式代入(2)式，求出目標值後，再代入另一式求出另一目標值，此即為 $Q(V_{GS}, I_D)$；如果 Q 點以 (V_{DS}, I_D) 座標值表示，根據電路安排，求出 V_{DS}。

$$V_{DS} = V_{DD} - I_D \times (R_D + R_S)$$

📝 補充

飽和區條件 $V_{DS} \geq V_{DS(sat)} = V_{GS} - V_T$

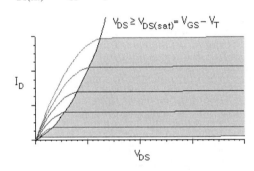

靜態工作點落在陰影部分的飽和區，才能實踐小信號線性放大的動作。

3 範例

如圖電路，n 通道 D-MOSFET 的 $K_n = 1\,mA/V^2$，$V_T = -2\,V$，求靜態工作點 Q。

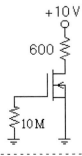

解

將 $V_{GS} = 0\,V$ 代入飽和區電流方程式 $I_D = K_n(V_{GS} - V_T)^2$

$$I_D = (1\,m)(0 - (-2))^2 = 4\,mA$$

代入 $V_{DS} = V_{DD} - I_D \times R_D$

$$V_{DS} = 10 - 4 \times 0.6 = 7.6\,V$$

即 $Q\,(7.6\,V\,,\,4\,mA)$。

檢查：飽和區條件 $V_{DS} \geq V_{DS(sat)} = V_{GS} - V_T$

$$7.6\,V = V_{DS} \geq V_{DS(sat)} = V_{GS} - V_T = 0 - (-2) = 2\,V$$

可見靜態工作點 Q 確實偏壓在飽和區。

---

4 範例

如圖電路，n 通道 D-MOSFET 的 $K_n = \dfrac{2}{3}\,mA/V^2$，$V_T = -3\,V$，求靜態工作點 Q。

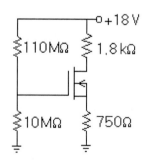

解

求 V_{GS} : $V_G = V_{DD} \times \dfrac{R_2}{R_1 + R_2} = 18 \times \dfrac{10}{110 + 10} = 1.5\,V$

$$V_{GS} = V_G - V_S = 1.5 - 0.75\,I_D$$

將 V_{GS} 代入 $I_D = K_n(V_{GS} - V_T)^2$，得 $I_D = 13.5 - 4.5\,I_D + 0.375\,I_D^2$，即方程式為

$$0.375\,I_D^2 - 5.5\,I_D + 13.5 = 0$$

求解 I_D 為

$$I_D = \frac{5.5 \pm \sqrt{5.5^2 - 4(0.375)(13.5)}}{2 \times 0.375} = 11.55 \qquad 或 \qquad 3.12\,\text{mA}$$

其中 $I_D = 11.55\,\text{mA}$ 不合條件，意即 $I_D = 3.12\,\text{mA}$ ，將 I_D 代回求 V_{GS}

$$V_{GS} = 1.5 - 0.75(3.12) = -0.84\,\text{V}$$

即 $Q\,(-0.84\,\text{V}\,,3.12\,\text{mA})$ 。

 練習

請自行驗證是否滿足 $V_{DS} \geq V_{DS(sat)} = V_{GS} - V_T$ 飽和區條件。

Answer　略。

 練習 3

如圖電路，n 通道 D-MOSFET 的 $K_n = \dfrac{1}{8}\,\text{mA}/\text{V}^2$ ， $V_T = -8\,\text{V}$ ，求靜態工作點 Q。

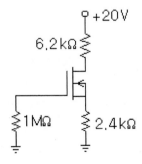

Answer　$Q\,(-4.24\,\text{V}\,,1.77\,\text{mA})$

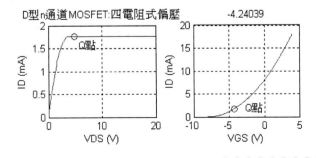

練習 **4**　如圖電路，n 通道 D-MOSFET 的 $K_n = \dfrac{2}{3}$ mA/V^2，$V_T = -3$ V，求靜態工作點 Q。

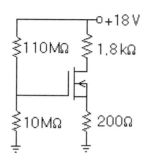

Answer　$Q(0.165\,V, 6.68\,mA)$

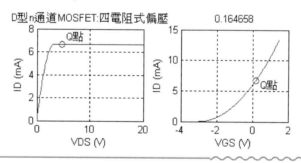

經之前說明與例題後，請參考隨書電子書光碟以程式進行相關例題模擬：
12-3-A　n 通道 D-MOSFET 偏壓 Pspice 分析
12-3-B　n 通道 D-MOSFET 偏壓 MATLAB 分析

12-4　n 通道 E-MOSFET 偏壓※*

　　n 通道 E-MOSFET 的偏壓電路，因為需要建立電子反轉層，才會有洩極電流流通，因此，偏壓電路的接法必須滿足 $V_{GS} \geq V_T$，如下表列的兩種常用偏壓接法：

洩極回授偏壓

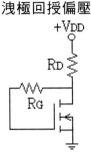

分壓偏壓

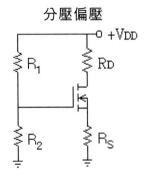

$$V_{GS} = V_G = V_{DS} = V_D$$

$$V_{GS} = V_{DD} \times \frac{R_2}{R_1 + R_2} - I_D R_S$$

$$I_D = K_n(V_{GS} - V_T)^2$$

$$I_D = K_n(V_{GS} - V_T)^2$$

$$V_{DS} = V_{DD} - I_D \times R_D$$

$$V_{DS} = V_{DD} - I_D \times (R_D + R_S)$$

舉分壓偏壓電路為例，解聯立方程式 $V_{GS} = V_{DD} \times \dfrac{R_2}{R_1 + R_2} - I_D R_S$ 與 $I_D = K_n(V_{GS} - V_T)^2$，比照前述方法，即可求出 V_{GS} 或 I_D。

　　如下圖左所示的**固定電流源偏壓電路**是另外一種非常有效率的 MOSFET 偏壓方式，而固定電流源可以透過所謂電流鏡來實現（參考下圖右所示的電流鏡電路）。

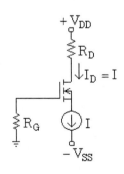

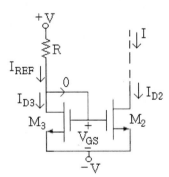

電流鏡電路中的參考電流等於

$$I_{REF} = \frac{V_{DD} + V_{SS} - V_{GS}}{R} = I_{D3} = \frac{k_n'}{2}\left(\frac{W}{L}\right)_3 (V_{GS} - V_T)^2$$

其中 V_{DD} 代表上端點的正電壓，V_{SS} 代表下端點的負電壓，並且 $I = I_{D2}$，即

$$I = \frac{k_n'}{2}\left(\frac{W}{L}\right)_2 (V_{GS} - V_T)^2$$

上述兩電流方程式相比值

$$I = I_{REF} \frac{(W/L)_2}{(W/L)_3}$$

可見電流鏡電路兩邊電流相似比值由各自半導體參數-寬長比所決定，換言之，若 M3 與 M2 完全相同，則電流鏡電路左邊的電流也會完全等同於電路右邊的電流。

如下圖所示的電阻負載**反相器**(Inverter)，是最簡單的反相器結構。

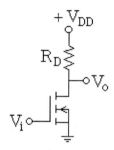

所謂反相器，就是輸入為低位，輸出就是高位，反之，輸入為高位，輸出就是低位；以實際數值計算說明，假設 $V_{DD} = 5\,V$ ， $R_D = 10\,k\Omega$ ， $V_{TN} = 1\,V$ ， $K_n = 0.1\,mA/V^2$

$V_i = 0 \sim 1\,V$ ：NMOS 沒有導通，汲極電流等於零，可知輸出電壓為

$$V_o = V_{DD} - I_D \times R_D = 5 - 0 = 5\,V$$

$V_i = 5\,V$ ：NMOS 導通，產生汲極電流，首先假設靜態工作點在飽和區，因此寫出飽和區電流方程式

$$I_D = K_n (V_{GS} - V_{TN})^2 = (0.1\,m)(5-1)^2 = 1.6\,mA$$

可知輸出電壓為

$$V_o = V_{DD} - I_D \times R_D = 5 - (1.6\,m)(10\,k) = -11\,V$$

輸出電壓值並不合理，表示靜態工作點在飽和區的假設是不正確，因此，可以斷定靜態工作點必定在非飽和區，即

$$I_D = K_n \left[2(V_{GS} - V_{TN})V_{DS} - V_{DS}^2 \right] = \frac{V_{DD} - V_o}{R_D}$$

觀察電路，得知 $V_{GS} = V_i$ ， $V_{DS} = V_o$ ，將所有條件代回上式。

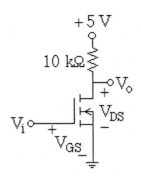

$$(0.1\,\text{m})\left[2(5-1)V_o - V_o^2\right] = \frac{5 - V_o}{10\,\text{k}}$$

$$8V_o - V_o^2 = 5 - V_o \quad , \quad V_o^2 - 9V_o + 5 = 0$$

$$V_o = 8.405\,\text{V}（不合） \quad 或 \quad V_o = 0.595\,\text{V}$$

由以上計算過程中，可以想像當輸入電壓由小至大變化時，在某特定值會轉態，也就是從飽和區特性轉變為非飽和區特性，此一特定偏壓點稱為**過渡點**（Transition point，代號 T），如下圖所示的電壓轉換特性曲線，圖中同時顯示輸入電壓等於 5V 的輸出電壓值。

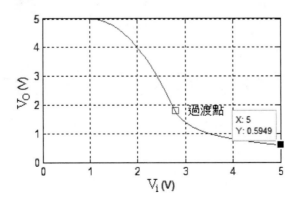

過渡點必須滿足 $V_{DD} - I_D R_D = V_{DS} \geq V_{DS(sat)} = V_{iT} - V_{TN}$ ， $I_D = K_n(V_{iT} - V_{TN})^2$ ，後者電流方程式代入前者求解，

$$V_{DD} - R_D K_n(V_{iT} - V_{TN})^2 = V_{iT} - V_{TN}$$

$$R_D K_n(V_{iT} - V_{TN})^2 + (V_{iT} - V_{TN}) - V_{DD} = 0$$

代入數值條件求得

$$(10\,k)(0.1\,m)(V_{iT}-1)^2 + (V_{iT}-1) - 5 = 0$$

$$V_{iT} - 1 = \frac{-1 \pm \sqrt{1^2 - 4(1)(-5)}}{2} = -1.791\,V \quad , \quad 2.791\,V$$

$$V_{iT} = 2.791\,V \qquad 或 \qquad -1.791\,V（不合）$$

換言之，以此過渡點電壓為界，輸入電壓大於此值，NMOS 為非飽和區特性，反之，輸入電壓小於此值但大於門檻電壓 V_{TN}，NMOS 為飽和區特性。

另外，不同電阻值的電壓轉換特性曲線如下圖所示，從圖可以清楚看到，電阻值愈大，反相器的轉換特性愈好，但是電阻值愈大的需求對 IC 製作是不可行的，因此必須尋求更佳的解決方案。

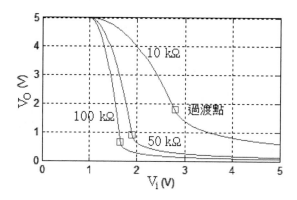

---

5 範例

如圖電路，n 通道 E-MOSFET 的 $I_{D(on)} = 3\,mA$，$V_{GS(on)} = 10\,V$，$V_T = 5\,V$，求靜態工作點 Q。

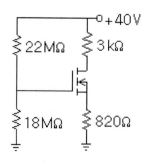

解

使用 $K_n = \dfrac{I_{D(on)}}{(V_{GS(on)} - V_T)^2}$ ，求出 K_n

$$K_n = \frac{3}{(10-5)^2} = \frac{3}{25} \, mA/V^2$$

解聯立方程式 $V_{GS} = V_{DD} \times \dfrac{R_2}{R_1 + R_2} - I_D R_S$ 與 $I_D = K_n (V_{GS} - V_T)^2$

$$V_{GS} = 40 \times \frac{18}{22+18} - 0.82 \, I_D = 18 - 0.82 \, I_D$$

$$I_D = \frac{3}{25}(V_{GS} - 5)^2$$

比照前述方法，求出 I_D ，

$$0.0807 \, I_D^2 - 3.5584 \, I_D + 20.28 = 0$$

$$I_D = \frac{3.5584 \pm \sqrt{3.5584^2 - 4(0.0807)(20.285)}}{2 \times 0.0807} = 37.37 \quad 或 \quad 6.73 \, mA$$

上式中前者不合，可知 $I_D = 6.73 \, mA$ ，代回求 V_{GS} 與 V_{DS}

$$V_{GS} = 18 - 0.82(6.73) = 12.48 \, V$$

$$V_{DS} = V_{DD} - I_D(R_D + R_S) = 40 - 6.73 \times 3.82 = 14.29 \, V$$

即 $Q\,(12.48\,V\,,\,6.73\,mA)$ 。

檢查： 飽和區條件 $V_{DS} \geq V_{DS(sat)} = V_{GS} - V_T$

$$14.29\,V = V_{DS} \geq V_{DS(sat)} = V_{GS} - V_T = 12.48 - (5) = 7.48\,V$$

可見靜態工作點 Q 確實偏壓在飽和區。

練習 **5**　如圖電路，n 通道 E-MOSFET 的 $I_{D(on)} = 5\,mA$ ， $V_{GS} = 6\,V$ ， $V_T = 3\,V$ ，求靜態工作點 Q。

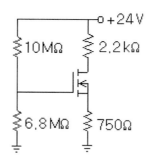

Answer　$K_n = \dfrac{5}{(6-3)^2} = \dfrac{5}{9}\,mA/V^2$ ， Q (5.99 V , 4.97 mA)

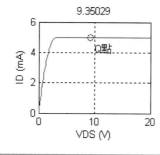
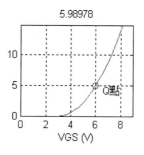

經之前說明與例題後，請參考隨書電子書光碟以程式進行相關例題模擬：

12-4-A　Pspice 分析

12-4-B　MATLAB 分析

12-5　D-MOSFET 主動負載反相器※*

● 12-5-1　D-MOSFET 主動負載反相器分析

　　如下圖所示都是空乏型 NMOS（簡稱 D-NMOS）的簡易電路，下圖右同時顯示另一種常用的 D-NMOS 電子符號。

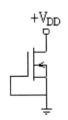
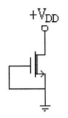

D-NMOS 可以當作主動負載元件使用，由電路條件決定偏壓於飽和區或非飽和區，但因為閘極與汲極相接，可知

$$V_{GS} = V_G - V_S = 0$$

$$V_{DS(sat)} = V_{GS} - V_{TN} = -V_{TN}$$

如下圖左所示的電路，可以應用在放大器，或數位電路中的反相器，其中 D-NMOS 主動負載元件（代號 L）與驅動 E-NMOS（代號 D）電路，均可工作在飽和區或非飽和區，端視輸入電壓大小來決定；例如輸入電壓 V_i 等於 V_{DD}，驅動級 NMOS 電流往飽和電流趨近，意即偏壓在非飽和區（參考下圖右），在此狀況下，輸出電壓 V_o 為小電壓，可知 $V_{DSL} = V_{DD} - V_o$ 為大的數值，意即 V_{DSL} 會大於 $V_{DSL(sat)}$，換言之，D-NMOS 偏壓在飽和區。

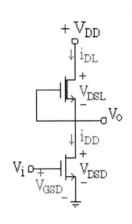
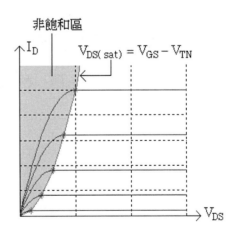

反之，輸入電壓 V_i 比驅動級 NMOS 門檻電壓 V_{TN} 大一些，驅動級 NMOS 剛剛導通，電流不會很大，意即小電流 I_D，大電壓 V_{DS}，可見偏壓在非飽和區（參考上圖右），在此狀況下，輸出電壓 V_o 為大數值，導致 $V_{DSL} = V_{DD} - V_o$ 為小的數值，所以 V_{DSL} 通常會小於 $V_{DSL(sat)}$，也就是說 D-NMOS 偏壓在非飽和區。

當主動負載元件偏壓點在 $V_{DSL(sat)}$ 曲線上時，此位置稱為**過渡點**(Transition point)，其關係式必須滿足

$$V_{DSL} = V_{DSL(sat)} = V_{GSL} - V_{TNL} = 0 - V_{TNL} = -V_{TNL}$$

$$V_{DD} - V_{oT} = -V_{TNL}$$

$$V_{oT} = V_{DD} + V_{TNL}$$

上式中 V_{oT} 代表過渡點的輸出電壓；同理，驅動 E-NMOS 也有過渡點，其關係式代入飽和區電流方程式，滿足 $i_{DD} = i_{LL}$ （習慣上，使用小寫代表交流變動）。

$$K_{nD}(V_{GSD} - V_{TND})^2 = K_{nL}(V_{GSL} - V_{TNL})^2$$

$$K_{nD}(V_{GSD} - V_{TND})^2 = K_{nD}(V_{iT} - V_{TND})^2 = K_{nL}(0 - V_{TNL})^2$$

$$\sqrt{\frac{K_{nD}}{K_{nL}}}(V_{iT} - V_{TND}) = -V_{TNL}$$

$$V_{iT} = \frac{V_{TND}\sqrt{\dfrac{K_{nD}}{K_{nL}}} - V_{TNL}}{\sqrt{\dfrac{K_{nD}}{K_{nL}}}}$$

　　上式即為過渡點（代號 T）時的輸入電壓；現在配合過渡點輸入電壓的位置，將具有 D-NMOS 負載的反相器，在不同輸入電壓的條件下，詳細分項討論如下：

$V_i \leq V_{TN}$：E-NMOS 驅動元件工作在截止區，若 D-NMOS 負載元件工作在飽和區，可知電流方程式為

$$i_{DD} = 0 = i_{DL} = K_{nL}(V_{GSL} - V_{TNL})^2$$

但是，$V_{GSL} \neq V_{TNL}$，意即負載元件工作在非飽和區，因此

$$K_{nL}\left[2(0 - V_{TNL})V_{DSL} - V_{DSL}^2\right] = 0$$

$$V_{DSL}(V_{DSL} - 2V_{TNL}) = 0$$

因為 $V_{DSL} \neq 2V_{TNL}$，可知 $V_{DSL} = 0$，即

$$V_o = V_{DSD} = V_{DD} - V_{DSL} = V_{DD}$$

$V_i = V_{GSD} < V_{iT}$：E-NMOS 驅動元件工作在飽和區，D-NMOS 負載元件工作在非飽和區，因此 $i_{DD} = i_{LL}$，即

$$K_{nD}(V_{GSD} - V_{TND})^2 = K_{nL}\left\{2(V_{GSL} - V_{TNL})V_{DSL} - V_{DSL}^2\right\}$$

將 $V_{GSD} = V_i$，$V_{GSL} = 0$，$V_o = V_{DSD}$ 代回上式，即可求解 V_o。

$V_i = V_{GSD} = V_{iT}$：E-NMOS 驅動元件工作在過渡點上，兩個 MOSFET 皆工作在飽和區，因此 $i_{DD} = i_{LL}$，即

$$K_{nD}(V_{GSD} - V_{TND})^2 = K_{nL}(V_{GSL} - V_{TNL})^2$$

$V_i = V_{GSD} > V_{iT}$：E-NMOS 驅動元件工作在非飽和區，D-NMOS 負載元件工作在飽和區，因此 $i_{DD} = i_{LL}$，即

$$K_{nD}\left\{2(V_{GSD} - V_{TND})V_{DSD} - V_{DSD}^2\right\} = K_{nL}(V_{GSL} - V_{TNL})^2$$

將 $V_{GSD} = V_i$，$V_{GSL} = 0$，$V_o = V_{DSD}$ 代回上式，即可求解 V_o。

　　例如，$V_{TNL} = -2\,V$，$V_{TND} = 1\,V$，$K_{nL} = 0.01\,mA/V^2$，$K_{nD} = 0.05\,mA/V^2$，其**電壓轉換特性曲線**(Voltage transfer characteristics curve)如下圖所示，其中 E-NMOS 驅動元件的過渡點輸入電壓 $V_i = 1.894\,V$，輸出電壓 $V_o = 0.894\,V$，D-NMOS 負載元件的輸出電壓為 $3\,V$。

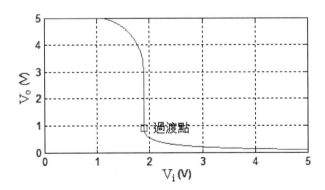

比較不同 K_{nD}/K_{nL} 比值的效應，如下圖所示。

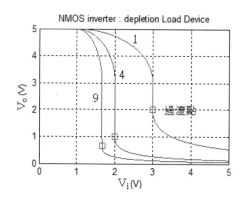

其中三過渡點的連線為驅動級 MOS 的過渡點軌跡，負載級 MOS 的過渡點軌跡則為

$$V_{oT} = V_{DD} + V_{TNL}$$

● 12-5-2 雜訊邊限

所謂**雜訊邊限**（Noise Margin，簡寫 NM），係指雜訊特定值，只要雜訊強度低於此雜訊邊限，就不會產生邏輯判斷錯誤，其定義在曲線斜率等於 -1 處，即

$$\frac{dV_o}{dV_i} = -1$$

下圖總結空乏型 NMOS 主動負載反相器的雜訊邊限概念，當 VTC 曲線斜率等於 -1 時對應輸入電壓 V_{iH} 與輸出電壓 V_{oHU}（U 代表單一，即斜率等於 -1），另一 VTC 曲線斜率等於 -1 時對應輸入電壓 V_{iL} 與輸出電壓 V_{oLU}，由此定義高雜訊邊限 NM_H 與低雜訊邊限 NM_L 分別為

$$NM_H = V_{oHU} - V_{iH}$$

$$NM_L = V_{iL} - V_{oLU}$$

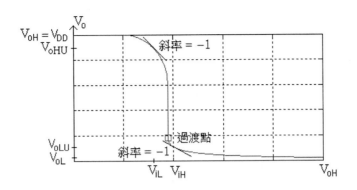

　　首先以求出 V_{iL} 為例，此處驅動級 NMOS 偏壓在飽和區，負載級 NMOS 偏壓在非飽和區，由此關係列出電流方程式

$$K_{nD}(V_i - V_{TND})^2 = K_{nL}[2(-V_{TNL})(V_{DD} - V_o) - (V_{DD} - V_o)^2]$$

上式微分

$$2\,K_{nD}(V_i - V_{TND}) = K_{nL}[2\,V_{TNL}\frac{dV_o}{dV_i} + 2(V_{DD} - V_o)\frac{dV_o}{dV_i}]$$

代入 $dV_o / dV_i = -1$ 化簡，可得

$$\frac{K_{nD}}{K_{nL}}(V_i - V_{TND}) = -V_{TNL} - V_{DD} + V_o$$

$$V_o = V_{oHU} = V_{DD} + V_{TNL} + \frac{K_{nD}}{K_{nL}}(V_i - V_{TND})$$

將上式變換為 $V_{DD} - V_o$ 後代回原電流方程式化簡，可得

$$(V_i - V_{TND})^2(1 + \frac{K_{nD}}{K_{nL}}) = \frac{K_{nL}}{K_{nD}}V_{TNL}^2$$

$$V_i = V_{iL} = V_{TND} + \frac{-V_{TNL}}{\sqrt{\dfrac{K_{nD}}{K_{nL}}}\sqrt{1 + \dfrac{K_{nD}}{K_{nL}}}}$$

其次求出 V_{iH}：此處驅動級 NMOS 偏壓在非飽和區，負載級 NMOS 偏壓在飽和區，由此關係列出電流方程式

$$K_{nD}\left(2(V_i - V_{TND})V_o - V_o{}^2\right) = K_{nL}(-V_{TNL})^2$$

上式微分

$$\frac{K_{nD}}{K_{nL}}\left(2V_o + 2V_i\frac{dV_o}{dV_i} - 2V_{TND}\frac{dV_o}{dV_i} - 2V_o\frac{dV_o}{dV_i}\right) = 0$$

代入 $dV_o/dV_i = -1$ 化簡，可得

$$V_o = V_{oLU} = \frac{V_i - V_{TND}}{2}$$

將上式代回原電流方程式化簡，可得

$$V_i = V_{iH} = V_{TND} + 2\frac{-V_{TNL}}{\sqrt{3\dfrac{K_{nD}}{K_{nL}}}}$$

例如，$V_{TND} = 1\,V$，$V_{TNL} = -1.7\,V$，$V_{DD} = 5\,V$，$K_{nD}/K_{nL} = 5$，可知

$$V_{iH} = 1 + 2\frac{-(-1.7)}{\sqrt{3 \times 5}} = 1.88\,V$$

$$V_{oLU} = \frac{V_i - V_{TND}}{2} = \frac{1.88 - 1}{2} = 0.44\,V$$

$$V_{iL} = 1 + \frac{-(-1.7)}{\sqrt{5}\,\sqrt{1+5}} = 1.31\,V$$

$$V_{oHU} = 5 - 1.7 + 5(1.31 - 1) = 4.85\,V$$

因此雜訊邊限為

$$NM_L = V_{iL} - V_{oL\,U} = 1.31 - 0.44 = 0.87\,V$$

$$NM_H = V_{oH\,U} - V_{iH} = 4.85 - 1.88 = 2.97\,V$$

6 範例

如下圖電路， $V_{TNL} = -2\,V$ ， $V_{TND} = 1\,V$ ， $K_{nL} = 0.01\,mA/V^2$ ， $K_{nD} = 0.04\,mA/V^2$ ，求 V_o 。

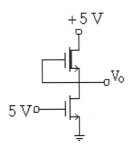

解

輸入電壓 5V，驅動 E-NMOS 元件的電壓大，會產生趨近飽和電流的大電流，因此可以假設驅動元件 E-NMOS 工作在非飽和區，D-NMOS 負載元件則工作在飽和區。

根據如右所示的電路示意圖，列出電流方程式 $i_{DL} = i_{DD}$

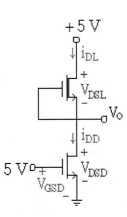

$$K_{nD}\left[2(V_{GSD} - V_{TND})V_{DSD} - V_{DSD}^2\right] = K_{nL}(V_{GSL} - V_{TNL})^2$$

上式代入 $V_{GSD} = V_i = 5\,V$ ， $V_{GSL} = 0$ ， $V_o = V_{DSD}$ ，以及題目條件

$$(0.04\,m)\left[2(5-1)V_o - V_o^2\right] = (0.01\,m)(0-(-2))^2$$

$$4(8V_o - V_o^2) = 4 \qquad , \qquad V_o^2 - 8V_o + 1 = 0$$

$$V_o = 7.873\,V（不合）\qquad 或 \qquad V_o = 0.127\,V$$

電壓轉換特性曲線如下圖所示

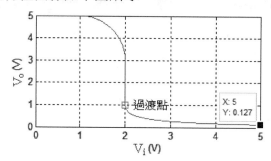

檢查：(a) 驅動元件 E-NMOS 是否工作在非飽和區，其飽和區條件

$$V_{DS} < V_{DS(sat)} = V_{GS} - V_{TN}$$

$$0.127\,V = V_{DSD} < V_{DSD(sat)} = V_{GSD} - V_{TND} = 5 - (1) = 4\,V$$

可見確實偏壓在非飽和區

(b) D-NMOS 負載元件是否工作在飽和區，其飽和區條件

$$V_{DS} > V_{DS(Sat)} = V_{GS} - V_{TN}$$

$$(5 - 0.127)V = 4.873\,V = V_{DSD} > V_{DSD(sat)} = V_{GSL} - V_{TNL} = 0 - (-2) = 2\,V$$

可見確實偏壓在飽和區。

練習 6　如下圖所示電路，$V_{TNL} = -2\,V$，$V_{TND} = 1\,V$，$K_{nL} = 0.01\,mA/V^2$，$K_{nD} = 0.04\,mA/V^2$，求 V_o。

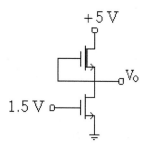

Answer　4.732 V

經之前說明與例題後，請參考隨書電子書光碟以程式進行相關例題模擬：

12-5-A　D-MOSFET 主動負載反相器 Pspice 分析

12-5-B　D-MOSFET 主動負載反相器 MATLAB 分析

12-6　E-MOSFET 主動負載反相器※＊

🔵 12-6-1　E-MOSFET 主動負載反相器分析

如下圖所示都是增強型 NMOS（簡稱 E-NMOS）的簡易電路，下圖右同時顯示另一種常用的 E-NMOS 電子符號，此種將閘極與洩（汲）極相連接的元件，稱為**二極體連接**(Diode- connected)元件。

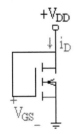
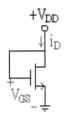

E-NMOS 也可以當作主動負載元件使用，但不同於前述的 D-NMOS 負載元件，此種電路接法的 E-NMOS 永遠偏壓在飽和區，原因是 $V_G = V_D$，即 $V_{GS} = V_{DS}$

$$V_{DS} = V_{GS} > V_{DS(sat)} = V_{GS} - V_{TN}$$

其電流－電壓特性為

$$I_D = K_n(V_{GS} - V_{TN})^2 = K_n(V_{DS} - V_{TN})^2$$

如下圖左所示的電路，負載元件已知工作在飽和區，至於驅動元件工作在何區則由輸入電壓大小來決定；例如上一節所說，輸入電壓 V_i 等於 V_{DD}，驅動級 NMOS 電流往飽和電流趨近，意即偏壓在非飽和區（參考下圖右），在此狀況下，負載元件偏壓在飽和區。

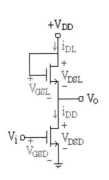
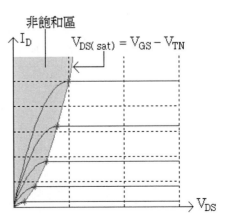

當主動負載元件偏壓點在 $V_{DSD(sat)}$ 曲線上時，此位置稱為**過渡點**(Transition point)，其關係式必須滿足

$$V_{DSD} = V_{DSD(sat)} = V_{GSD} - V_{TND}$$

其關係式代入飽和區電流方程式，滿足 $i_{DD} = i_{LL}$ ，即

$$K_{nD}(V_{GSD} - V_{TND})^2 = K_{nL}(V_{GSL} - V_{TNL})^2$$

$$K_{nD}(V_i - V_{TND})^2 = K_{nL}(V_{DD} - V_o - V_{TNL})^2$$

$$\sqrt{\frac{K_{nD}}{K_{nL}}}(V_i - V_{TND}) = (V_{DD} - V_o - V_{TNL})$$

代入 $V_{oT} = V_{DSD} = V_{DSD(sat)} = V_{GSD} - V_{TND} = V_{iT} - V_{TND}$

$$V_{iT} = \frac{V_{DD} - V_{TNL} + V_{TND}(1 + \sqrt{\frac{K_{nD}}{K_{nL}}})}{1 + \sqrt{\frac{K_{nD}}{K_{nL}}}}$$

現在配合過渡點輸入電壓的位置，將具有 E-NMOS 負載的反相器，在不同輸入電壓的條件下，詳細分項討論如下：

$V_i \le V_{TN}$：E-NMOS 驅動元件工作在截止區， $i_{DD} = i_{DL} = 0$ ，可知

$$K_{nL}(V_{GSL} - V_{TNL})^2 = K_{nL}(V_{DSL} - V_{TNL})^2 = K_{nL}(V_{DD} - V_o - V_{TNL})^2 = 0$$

$$V_{DD} - V_o - V_{TNL} = 0$$

$$V_o = V_{DD} - V_{TNL}$$

$V_i = V_{GSD} < V_{iT}$：驅動元件工作在飽和區，負載元件工作在飽和區，因此 $i_{DD} = i_{LL}$ ，即

$$K_{nD}(V_{GSD} - V_{TND})^2 = K_{nL}(V_{GSL} - V_{TNL})^2$$

將 $V_{GSD} = V_i$ ， $V_{GSL} = V_{DSL} = V_{DD} - V_{DSD} = V_{DD} - V_o$ 代回上式，即可求解 V_o

$V_i = V_{GSD} = V_{iT}$ ：驅動元件工作在過渡點上，兩個 MOSFET 皆工作在飽和區，因此 $i_{DD} = i_{LL}$ ，即

$$K_{nD}(V_{GSD} - V_{TND})^2 = K_{nL}(V_{GSL} - V_{TNL})^2$$

$V_i = V_{GSD} > V_{iT}$ ：驅動元件工作在非飽和區，負載元件工作在飽和區，因此 $i_{DD} = i_{LL}$ ，即

$$K_{nD}\left\{2(V_{GSD} - V_{TND})V_{DSD} - V_{DSD}^2\right\} = K_{nL}(V_{GSL} - V_{TNL})^2$$

將 $V_{GSD} = V_i$ ， $V_{GSL} = V_{DSL} = V_{DD} - V_{DSD} = V_{DD} - V_o$ 代回上式，即可求解

舉例說明：假設 $V_{TNL} = 1\,V$ ， $V_{TND} = 1\,V$ ， $K_{nL} = 0.01\,mA/V^2$ ， $K_{nD} = 0.05\,mA/V^2$ ，其電壓轉換特性曲線如下圖所示，其中驅動元件的過渡點輸入電壓 $V_i = 2.236\,V$ ，輸出電壓 $V_o = 1.236\,V$ 。

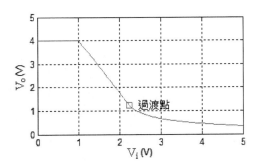

比較不同 K_{nD}/K_{nL} 比值的效應，如下圖所示。

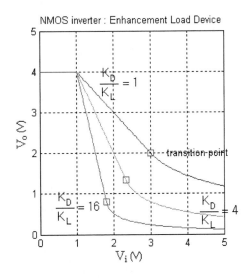

其中三過渡點的連線 $V_{oT} = V_{iT} - V_{TND}$，圍成的左上部為飽和區，右下部為非飽和區。

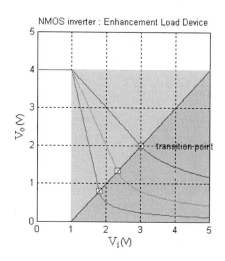

若 Q 點在 M_D 的飽和區中央（參考下圖右的 VTC），則小信號的電壓增益 A_v 為

$$A_v = -g_{mD}\left[r_{oD} \parallel g_{mL}^{-1} \parallel r_{oL} \right] \cong -\frac{g_{mD}}{g_{mL}} = -\sqrt{\frac{K_{nD}}{K_{nL}}}$$

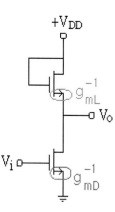

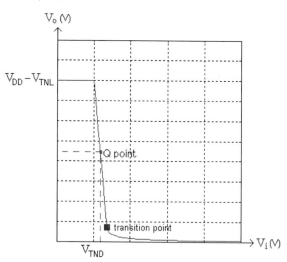

● 12-6-2　雜訊邊限

所謂**雜訊邊限**（Noise Margin，簡寫 NM），係指雜訊特定值，只要雜訊強度低於此雜訊邊限，就不會產生邏輯判斷錯誤，其定義在曲線斜率等於 −1 處，即

$$\frac{dV_o}{dV_i} = -1$$

下圖總結雜訊邊限的概念，當 VTC 曲線斜率等於 -1 時對應輸入電壓 V_{iH}，由此定義高雜訊邊限 NM_H 為

$$NM_H = V_{oHU} - V_{iH}$$

另一低雜訊邊限 NM_L 定義為

$$NM_L = V_{iL} - V_{oLU}$$

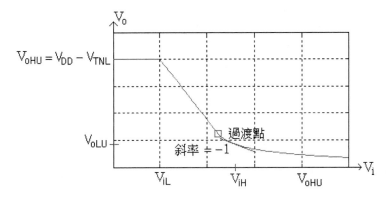

以求出 V_{iH} 為例，此處驅動級 NMOS 偏壓在非飽和區，負載級 NMOS 偏壓在飽和區，由此關係列出電流方程式

$$K_{nD}[2(V_i - V_{TND})V_o - V_o^2] = K_{nL}(V_{DD} - V_o - V_{TNL})^2$$

上式微分

$$2K_{nD}V_o + 2K_{nD}V_i\frac{dV_o}{dV_i} - 2K_{nD}V_{TND}\frac{dV_o}{dV_i} - 2K_{nD}V_o\frac{dV_o}{dV_i} = 2K_{nL}(V_{DD} - V_o - V_{TNL})\frac{dV_o}{dV_i}$$

代入斜率 $= -1$ 化簡，可得

$$K_{nD}V_o - K_{nD}V_i + K_{nD}V_{TND} + K_{nD}V_o = -K_{nL}(V_{DD} - V_o - V_{TNL})$$

$$\frac{K_{nD}}{K_{nL}}(2V_o - V_i + V_{TND}) = V_{DD} - V_o - V_{TNL}$$

$$V_o(1 + 2\frac{K_{nD}}{K_{nL}}) = (V_{DD} - V_{TNL}) + \frac{K_{nD}}{K_{nL}}(V_i - V_{TND})$$

$$V_o = V_{oLU} = \frac{(V_{DD} - V_{TNL}) + \dfrac{K_{nD}}{K_{nL}}(V_i - V_{TND})}{(1 + 2\dfrac{K_{nD}}{K_{nL}})}$$

代回原電流方程式化簡，可得

$$V_i = V_{iH} = V_{TND} + (\frac{V_{DD} - V_{TNL}}{\frac{K_{nD}}{K_{nL}}})(\frac{1 + 2\frac{K_{nD}}{K_{nL}}}{\sqrt{1 + 3\frac{K_{nD}}{K_{nL}}}} - 1)$$

例如，$V_{TNL} = V_{TND} = 0.8\,V$，$V_{DD} = 5\,V$，$K_{nD} / K_{nL} = 25$，可知

$$V_i = V_{iH} = 0.8 + (\frac{5 - 0.8}{25})(\frac{1 + 2 \times 25}{\sqrt{1 + 3 \times 25}} - 1) = 1.615\,V$$

$$V_o = V_{oLU} = \frac{(5 - 0.8) + 25(1.615 - 0.8)}{(1 + 2 \times 25)} = 0.482\,V$$

因此雜訊邊限為

$$NM_L = V_{iL} - V_{oLU} = 0.8 - 0.482 = 0.318\,V$$

$$NM_H = V_{oHU} - V_{iH} = 4.2 - 1.615 = 2.585\,V$$

7 範例

如圖電路，$V_{TNL} = 1\,V$，$V_{TND} = 1\,V$，$K_{nL} = 0.01\,mA / V^2$，
$K_{nD} = 0.04\,mA / V^2$，求 V_o。

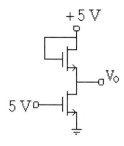

解

輸入電壓 5V，驅動元件的電壓大，會產生趨近飽和電流的大電流，因此可以假設驅動元件工作在非飽和區，而負載元件則永遠工作在飽和區。

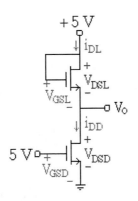

根據如上所示的電路示意圖，列出電流方程式 $i_{DL} = i_{DD}$

$$K_{nD}\left[2(V_{GSD} - V_{TND})V_{DSD} - V_{DSD}^2\right] = K_{nL}(V_{GSL} - V_{TNL})^2$$

上式代入 $V_{GSD} = V_i = 5\,V$ ， $V_{GSL} = V_{DSL} = V_{DD} - V_o = 5 - V_o$ ， $V_o = V_{DSD}$ ，以及題目條件

$$(0.04\,m)\left[2(5-1)V_o - V_o^2\right] = (0.01\,m)(5 - V_o - 1)^2$$

$$5\,V_o^2 - 40\,V_o + 16 = 0$$

$$V_o = 7.578\,V（不合）\qquad 或 \qquad V_o = 0.422\,V$$

電壓轉換特性曲線如下圖所示

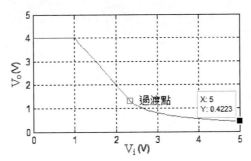

檢查： 驅動元件是否工作在非飽和區，其飽和區條件 $V_{DS} < V_{DS(sat)} = V_{GS} - V_{TN}$

$$0.422\,V = V_{DSD} < V_{DSD(sat)} = V_{GSD} - V_{TND} = 5 - (1) = 4\,V$$

可見確實偏壓在非飽和區。

練習 **7** 如下圖所示電路，$V_{TNL}=1\,V$，$V_{TND}=1\,V$，$K_{nL}=0.01\,mA/V^2$，$K_{nD}=0.04\,mA/V^2$，求 V_o。

+5 V

V_o

1.5 V

Answer　3 V

經之前說明與例題後，請參考隨書電子書光碟以程式進行相關例題模擬：

12-6-A　E-MOSFET 主動負載反相器 Pspice 分析

12-6-B　E-MOSFET 主動負載反相器 MATLAB 分析

12-7　CMOS※＊

●12-7-1　CMOS 分析

由 n 通道 E-MOSFET 與 p 通道 E-MOSFET 所構成的電路，如下圖所示，稱為 **CMOS**(Complementary MOSFET)電路，又稱 **CMOS 反相器**，是數位電路中常用的基本架構。

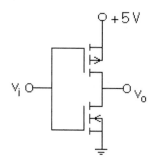

V_i　V_o　+5 V

由下圖所示的洩極特性可知，n 通道 E-MOSFET 的門檻電壓大於 0，例如 $V_T = 3\,V$，p 通道 E-MOSFET 的門檻電壓則小於 0，例如 $V_T = -3\,V$。

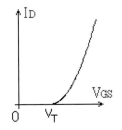
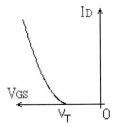

因此，當 $V_i = 0\,V$ 時，n 通道 E-MOSFET 的 $V_{GS} = V_G - V_S = V_i - 0 = 0$，p 通道 E-MOSFET 的 $V_{GS} = V_G - V_S = V_i - V_{DD} = -5\,V$，換言之，n 通道 E-MOSFET 不導通，形同斷路，電阻視為 ∞，p 通道 E-MOSFET 導通，形同短路，電阻視為零，如下圖左所示，此時，使用分壓定理計算輸出 V_o，可知為 $V_o = 5\,V$。

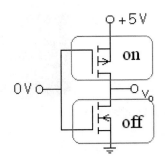
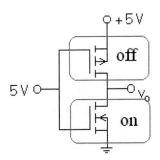

若 $V_i = 5\,V$ 時，n 通道 E-MOSFET 的 $V_{GS} = V_G - V_S = V_i - 0 = 5\,V$，p 通道 E-MOSFET 的 $V_{GS} = V_G - V_S = V_i - V_{DD} = 0$，換言之，n 通道 E-MOSFET 導通，p 通道 E-MOSFET 不導通，如上圖右所示，此時，$V_o = 0\,V$；綜合以上結果，發現當 $V_i = 0\,V$ 時，$V_o = 5\,V$，反之，$V_i = 5\,V$，$V_o = 0\,V$，由此結果可以明顯看出這是反相器的動作。

當主動驅動元件 NMOS（驅動級代號 D 或 N，負載級代號 L 或 P）偏壓點在 $V_{DSN(sat)}$ 曲線上時，此位置稱為**過渡點**(Transition point)，參考下圖所示的電路參數，其關係式必須滿足

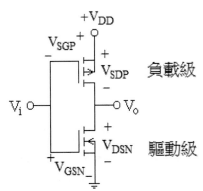

$$V_{oT} = V_{DSN} = V_{DSN(sat)} = V_{GSN} - V_{TN} = V_{iT} - V_{TN}$$

同理，主動負載元件 PMOS 偏壓點在 $V_{DSP(sat)}$ 曲線上時，其關係式必須滿足

$$V_{DD} - V_{oT} = V_{SDP} = V_{DSP(sat)} = V_{SGP} + V_{TP} = (V_{DD} - V_{iT}) + V_{TP}$$

$$V_{oT} = V_{iT} - V_{TP}$$

此時滿足飽和區電流方程式 $i_{DN} = i_{DP}$，由此數學式即可求出過渡點輸入電壓 V_{iT}

$$K_n(V_{GSN} - V_{TN})^2 = K_p(V_{SGP} + V_{TP})^2$$

$$K_n(V_{iT} - V_{TN})^2 = K_p(V_{DD} - V_{iT} + V_{TP})^2$$

$$\sqrt{\frac{K_n}{K_p}}(V_{iT} - V_{TN}) = (V_{DD} - V_{iT} + V_{TP})$$

$$V_{iT} = \frac{V_{DD} + V_{TP} + \sqrt{\dfrac{K_n}{K_p}}\,V_{TN}}{1 + \sqrt{\dfrac{K_n}{K_p}}}$$

舉例說明：$V_{TN} = 1\,V$，$V_{TP} = -1\,V$，$K_n = 0.02\,mA/V^2$，$K_p = 0.02\,mA/V^2$，CMOS 的電壓轉換特性曲線如下圖所示，其中驅動元件 NMOS 的過渡點座標 $(2.5\,V, 1.5\,V)$，負載元件 PMOS 的過渡點座標 $(2.5\,V, 3.5\,V)$。

$$V_{iT} = \frac{5 + (-1) + \sqrt{1}\,(1)}{1 + \sqrt{1}} = 2.5\,V$$

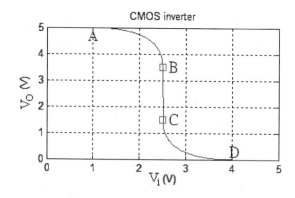

上圖中，電壓轉換特性曲線可以依輸入電壓大小區分為 5 個區域：

1. 0~A 區域：NMOS 截止區，PMOS 非飽和區

2. A~B 區域：NMOS 飽和區，PMOS 非飽和區

3. B~C 區域：NMOS 與 PMOS 皆為飽和區

4. C~D 區域：NMOS 非飽和區，PMOS 飽和區

5. D~5 區域：NMOS 非飽和區，PMOS 截止區

　　另外，不同 K_n/K_p 比值的電壓轉換特性曲線如下圖所示，從圖可以清楚看到，K_n/K_p 比值愈大，反相器的轉換特性愈好，其中一併標示 NMOS 與 PMOS 的過渡點軌跡。

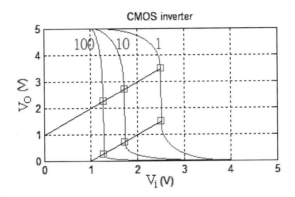

● 12-7-2　雜訊邊限

　　所謂**雜訊邊限**（Noise Margin，簡寫 NM），係指雜訊特定值，只要雜訊強度低於此雜訊邊限，就不會產生邏輯判斷錯誤，其定義為

$$\frac{dV_o}{dV_i} = -1$$

　　下圖總結雜訊邊限的概念，當 VTC 曲線斜率等於 -1 時對應輸入電壓 V_{iL} 與 V_{iH}，由此分別定義低雜訊邊限 NM_L 與高雜訊邊限 NM_H。

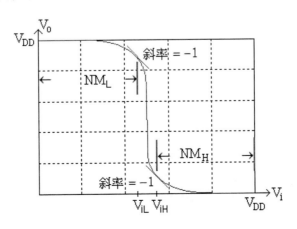

以求出 V_{iH} 為例，此處 NMOS 偏壓在非飽和區，PMOS 偏壓在飽和區，假設 $K_n = K_p$，$V_{TN} = |V_{TP}| = V_T$（此門檻電壓通常在 0.2V~1 之間），由此關係列出電流方程式

$$K_n [2(V_i - V_T)V_o - V_o^2] = K_p (V_{DD} - V_i - V_T)^2$$

上式微分

$$2V_o + 2V_i \frac{dV_o}{dV_i} - 2V_T \frac{dV_o}{dV_i} - 2V_o \frac{dV_o}{dV_i} = -2(V_{DD} - V_i - V_T)$$

代入斜率 = −1 化簡，可得

$$V_o = V_i - \frac{V_{DD}}{2} = V_{iH} - \frac{V_{DD}}{2}$$

代回原電流方程式化簡，可得

$$2V_{iH}(V_{DD} - 2V_T) = \frac{5}{4}V_{DD}^2 - 3V_T V_{DD} + V_T^2 = (V_{DD} - 2V_T)(\frac{5}{4}V_{DD} - \frac{1}{2}V_T)$$

$$V_{iH} = \frac{5}{8}V_{DD} - \frac{1}{4}V_T = \frac{1}{8}(5V_{DD} - 2V_T)$$

因為對稱關係可知

$$V_{iH} - \frac{V_{DD}}{2} = \frac{V_{DD}}{2} - V_{iL}$$

由上式求出 V_{iL} 為

$$V_{iL} = \frac{1}{8}(3V_{DD} + 2V_T)$$

將 V_{iL} 與 V_{iH} 代入低雜訊邊限 NM_L 與高雜訊邊限 NM_H

$$NM_L = V_{iL} = \frac{1}{8}(3V_{DD} + 2V_T)$$

$$NM_H = V_{DD} - V_{iH} = \frac{1}{8}(3V_{DD} + 2V_T)$$

由上述結果可知，CMOS 對稱的 VTC 特性具有相同大小的低、高雜訊邊限；舉實際數據說明，假設 $V_{TN} = |V_{TP}| = 1\,V$ ，$V_{DD} = 5\,V$ ，可得

$$V_{iL} = \frac{1}{8}(15 + 2) = 2.125\,V \qquad , \qquad V_{iH} = \frac{1}{8}(25 - 2) = 2.875\,V$$

$$NM_L = NM_H = 2.125\,V$$

以上的結果當然必須是 NMOS 與 PMOS 完全匹配的情況下才能成立，但是因為漂移率 $\mu_n \neq \mu_p$ ，由此可見 MOS 寬長比 W/L 參數的重要性。

8 範例

如圖電路，$V_{TN} = 1\,V$ ，$V_{TP} = -1\,V$ ，$K_n = 0.02\,mA/V^2 = K_p$ ，求 V_o 。

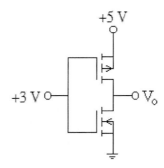

 解

輸入電壓 3V，NMOS 元件的輸入電壓大，會產生趨近飽和電流的大電流，因此可以假設驅動元件工作在非飽和區，而 PMOS 元件則工作在飽和區；列出電流方程式 $i_{DN} = i_{DP}$

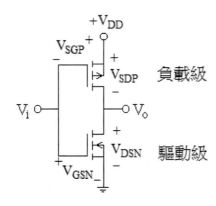

$$K_n[2(V_{GSN} - V_{TN})V_{DSN} - V_{DSN}^2] = K_p(V_{SGP} + V_{TP})^2$$

上式代入 $V_{GSN} = V_i = 3\ V$，$V_{SGP} = V_{DD} - V_i = 5 - V_i = 2\ V$，$V_o = V_{DSN}$，以及題目條件

$$(0.02\ m)\left[2(3-1)V_o - V_o^2\right] = (0.02\ m)(2 + (-1))^2$$

$$V_o^2 - 4V_o + 1 = 0$$

$$V_o = 3.732\ V\ （不合）\qquad 或 \qquad V_o = 0.268\ V$$

電壓轉換特性曲線如下圖所示

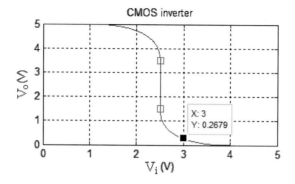

檢查：

(a) NMOS 驅動元件是否工作在非飽和區，其飽和區條件

$$V_{DSN} < V_{DSN(sat)} = V_{GSN} - V_{TN}$$

$$0.268\ V = V_{DSD} < V_{DSD(sat)} = 3 - 1 = 2\ V$$

可見確實偏壓在非飽和區。

(b) PMOS 負載元件是否工作在飽和區，其飽和區條件

$$V_{SDP} > V_{SDP(sat)} = V_{SGP} + V_{TP}$$

$$4.732\ V = V_{SDP} > V_{SDP(sat)} = 2 + (-1) = 1\ V$$

可見確實偏壓在飽和區。

8　如下圖所示電路，$V_{TN} = 1\,V$，$V_{TP} = -1\,V$，$K_n = 0.02\,mA\,/\,V^2 = K_p$，求 V_o。

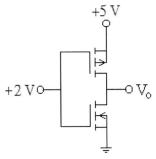

Answer　NMOS 工作在飽和區，PMOS 工作非飽和區，$V_o = 4.732\,V$

經之前說明與例題後，請參考隨書電子書光碟以程式進行相關例題模擬：

12-7-A　CMOS Pspice 分析

12-7-B　CMOS MATLAB 分析

12-8　MOSFET 放大器※∗

⬤ 12-8-1　共源放大器

空乏型 n 通道 D-MOSFET 與增強型 E-MOSFET 分壓偏壓方式的共源放大器（Common Source Amplifier，簡稱 CS 放大器），分別如下圖所示，

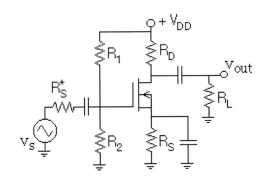

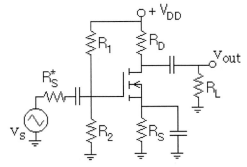

或者如同前述所討論採用固定電流源偏壓方式，如下圖所示的共源放大器，

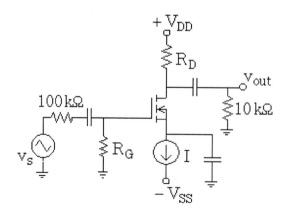

MOSFET 的交流簡易模型非常類似 JFET，但其 R_{GS} 值高達 $10^{12} \sim 10^{15}$ 歐姆，同樣形同斷路，而洩（汲）極則是一個相依電流源，其大小為 $i_d = g_m v_{gs}$；根據以上所述的概念，所建立的 MOSFET 交流簡易模型，如下圖所示，

或者進階考慮洩極是一個相依電流源，並且有汲極輸出電阻 r_d（亦可使用代號 r_o），此種比較複雜的交流模型如下圖所示，其中洩（汲）極輸出電阻 r_d 典型值類似 JFET，同樣可由等效導納值 y_{os} 的倒數求出，或者使用 $r_o = 1/(\lambda I_{DQ})$，典型值在 $20\,k\Omega \sim 100\,k\Omega$ 之間。

舉分壓偏壓式的電路為例，比照 JFET 共源 CS 放大器的做法，先求出三個重要參數。

	n 通道 D-MOSFET	n 通道 E-MOSFET
輸入阻抗 Z_{in}	$R_1 \| R_2$	$R_1 \| R_2$
電壓增益 A	$-\dfrac{R_D}{g_m^{-1}}$	$-\dfrac{R_D}{g_m^{-1}}$
輸出阻抗 Z_{out}	R_D	R_D

其中轉換電導值 g_m 為

$$g_m = \left(\frac{-2\,I_{DSS}}{V_T} \right)\left(1 - \frac{V_{GS}}{V_T} \right) = g_{m0}\left(1 - \frac{V_{GS}}{V_T} \right)$$

或者表示為 $g_m = 2K_n(V_{GS} - V_T)$ ，代入分離交流模型，以分壓、放大、分壓方式，求總電壓增益 A_t ，

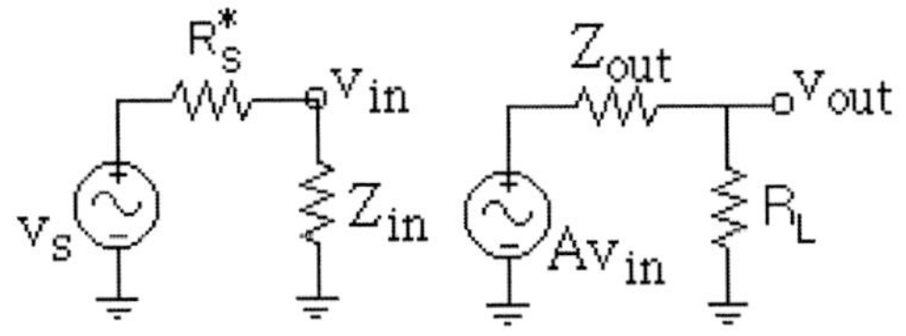

或者以如下圖所示的**分壓、轉導放大**方式，求總電壓增益 A_t

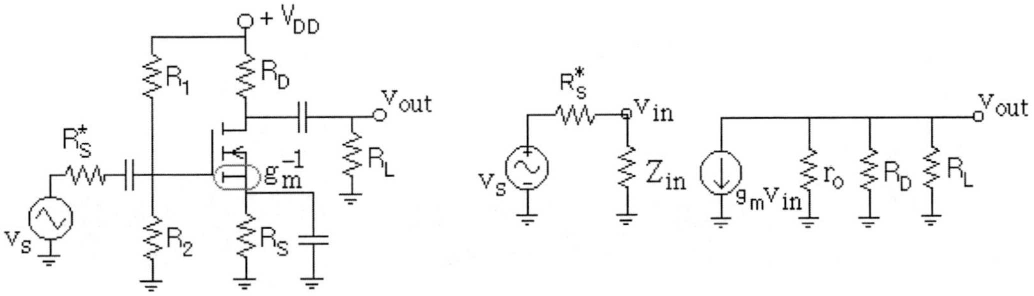

$$A_t = \left(\frac{R_1 \| R_2}{R_S^* + R_1 \| R_2} \right)\left(-\frac{r_o \| R_D \| R_L}{g_m^{-1}} \right) = \left(\frac{R_1 \| R_2}{R_S^* + R_1 \| R_2} \right)\left[-g_m(r_o \| R_D \| R_L) \right]$$

　　另外還有一種不同接法的共源放大器：n 通道 D-MOSFET 與 E-MOSFET 分壓偏壓方式的淹沒共源 CS 放大器，分別如下圖所示，

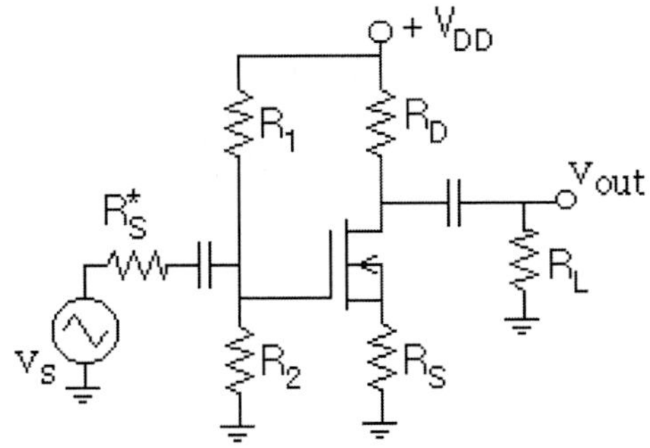

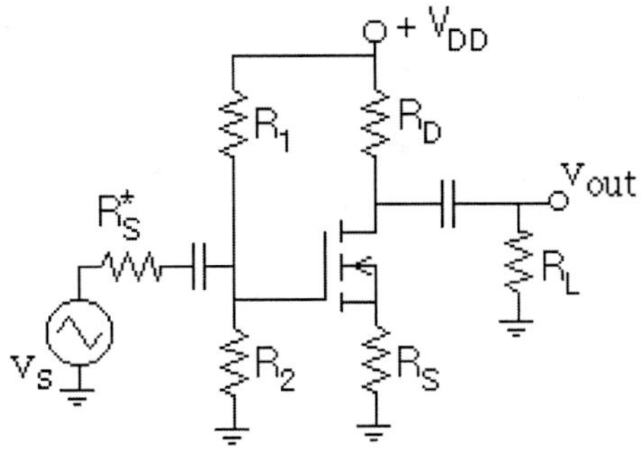

處理方式如同上述的共源放大器，但是必須將轉導項 g_m^{-1} 改為 $(g_m^{-1}+R_S)$，並且可以暫不考慮輸出電阻 r_o 的作用；以如下圖所示 E-MOSFET 淹沒共源放大器與其等效電路做說明，觀察電路可知輸入信號送入 MOS 電晶體閘極，橫跨在 $(g_m^{-1}+R_S)$ 上，輸出信號從 $(R_D \| R_L)$ 接出。

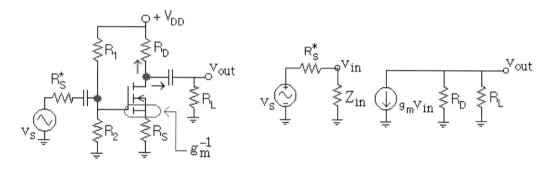

以分壓、轉導放大方式，求總電壓增益 A_t 為

$$A_t = \frac{R_1 \| R_2}{R_S^* + R_1 \| R_2} \frac{-(R_D \| R_L)}{g_m^{-1} + R_S}$$

二極體連接元件

MOSFET 的閘極與汲極相連接，如下圖左所示，稱為**二極體連接**(Diode-Connected)元件，此種接法的阻抗計算說明如下，

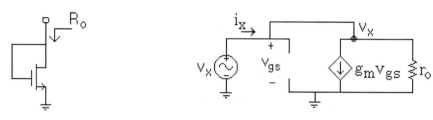

由交流等效電路（如上圖右所示）可知

$$v_x = v_{gs}$$

針對相依電流源上方的節點 KCL

$$i_x = g_m v_{gs} + v_x / r_o = v_x(g_m + 1/r_o)$$

$$R_o = \frac{v_x}{i_x} = \frac{1}{g_m + \dfrac{1}{r_o}} = \frac{1}{g_m} \| r_o$$

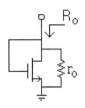

上式表示二極體連接元件從汲極看入的阻抗等於轉導值倒數與有限輸出電阻的並聯，推導過程並不困難，若能配合使用如下圖所示的等效電路，更容易明白為什麼是並聯的動作。

　　有了上述的處理經驗，即可快速求出此類放大器的總電壓增益表示式，例如下圖左所示的電路，求從輸出端往下看的輸出阻抗。

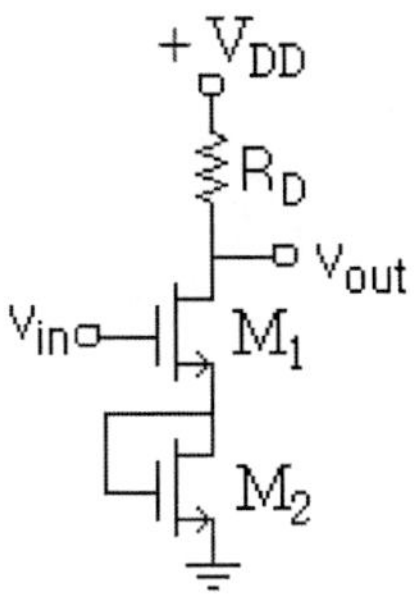

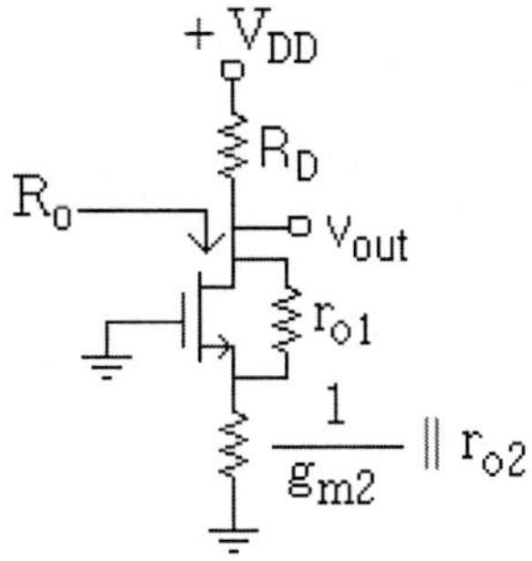

　　已知二極體連接元件從汲極看入的阻抗等於轉導值倒數與有限輸出電阻的並聯，因此從 M_2 洩（汲）極往下看的阻抗等於 $(1/g_{m2})\|r_{o2}$，此時等效電路如上圖右所示，至此再從 M_1 洩（汲）極往下看，可得輸出阻抗 R_o 為

$$R_o = r_{o1} + (1 + g_{m1} r_{o1})\left(\frac{1}{g_{m2}}\|r_{o2}\right)$$

上式直接套用 7-5-4 節所述的結果。一般而言，$(1/g_{m2})$ 遠小於 r_{o2}，假設 $g_{m1} = g_{m2} = g_m$，上式改寫為

$$R_o = r_{o1} + (1 + g_m r_{o1})\frac{1}{g_m} = 2r_{o1} + \frac{1}{g_m} \cong 2r_{o1}$$

例如下圖左所示的簡單示意電路，假設 M_1 與 M_2 皆偏壓在飽和區，求從輸出端往下看的輸出阻抗

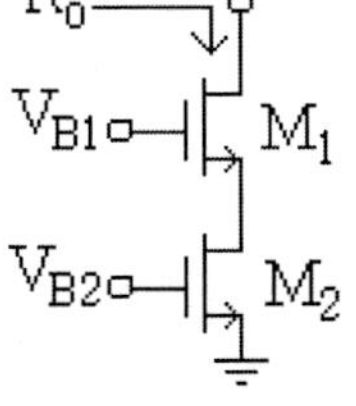

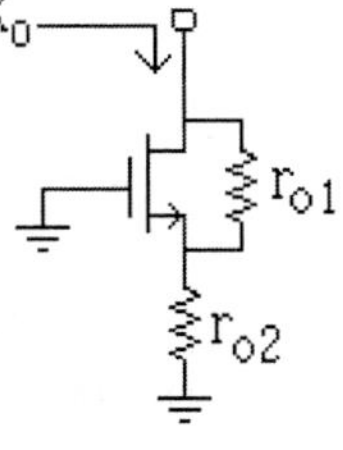

已知從 M_2 洩（汲）極往下看的阻抗等於 r_{o2}，此時等效電路如上圖右所示，至此再從 M_1 洩（汲）極往下看，可得輸出阻抗為

$$R_o = r_{o1} + (1 + g_{m1} r_{o1}) r_{o2}$$

若是近似處理，上式改寫為

$$R_o \cong r_{o1} + g_{m1} r_{o1} r_{o2} \cong g_{m1} r_{o1} r_{o2}$$

9 範例

如圖電路，n 通道 E-MOSFET 的 $K_n = 3/25 \, \text{mA} / \text{V}^2$，$V_T = 5 \, \text{V}$，求總電壓增益 A_t。

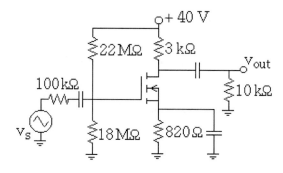

解

參考範例 5 的做法，求出 Q 點座標值為 (12.48 V, 6.73 mA)，代入
$g_m = 2K_n(V_{GSQ} - V_T)$

$$g_m = 2(3/25)(12.48 - 5) = 1.8 \, \text{mA} / \text{V}$$

代入 $A_t = (\dfrac{R_1 \| R_2}{R_S^* + R_1 \| R_2})(-\dfrac{r_o \| R_D \| R_L}{g_m^{-1}})$，因為無計算輸出電阻 r_o 的數據，可令其值 ∞，求得總電壓增益為

$$A_t = (\frac{22 \| 18}{0.1 + 22 \| 18})[-(1.8\text{m})(\infty \| 3\text{k} \| 10\text{k})] = -4.11$$

電腦模擬數據如下所示：下圖左的標題顯示值為轉導值 g_m，下圖右的標題顯示值為總電壓增益值，負號代表有相位反轉，假設輸入信號源峰值為 10 mV。

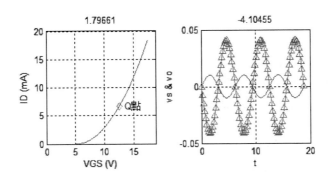

> 練習
>
> 若有考慮輸出電阻 r_o 的作用，例如 $\lambda = 0.01\,V^{-1}$，重新計算總電壓增益 A_t。

Answer　略。

10 範例

如圖電路，n 通道 D-MOSFET 的 $K_n = \dfrac{2}{3}\,mA/V^2$，$V_T = -3\,V$，求總電壓增益 A_t。

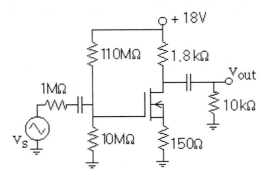

解

參考範例 4 的做法，求出 Q 點座標值為 $(0.37\,V\,,\,7.56\,mA)$，代入

$$g_m = 2K_n(V_{GSQ} - V_T)$$

$$g_m = 2\left(\frac{2}{3}\right)(0.37 - (-3)) = 4.49mS$$

已知 D-MOSFET 的輸出電阻∞，代入 $A_t = \dfrac{R_1 \| R_2}{R_S^* + R_1 \| R_2} \dfrac{-(R_D \| R_L)}{g_m^{-1} + R_S}$ ，可得總電壓增益為

$$A_t = \frac{(110 \| 10)}{1 + (110 \| 10)} \frac{-(\infty \| 1.8 \| 10)}{4.49^{-1} + 0.15} = -3.69$$

這是淹沒 CS 放大器，可知總電壓增益部分被淹沒掉，若需要提高總電壓增益，只需加上源極的旁路電容即可，此計算結果當作練習題，請自行習作。

補充

若有考慮輸出電阻 r_o 的作用，例如 $y_{os} = 20\,\mu S$ ，即 $r_o = 1/y_{os} = 50\,k\Omega$ ，此時包括輸出電阻作用的總電壓增益為

$$A_t = \left(\frac{110 \| 10}{1 + 110 \| 10} \right) \left(\frac{-50 \| 1.8 \| 10}{4.49^{-1} + 0.15} \right) = -3.58$$

換言之，輸出電阻的作用將降低些許總電壓增益值。

11 範例

如圖電路，n 通道 E-MOSFET 的 $I_{D(on)} = 3\,mA$ ， $V_{GS(on)} = 10\,V$ ， $V_T = 5\,V$ ，求總電壓增益 A_t 。

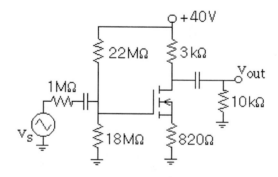

解

參考範例 5 的做法，求出 $K_n = \dfrac{3}{25}\,mA/V^2$，Q 點座標值 $(12.48V, 6.73mA)$，

代入 $g_m = 2K_n(V_{GSQ} - V_T)$

$$g_m = 2\left(\frac{3}{25}\right)(12.48 - 5) = 1.8\,mS$$

已知 E-MOSFET 的輸出電阻∞，代入 $A_t = \dfrac{R_1 \| R_2}{R_S^* + R_1 \| R_2}\dfrac{-(R_D \| R_L)}{g_m^{-1} + R_S}$，可

得總電壓增益為

$$A_t = \frac{(22 \| 18)}{1 + (22 \| 18)}\frac{-(3 \| 10)}{1.8^{-1} + 0.82} = -1.52$$

同上一範例，這是 n 通道 E-MOSFET 的淹沒 CS 放大器，同其總電壓增益有一部分被淹沒掉，欲改善此缺點，只需加上源極的旁路電容即可，此計算結果當作練習題，請自行習作。

練習 9　續範例 6 條件，電路如下所示，求總電壓增益 A_t。

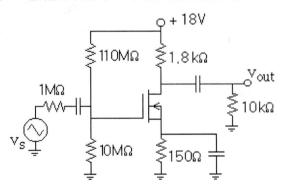

Answer　　$A_t = -6.17$

練習 **10** 續範例 7 條件，n 通道 E-MOSFET 的 $I_{D(on)} = 3\,mA$ ， $V_{GS(on)} = 10\,V$ ， $V_T = 5\,V$ ，求總電壓增益 A_t 。

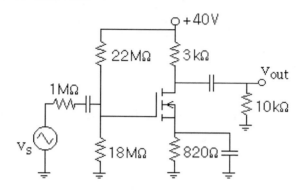

Answer $K_n = \dfrac{3}{25}\,mA\,/\,V^2$ ， $A_t = -3.77$

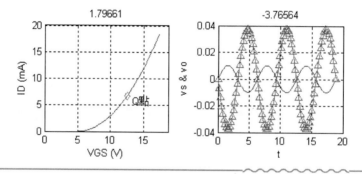

練習 **11** 續練習 7 條件，E-MOSFET 的輸出電阻為 $50\,k\Omega$ ，求總電壓增益 A_t 。

Answer $A_t = -3.6$

● 12-8-2 共汲放大器

由 n 通道 D-MOSFET 與 E-MOSFET 所組成的放大器，分析處理方式類似，因此，爾後的介紹將以 E-MOSFET 為主。

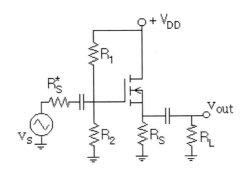

　　分壓偏壓方式的共洩（汲）放大器（Common Drain Amplifier，簡稱 CD 放大器，或者稱為源極隨耦器）電路，如上圖所示；交流放大處理方式如同上述的方法，觀察電路可知輸入信號送入 MOS 電晶體閘極，橫跨在 g_m^{-1} 與 $(r_o \| R_S \| R_L)$ 上，輸出信號則從 $(r_o \| R_S \| R_L)$ 接出，示意圖顯示如下，

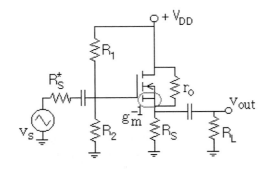

以分壓、轉導放大方式，求總電壓增益 A_t 為

$$A_t = \left(\frac{R_1 \| R_2}{R_S^* + R_1 \| R_2} \right) \left(\frac{r_o \| R_S \| R_L}{g_m^{-1} + r_o \| R_S \| R_L} \right) = \left(\frac{R_1 \| R_2}{R_S^* + R_1 \| R_2} \right) \left(\frac{g_m (r_o \| R_S \| R_L)}{1 + g_m (r_o \| R_S \| R_L)} \right)$$

　　簡化放大器電路示範說明：例如下圖左所示的簡單示意電路，M_2 當作電流源使用，求放大器總電壓增益 A_t。

解：已知從 M_2 洩（汲）極往下看的阻抗等於 r_{o2}，此時等效電路如上圖右所示，r_{o1} 上端接地，可見 r_{o1} 與 r_{o2} 並聯，輸出從此接出，而輸入則包括 g_{m1}^{-1}，因此總電壓增益 A_t 為

$$A_t = \frac{v_{out}}{v_{in}} = \frac{r_{o1} \| r_{o2}}{g_{m1}^{-1} + r_{o1} \| r_{o2}}$$

若是近似處理，r_{o1} 與 r_{o2} 並聯值遠大於 g_{m1}^{-1}，可得 $A_t \doteq 1$。

12 範例

如圖電路，n 通道 E-MOSFET 的 $K_n = 4\ mA/V^2$，$V_T = 1.5\ V$，$\lambda = 0.01\ V^{-1}$，求總電壓增益 A_t。

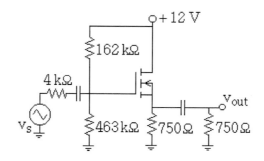

解

參考前分壓偏壓範例的做法，求出 Q 點座標值 $(2.91\ V, 7.97\ mA)$，代入 $g_m = 2K_n(V_{GS} - V_T)$ 求轉導值

$$g_m = 2(4\ m)(2.91 - 1.5) = 11.28\ mA/V$$

求輸出電阻 $r_o = 1/(\lambda\ I_{DQ})$

$$r_o = (0.01 \times 7.97\ m)^{-1} = 12.54\ k\Omega$$

代入 $A_t = \left(\dfrac{R_1 \| R_2}{R_S^* + R_1 \| R_2} \right) \left(\dfrac{g_m(r_o \| R_S \| R_L)}{1 + g_m(r_o \| R_S \| R_L)} \right)$，可得總電壓增益為

$$A_t = \left(\frac{162 \| 463}{4 + 162 \| 463} \right) \left(\frac{(11.28)(12.5 \| 0.75 \| 0.75)}{1 + (11.28)(12.5 \| 0.75 \| 0.75)} \right) = 0.778$$

電腦模擬數據如下所示：下圖左的標題顯示值為轉導值 g_m，下圖右的標題顯示值為總電壓增益值，沒有負號代表相位同步，假設輸入信號源峰值為 10 mV。

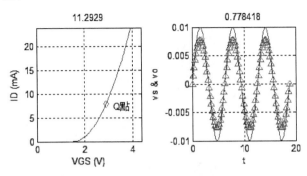

練習 12　如圖電路，n 通道 E-MOSFET 的 $K_n = 1\,\text{mA}/\text{V}^2$，$V_T = 1\,\text{V}$，$\lambda = 0.01\,\text{V}^{-1}$，求總電壓增益 A_t。

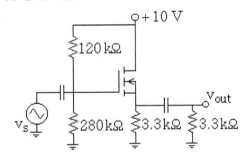

Answer　　$Q\,(2.21\,\text{V}\,,\,1.45\,\text{mA})$，$g_m = 2.41\,\text{mA}/\text{V}$，$A_t = 0.795$

● 12-8-3　共閘放大器

固定電流源偏壓方式的共閘放大器（Common Gate Amplifier，簡稱 CG 放大器）電路，如下圖所示。

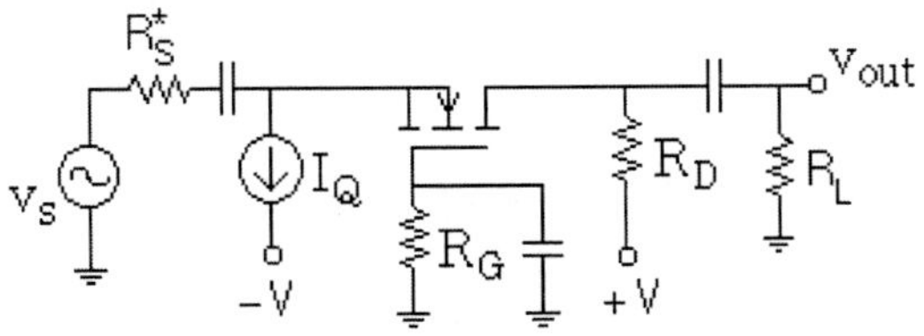

交流放大處理方式如同上述的方法，觀察電路可知輸入信號送入 MOS 電晶體源極，橫跨在 g_m^{-1} 上，輸出信號則從 $(R_D \parallel R_L)$ 接出，r_o 因為左右橫跨輸入與輸出兩端，無任何一端接地，因此暫不考慮其作用，以簡化等效電路的處理，綜上示意圖顯示如下，

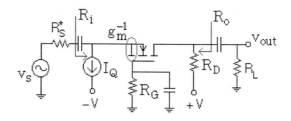

以分壓、轉導放大方式，求總電壓增益 A_t 為

$$A_t = \left(\frac{g_m^{-1}}{R_S^* + g_m^{-1}} \right) \left(\frac{R_D \parallel R_L}{g_m^{-1}} \right) = \frac{g_m(R_D \parallel R_L)}{1 + g_m R_S^*}$$

其中輸入阻抗 $R_i = g_m^{-1}$，輸出阻抗 $R_o = R_D$

簡化放大器電路示範說明：例如下圖左所示的簡單示意電路，$\lambda = 0$，求放大器總電壓增益

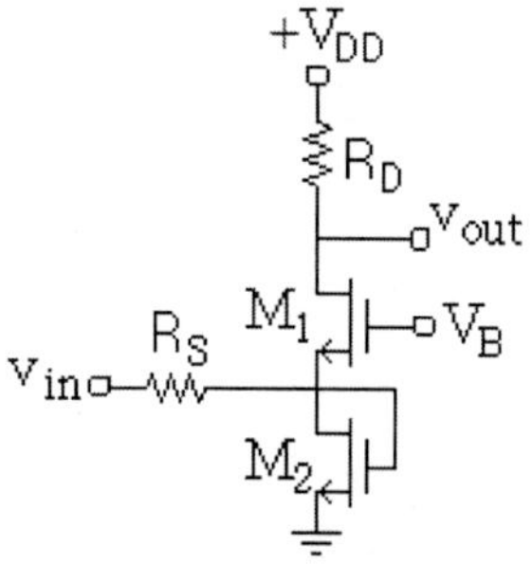

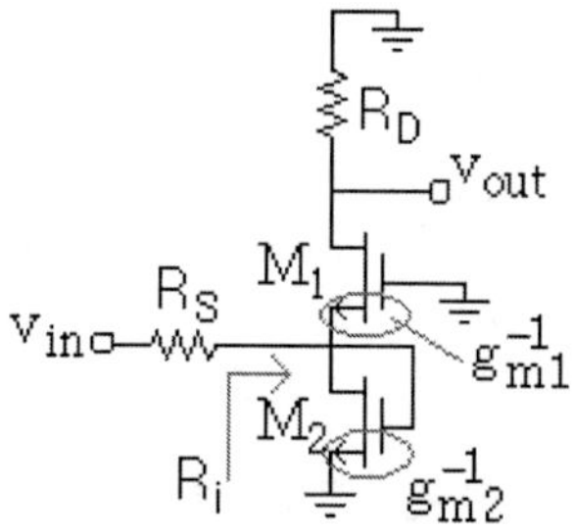

解：已知 $\lambda = 0$，即 $r_o = \infty$，以及二極體連接元件從洩（汲）極看入的阻抗等於轉導值倒數與有限輸出電阻的並聯，因此從 M_2 洩（汲）極往下看的阻抗等於 $(1/g_{m2})$，從 M_2 洩（汲）極往上看的阻抗等於 $(1/g_{m1})$，此時等效電路如上圖右所示，放大器輸入阻抗 R_i 為

$$R_i = g_{m1}^{-1} \parallel g_{m2}^{-1}$$

總電壓增益等於分壓項乘上轉導項，表示式寫成

$$A_t = \frac{v_{out}}{v_{in}} = \left(\frac{g_{m1}^{-1} \parallel g_{m2}^{-1}}{R_S + g_{m1}^{-1} \parallel g_{m2}^{-1}} \right) (g_{m1} R_D)$$

若考慮 $\lambda \neq 0$，等效電路如下圖所示，從輸出端往下看的輸出阻抗為

$$R_o = r_{o1} + (1 + g_{m1}\, r_{o1})(g_{m2}^{-1} \,\|\, r_{o2} \,\|\, R_S)$$

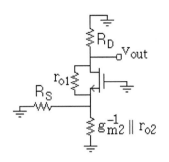 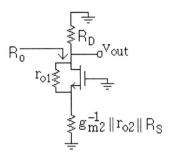

最後從輸出端看入，可見 R_o 與 R_D 有分流效果，因此的輸出阻抗 R_{out} 為兩者並聯，即

$$R_{out} = R_D \,\|\, \Big[r_{o1} + (1 + g_{m1}\, r_{o1})\big(g_{m2}^{-1} \,\|\, r_{o2} \,\|\, R_S \big) \Big]$$

13 範例

如圖電路，n 通道 E-MOSFET 的 $K_n = 1\,mA/V^2$，$V_T = 1\,V$，$\lambda = 0$，求總電壓增益 A_t。

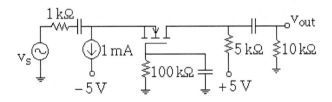

解

已知 $I_Q = I_{DQ} = 1\,mA$，代入飽和區電流方程式 $I_{DQ} = K_n (V_{GSQ} - V_T)^2$

$$I_{DQ} = (1\,m)(V_{GSQ} - 1)^2 = 1\,mA$$

求出 $V_{GSQ} = 2\,V$，代入 $g_m = 2K_n(V_{GS} - V_T)$ 求轉導值

$$g_m = 2(1\,m)(2-1) = 2\,mA/V$$

求輸出電阻 $r_o = 1/(\lambda\, I_{DQ})$

$$r_o = (0 \times 1\,m)^{-1} = \infty$$

代入 $A_t = \left(\dfrac{g_m^{-1}}{R_S^* + g_m^{-1}} \right) \left(\dfrac{R_D \| R_L}{g_m^{-1}} \right) = \dfrac{g_m (R_D \| R_L)}{1 + g_m R_S^*}$ ，可得總電壓增益為

$$A_t = \frac{(2\,m)(5\,k \| 10\,k)}{1 + (2\,m)(1\,k)} = 2.22$$

其值沒有負號代表輸入與輸出信號相位同步。

練習 **13**　如圖電路，n 通道 E-MOSFET 的 $K_n = 1\,mA/V^2$，$V_T = 1\,V$，$\lambda = 0$，求總電壓增益 A_t。

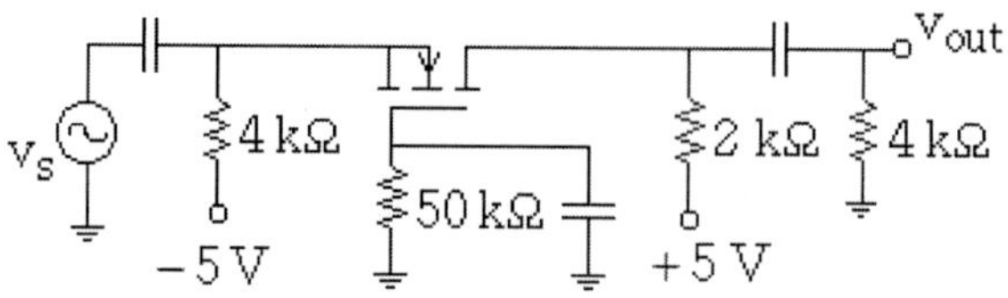

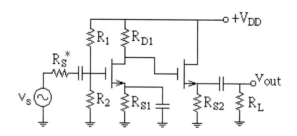

Answer　$Q\,(1.88\,V,\ 0.78\,mA)$，$g_m = 1.76\,mA/V$，$A_t = 2.35$

● 12-8-4　多級放大器

如下圖所示為 NMOS 的雙級放大器電路，第一級為共源 CS 放大器，第二級為共汲 CD 放大器。

直流分析

重點在計算靜態工作點 Q，以便求出轉導值 $g_m = 2K_n(V_{GS} - V_T)$；相關計算請自行複習以前相關的章節內容。

交流分析

不考慮有限輸出電阻 r_o 的作用，共源 CS 放大器的總放大增益為

$$A_1 = \left(\frac{Z_{in1}}{R_S^* + Z_{in1}}\right)\left[-\frac{(R_{D1} \| R_{L1})}{g_{m1}^{-1}}\right] = \left(\frac{Z_{in1}}{R_S^* + Z_{in1}}\right)\left[-g_{m1}R_{D1}\right]$$

其中 $Z_{in1} = R_1$ 並聯 R_2，R_{L1} 等於 $Z_{i2} = \infty$，而第二級共汲 CD 放大器的總放大增益為

$$A_2 = \left(\frac{Z_{in2}}{0 + Z_{in2}}\right)\left[\frac{R_{S2} \| R_L}{g_{m2}^{-1} + R_{S2} \| R_L}\right] = \frac{g_{m2}(R_{S2} \| R_L)}{1 + g_{m2}(R_{S2} \| R_L)}$$

因此，雙級放大器的總放大增益為

$$A_t = A_1 \times A_2 = \left(\frac{Z_{in1}}{R_S^* + Z_{in1}}\right)(-g_{m1}R_{D1})\left(\frac{g_{m2}(R_{s2} \| R_L)}{1 + g_{m2}(R_{s2} \| R_L)}\right)$$

若有考慮有限輸出電阻 r_o 的作用，只需將有限輸出電阻 r_o 與等效輸出電阻並聯處理即可。

14 範例

如圖電路, $V_{TN1} = V_{TN2} = 1.2$ V , $K_{n1} = 0.5$ mA/V^2 , $K_{n2} = 0.2$ mA/V^2 , $\lambda_1 = \lambda_2 = 0$, 若 $I_{DQ1} = 0.2$ mA , $I_{DQ2} = 0.5$ mA , $V_{DS1} = V_{DS2} = 6$ V , 求總電壓增益 A_t 。

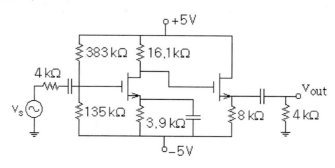

解

求轉導值 g_{m1} , g_{m2} : 第一級靜態工作點 $I_{DQ} = 0.2$ mA , $V_{GSQ} = 1.83$ V , $V_{DSQ} = 6.02$ V , 請自行練習計算。

$$g_{m1} = 2\sqrt{I_{DQ1} K_{n1}} = 2\sqrt{(0.2\,m)(0.5\,m)} = 0.63\,mA/V$$

$$g_{m2} = 2\sqrt{I_{DQ2} K_{n2}} = 2\sqrt{(0.5\,m)(0.2\,m)} = 0.63\,mA/V$$

使用 $A_t = A_1 \times A_2 = \left(\dfrac{Z_{in1}}{R_S^* + Z_{in1}}\right)(-g_{m1} R_{D1})\left(\dfrac{g_{m2}(R_{S2} \| R_L)}{1 + g_{m2}(R_{S2} \| R_L)}\right)$

$$Z_{in1} = R_1 \| R_2 = (383\,k)\|(135\,k) = \frac{383 \times 135}{383 + 135} = 99.8 \cong 100\,k\Omega$$

$$R_{S2} \| R_L = (8\,k)\|(4\,k) = \frac{8 \times 4}{8 + 4} = 2.67\,k\Omega$$

$$A_t = \left(\frac{100}{4 + 100}\right)(-0.63\,m \times 16.1\,k)\left(\frac{0.63\,m(2.67\,k)}{1 + 0.63\,m(2.67\,k)}\right) = -6.13$$

 練習 14

續範例 14 , $\lambda_1 = \lambda_2 = 0.01$ V^{-1} , 求總電壓增益 A_t 。

Answer $r_{o1} = 500$ kΩ , $r_{o2} = 200$ kΩ , $A_t = -5.9$

15

如圖電路，$V_{TN1} = V_{TN2} = 1.2\ V$，$K_{n1} = 0.5\ mA/V^2$，$K_{n2} = 0.2\ mA/V^2$，$\lambda_1 = \lambda_2 = 0$，求總電壓增益 A_t。

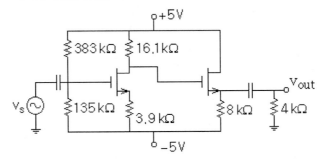

Answer　$A_t = \left(\dfrac{100}{0+100}\right)\left(-\dfrac{0.63m \times 16.1k}{1+0.63m \times 3.9k}\right)\left(\dfrac{0.63m \times 2.67k}{1+0.63m \times 2.67k}\right) = -1.84$

● 12-8-5　疊接放大器

如下圖所示為 NMOS 的**疊接電路**(Cascode circuit)，所有 NMOS 完全相同，輸入端為共源 CS 放大器，輸出端為共閘 CG 放大器。

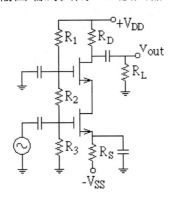

此種電路的好處，在高頻響應會有更拓寬的效果（此部分參考後續第 13 章的討論）。

直流分析

如下所示的疊接放大器直流等效電路，假設其 $V_{TN1} = V_{TN2} = 1.2\ V$，$K_{n1} = K_{n2} = 0.8\ mA/V^2$，$\lambda_1 = \lambda_2 = 0$

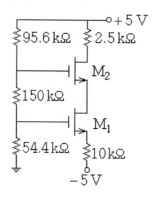

已知

$$V_{G1} = 5 \times 54.4/300 = 0.907 \text{ V} \qquad , \qquad V_{G2} = 5 \times 204.4/300 = 3.407 \text{ V}$$

$$V_{S1} = -5 + 10\, I_{D1} \qquad , \qquad V_{GS1} = V_{G1} - V_{S1} = 5.907 - 10\, I_{D1}$$

將上式代入飽和區方程式 $I_{D1} = K_{n1}(V_{GS1} - V_{TN1})^2 = (0.8\text{ m})(5.907 - 10\, I_{D1} - 1.2)^2$，解聯例方程式求解汲極電流 $I_{D1} = 0.4$ mA，因為 $I_{D1} = I_{D2} = 0.4$ mA，即

$$0.4 \text{ mA} = K_{n2}(V_{GS2} - V_{TN2})^2 = (0.8\text{ m})(V_{GS2} - 1.2)^2$$

上式解出 $V_{GS2} = 1.907$ V，即 $V_{G2} - V_{S2} = 3.407 - V_{S2} = 1.907$，$V_{S2} = 1.5$ V

交流分析

不考慮有限輸出電阻的作用，共源 CS 放大器的放大增益為

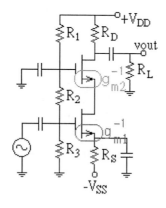

$$A_1 = -g_{m1} \times R_{o1} = -g_{m1} \times \frac{1}{g_{m2}}$$

其中 R_{o1} 為此級的輸出電阻，也是第二級的輸入阻抗，而第二級共閘 CG 放大器的放大增益為

$$A_2 = g_{m2} \times (R_{o2} \parallel R_L) = g_{m2} \times (R_D \parallel R_L)$$

因此，疊接電路的總放大增益為

$$A_t = A_1 \times A_2 = -g_{m1} \times \frac{1}{g_{m2}} \times g_{m2} \times (R_D \parallel R_L) = -g_{m1} \times (R_D \parallel R_L)$$

若考慮如下圖所示具有輸入電源電阻的疊接放大器，其總電壓增益 A_t 則必須修正為有分壓項，表示式改寫為

$$A_t = \left(\frac{R_i}{R_i + R_S^*} \right) \left[-g_{m1}(R_D \parallel R_L) \right]$$

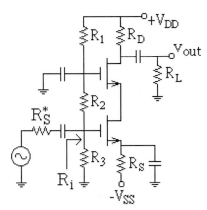

上式中 R_i 為輸入阻抗，其值等於 R_2 並聯 R_3。

15 範例

如圖電路，$V_{TN1} = V_{TN2} = 1.2\ V$，$K_{n1} = K_{n2} = 0.8\ mA/V^2$，$\lambda_1 = \lambda_2 = 0$，求總電壓增益 A_t。

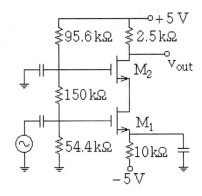

解

由上述討論得知 $I_{D1} = I_{D2} = 0.4\,mA$，由此求轉導值 $g_{m1} = g_{m2} = 2\sqrt{K_n I_{DQ}}$

$$g_{m1} = g_{m2} = 2\sqrt{(0.8m)(0.4m)} = 1.131mA/V$$

使用 $A_t = -g_{m1} \times (R_D \| R_L)$，總電壓增益為

$$A_t = -1.131 \times 2.5 = -2.83$$

練習 16   如圖電路，$V_{TN1} = V_{TN2} = 2\,V$ ，$K_{n1} = K_{n2} = 1.2\,mA/V^2$ ，$\lambda_1 = \lambda_2 = 0$ ，
求   (a)轉導值   (b)總電壓增益 A_t 。

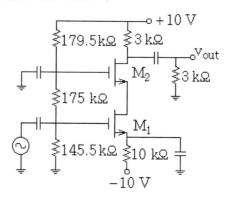

Answer $I_{DQ} = 1\,mA$ (a) $g_m = 2.191\,mA/V$ (b) -3.27

經之前說明與例題後，請參考隨書電子書光碟以程式進行相關例題模擬：

12-8-A   MOSFET 放大器 Pspice 分析

12-8-B   MOSFET 放大器 MATLAB 分析

12-9　E-MOSFET 汲極回授組態放大器※*

　　使用 E-MOSFET 汲極回授（或者稱為洩極回授）偏壓式放大器，如下圖所示。

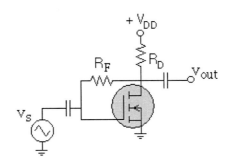

　　根據 MOSFET 的交流簡易模型，畫出洩（汲）極回授組態放大器等效電路如下圖所示。

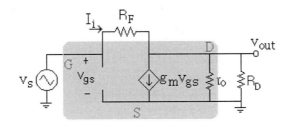

寫出節點 D 的 KCL 方程式

$$I_i = g_m v_{gs} + \frac{v_{out}}{r_o \parallel R_D}$$

流過電阻 R_F 的電流 I_i，等於

$$I_i = \frac{v_s - v_{out}}{R_F}$$

即 $v_{out} = v_s - I_i R_F$，$v_{gs} = v_s$，代回 $I_i = g_m v_{gs} + \dfrac{v_{out}}{r_o \parallel R_D}$ 解出輸入阻抗 Z_{in}

$$I_i = g_m v_s + \frac{v_s - I_i R_F}{r_o \parallel R_D} = v_s \left(g_m + \frac{1}{r_o \parallel R_D} \right) - I_i \frac{R_F}{r_o \parallel R_D}$$

$$I_i\left(1+\frac{R_F}{r_o\parallel R_D}\right)=v_s\left(g_m+\frac{1}{r_o\parallel R_D}\right)$$

$$Z_{in}=\frac{v_s}{I_i}=\frac{1+\dfrac{R_F}{r_o\parallel R_D}}{g_m+\dfrac{1}{r_o\parallel R_D}}=\frac{\dfrac{r_o\parallel R_D+R_F}{r_o\parallel R_D}}{\dfrac{g_m(r_o\parallel R_D)+1}{r_o\parallel R_D}}=\frac{R_F+r_o\parallel R_D}{1+g_m(r_o\parallel R_D)}$$

因為 Z_{in} 為所在位置的電壓除以所在位置的電流，因此代換 v_{out}，保留 v_s 與 I_i 兩變數以便解出輸入阻抗 Z_{in}，同理，總電壓增益 A 是輸出電壓 v_{out} 除以輸入電壓 v_s，因此代換掉 I_i，可得電壓增益 A。

$$\frac{v_s-v_{out}}{R_F}=g_mv_s+\frac{v_{out}}{r_o\parallel R_D}$$

$$v_s\left(\frac{1}{R_F}-g_m\right)=v_{out}\left(\frac{1}{R_F}+\frac{1}{r_o\parallel R_D}\right)=v_{out}\frac{1}{R_F\parallel r_o\parallel R_D}$$

$$A=\frac{v_{out}}{v_s}=\frac{\dfrac{1}{R_F}-g_m}{\dfrac{1}{R_F}+\dfrac{1}{r_o\parallel R_D}}=\left(\frac{1}{R_F}-g_m\right)(R_F\parallel r_o\parallel R_D)$$

若 $R_F\to\infty$，上式改寫為

$$A=-g_m(R_F\parallel r_o\parallel R_D)$$

最後求輸出阻抗 Z_{out}：等效電路中將電壓源短路，電流源斷路，從輸出端往輸入端看，所得到的等效電阻即為輸出阻抗。

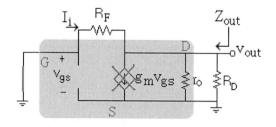

由上圖的節點 D，很清楚看到三電阻有分流效果，可知為並聯處理，即

$$Z_{out}=R_F\parallel r_o\parallel R_D$$

綜合以上結果，表列如下：

n 通道 E-MOSFET	有回授電阻 R_F	沒有回授電阻 R_F
輸入阻抗 Z_{in}	$\dfrac{R_F + r_o \parallel R_D}{1 + g_m(r_o \parallel R_D)}$	∞
電壓增益 A	$\left(\dfrac{1}{R_F} - g_m\right)\left(R_F \parallel r_o \parallel R_D\right)$	$-g_m(r_o \parallel R_D)$
輸出阻抗 Z_{out}	$R_F \parallel r_o \parallel R_D$	$r_o \parallel R_D$

若放大器具有信號源電阻與負載電阻，如下圖所示。

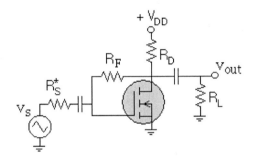

先求出三個重要參數：輸入阻抗 Z_{in}，電壓增益 A，輸出阻抗 Z_{out}，

以**分壓、放大、分壓**方式，或者以**分壓、轉導放大**方式，求總電壓增益 A_t。

密勒定理

　　反相放大器具有回授元件的電路求解總電壓增益，必須使用**密勒定理**(Miller theoty)；如右圖所示的反相放大器(Inverting amplifier)，其電壓增益為 A_v，A_v 為負值，阻抗 Z 橫跨輸入與輸出兩端，使得輸出信號會回授到輸入端，故稱為**回授元件**。

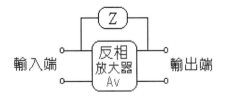

　　回授元件可以是電阻、電容或電感，但是類似這種電路並不容易分析，因為回授元件同時會影響輸入與輸出電路，因此為了解決回授元件的回授效應，必須藉由密勒定理，將回授元件轉換為輸入端有一等效元件，輸出端也有一等效元件，其等效值為

$$Z_{in(m)} = \frac{Z}{1 - A_v}$$

$$Z_{out(m)} = \frac{Z}{1 - A_v^{-1}}$$

如此處理，電路中就不再有回授元件的回授效應，分析電路自然方便許多。

因為 E-MOSFET 汲極回授偏壓式放大器的回授元件是電阻，而電阻的阻抗就是電阻值本身，因此針對電阻來說明，密勒等效電路如下所示，其中 $R_{in(m)}$ 為**密勒輸入電阻**，$R_{out(m)}$ 為**密勒輸出電阻**，

其密勒等效電阻值分別為

$$R_{in(m)} = \frac{R}{1 - A_v} \qquad , \qquad R_{out(m)} = \frac{R}{1 - A_v^{-1}}$$

由上述轉換所得到的結果可知，對任何具有電阻回授元件的反相放大器而言，其電壓增益 A_v 通常遠大於 1，因密勒定理的使用，使得等效輸入電阻變小，等效輸出電阻近似原回授電阻值。此定理提供處理回授電路的捷徑，適用於反相放大器，譬如本節所討論的洩（汲）極回授偏壓式放大器，藉由密勒定理的轉換，可等效為如下圖所示的電路。

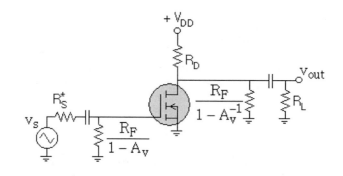

16 範例

如圖電路，n 通道 E-MOSFET 的 $K_n = 240\ \mu A/V^2$，$V_T = 3\ V$，等效導納值 $y_{os} = 20\ \mu S$，求總電壓增益 A_t。

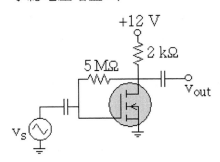

解

參考前述的做法，求出 Q 點座標值為 $(6.41\ V,\ 2.79\ mA)$

$$V_{GS} = V_{DS} = 12 - 2I_D$$

代入 $I_D = K_n(V_{GS} - V_T)^2 = (0.24\ m)(V_{GS} - 3)^2$

$$V_{GS} = 12 - 2(0.24\ m)(V_{GS} - 3)^2 = 7.68 - 0.48V_{GS}^2 + 2.88V_{GS}$$

$$0.48V_{GS}^2 - 1.88V_{GS} - 7.68 = 0$$

解出 $V_{GSQ} = 6.41\ V$，$I_{DQ} = 2.79\ mA$；接著代入 $g_m = 2K_n(V_{GS} - V_T)$

$$g_m = (0.24\ m)(6.41 - 3) = 1.64\ mS$$

有限輸出電阻 r_o 為

$$r_o = \frac{1}{20\mu} = 50\ k\Omega$$

求出三個重要參數：輸入阻抗 Z_{in}，電壓增益 A（此狀況 $A = A_t$），輸出阻抗 Z_{out}

$$Z_{in} = \frac{R_F + r_o \parallel R_D}{1 + g_m(r_o \parallel R_D)} = \frac{5M + 50k \parallel 2k}{1 + (1.64m)(50k \parallel 2k)} = 1.205\ M\Omega$$

$$Z_{out} = R_F \parallel r_o \parallel R_D = 5M \parallel 50k \parallel 2k = 1.923\ k\Omega$$

$$A = \left(\frac{1}{R_F} - g_m\right)(R_F \parallel r_o \parallel R_D) = \left(\frac{1}{5\ M} - 1.64\ m\right)(5\ M \parallel 50\ k \parallel 2\ k) = -3.15$$

假設輸入信號源 v_s 峰值為 $10\ \text{mV}$，其輸出信號如下圖所示。

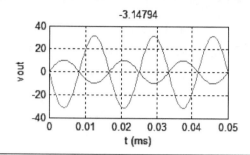

 補充

使用密勒定理求解：

$$A_v = -(1.64\ \text{m})(2\ \text{k}\Omega \parallel 50\ \text{k}\Omega) = -3.15$$

$$R_{in(m)} = \frac{R_F}{1 - A_v} = \frac{5\,\text{M}\Omega}{1 + 3.15} = 1.205\,\text{M}\Omega$$

$$R_{out(m)} = \frac{R_F}{1 - A_v^{-1}} = \frac{5\,\text{M}\Omega}{1 + 3.15^{-1}} = 3.795\,\text{M}\Omega$$

密勒化之後的等效電路：

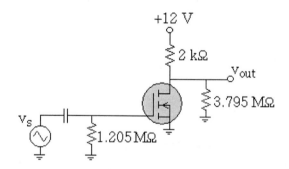

使用 $A_t = -g_m(r_o \parallel R_D \parallel R_{in(m)})$：計算總電壓增益 A_t

$$A_t = -(1.64\ \text{m})(50\text{k} \parallel 2\text{k} \parallel 3.795\text{M}) = -3.152$$

練習 17

如圖電路，n 通道 E-MOSFET 的 $K_n = 300\ \mu A/V^2$，$V_T = 3\ V$，等效導納值 $y_{os} = 10\ \mu S$，求總電壓增益 A_t。

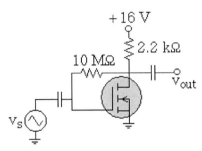

Answer　$V_{GSQ} = 6.75\ V$，$I_{DQ} = 4.21\ mA$，$Z_{in} = 1.714\ M\Omega$，$Z_{out} = 2.15\ k\Omega$，
$A_t = -4.84$

經之前說明與例題後，請參考隨書電子書光碟以程式進行相關例題模擬：

12-9-A　E-MOSFET 汲極回授組態放大器 Pspice 分析

12-9-B　E-MOSFET 汲極回授組態放大器 MATLAB 分析

12-10 單級積體電路放大器※

● 12-10-1　IC 共閘極放大器

如下圖左所示的**積體電路 MOSFET**（簡稱 IC MOS）共閘極放大器電路，其閘極接地，洩（汲）極接一主動負載的固定電流源，源極接一具有電阻的電壓信號源，假設 MOSFET 工作在飽和區，並且暫不考慮本體效應 g_{mb} 的作用。下圖右顯示其交流等效電路，電阻 R_L 為包括主動負載電流源與任何外加負載電阻。

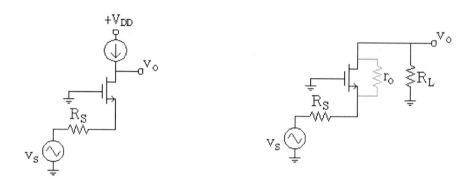

輸入阻抗 R_{in}：因為有限輸出電阻 r_o 橫跨洩（汲）－源極之間，由電路圖可以清楚看到 r_o 兩端皆不接地，導致以前所學的簡易分析方法無法使用，面對這樣新的問題，別無選擇只能重解電路。首先標示節點參考電壓與電流，如下圖左所示，圖右則局部顯示節點的 KCL 關係。

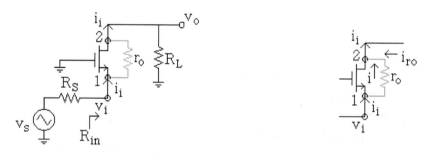

MOSFET 是通道型元件，意即源極電流等於洩（汲）極電流，如同流進節點 1 的源極電流 i_s 等於流出節點 2 的洩（汲）極電流 i_d（等效電路中標示為 i_i），由節點 2 的 KCL 可知 $i + i_{ro} = i_i$，即

$$g_m v_i + \frac{v_i - v_o}{r_o} = i_i$$

將 $v_o = i_i \times R_L$ 代入上式，

$$g_m v_i + \frac{v_i - i_i R_L}{r_o} = i_i \qquad , \qquad g_m r_o v_i + (v_i - i_i R_L) = i_i r_o$$

$$(1 + g_m r_o) v_i = i_i (r_o + R_L)$$

由上式可以求出輸入阻抗 R_{in} 為

$$R_{in} \equiv \frac{v_i}{i_i} = \frac{r_o + R_L}{1 + g_m r_o}$$

若有限輸出電阻 $r_o = \infty$，輸入阻抗 $R_{in} = 1/g_m$，若負載電阻 $R_L = \infty$，輸入阻抗 $R_{in} = \infty$；因為 $g_m r_o$ 遠大於 1，上式可以近似為

$$R_{in} \cong \frac{1}{g_m} + \frac{R_L}{g_m r_o}$$

節點 2 的 KCL 方程式改為 $(1 + g_m r_o)v_i = v_o$，即

$$A_{vo} \equiv \frac{v_o}{v_i} = 1 + g_m r_o$$

總電壓增益 A_t：由以上分析得知，$v_s = i_i \times (R_S + R_{in})$，$v_o = i_i \times R_L$，放大器總電壓增益為

$$A_t \equiv \frac{v_o}{v_s} = \frac{R_L}{R_S + R_{in}}$$

或

$$A_t = \frac{R_{in(R_L \to \infty)}}{R_S + R_{in(R_L \to \infty)}} A_{vo} \frac{R_L}{R_{out} + R_L}$$

將 $R_{in} = \dfrac{r_o + R_L}{1 + g_m r_o}$ 代入上式

$$A_t = \frac{R_L}{R_S + \dfrac{r_o + R_L}{1 + g_m r_o}} = (1 + g_m r_o) \frac{R_L}{(1 + g_m r_o)R_S + r_o + R_L}$$

若 $R_S = 0$，此條件下的放大器總電壓增益為

$$A_t = \frac{(1 + g_m r_o)R_L}{r_o + R_L}$$

輸出阻抗 R_{out}：定義示意圖如下

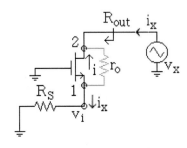

根據節點 2 的 KCL 方程式可知，流經有限輸出電阻 r_o 的電流方向向下，大小等於 $(i_x + g_m \times v_i)$，因此可得測試電壓 $v_x = (i_x + g_m \times v_i)r_o + v_i = (i_x + g_m \times i_x R_S)r_o + i_x R_S$，化簡後改寫為

$$R_{out} \equiv \frac{v_x}{i_x} = r_o + (1 + g_m r_o)R_S$$

舉前述範例 13 為例：n 通道 E-MOSFET 的 $K_n = 1\,\text{mA}/\text{V}^2$，$V_T = 1\,\text{V}$，$\lambda = 0.01\,\text{V}^{-1}$，求總電壓增益 A_t

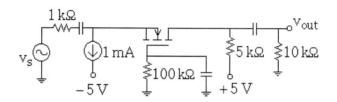

已知 $I_Q = I_{DQ} = 1\,\text{mA}$，代入飽和區電流方程式 $I_{DQ} = K_n(V_{GSQ} - V_T)^2$，求出 $V_{GSQ} = 2\,\text{V}$，代入 $g_m = 2K_n(V_{GS} - V_T)$，求轉導值 $g_m = 2\,\text{mA}/\text{V}$，有限輸出電阻 $r_o = (\lambda I_{DQ})^{-1} = 100\,\text{k}\Omega$，代入 $A_t = (1 + g_m r_o)\dfrac{R_L}{(1 + g_m r_o)R_S + r_o + R_L}$，此時 $R_L = 5\,\text{k}\Omega$ 並聯 $10\,\text{k}\Omega$，可得總電壓增益 $A_t = 2.2$，非常近似於不考慮有限輸出電阻 r_o 作用時的 $A_t = 2.22$。

綜上討論，不考慮本體效應，總結 IC 共閘放大器的特性如下所示。

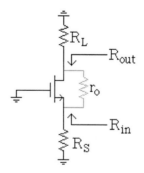

(a) 輸入阻抗 $R_{in} = (r_o + R_L)/(1 + g_m \times r_o)$，近似為

$$R_{in} \cong \frac{1}{g_m} + \frac{R_L}{g_m r_o}$$

(b)輸出阻抗 $R_{out} = r_o + (1 + g_m \times r_o)R_S$

(c)總電壓增益 $A_t = (1 + g_m r_o) \dfrac{R_L}{(1 + g_m r_o)R_S + r_o + R_L}$ ，或近似表示為

$$A_t \cong \dfrac{R_L}{R_S + \dfrac{1}{g_m} + \dfrac{R_L}{g_m r_o}}$$

若必須考慮本體效應，只需將本體轉導值 g_{mb} 加入 g_m 即可。

● 12-10-2 IC 共基極放大器

如下圖左所示的 IC BJT 共基極放大器電路，其基極接地，集極接一主動負載的固定電流源，射極接一具有電阻的電壓信號源，假設 BJT 工作在動作區。下圖右顯示其交流等效電路。

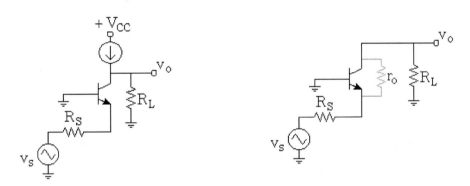

輸入阻抗 R_{in}：比照上一節共閘極放大器的處理，首先標示節點參考電壓與電流，如下圖左所示，圖右則局部顯示節點的 KCL 關係。

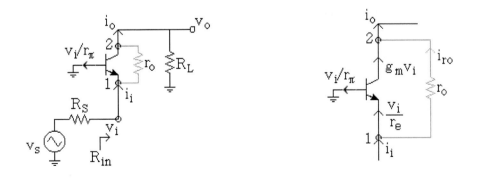

由節點 2 的 KCL 可知 $g_m v_i + i_{ro} = i_o$，即

$$g_m v_i + \frac{v_i - v_o}{r_o} = g_m v_i + \frac{v_i - i_o R_L}{r_o} = i_o$$

$$g_m r_o v_i + v_i = i_o (R_L + r_o) = (i_i - v_i / r_\pi)(R_L + r_o)$$

$$(1 + g_m r_o + \frac{r_o + R_L}{r_\pi}) v_i = i_i (r_o + R_L)$$

由上式可以求出輸入阻抗 R_{in} 為

$$R_{in} \equiv \frac{v_i}{i_i} = \frac{r_o + R_L}{1 + g_m r_o + \dfrac{r_o + R_L}{r_\pi}}$$

因為 $r_o \left(g_m + \dfrac{1}{r_\pi} \right) = r_o \left(\dfrac{g_m r_\pi + 1}{r_\pi} \right) = r_o \left(\dfrac{\beta + 1}{(1+\beta) r_e} \right) = \dfrac{r_o}{r_e}$ ，上式改寫為

$$R_{in} = \frac{r_o + R_L}{1 + \dfrac{r_o}{r_e} + \dfrac{R_L}{(1+\beta) r_e}} \cong r_e \frac{r_o + R_L}{r_e + r_o + \dfrac{R_L}{(1+\beta)}}$$

若有限輸出電阻 $r_o = \infty$ 或 $R_L = 0$，輸入阻抗 $R_{in} = r_e$，若載電阻 $R_L = \infty$，輸入阻抗 $R_{in} = r_\pi$；因為 r_o 遠大於 r_e 與 $R_L / (1+\beta)$，上式可以近似為

$$R_{in} \cong r_e (1 + \frac{R_L}{r_o}) = r_e + \frac{r_e R_L}{r_o} = r_e + \frac{\alpha R_L}{g_m r_o}$$

輸出阻抗 R_{out}：比照 MOSFET 共閘極放大器處理，結果為

$$R_{out} = r_o + (1 + g_m r_o)(r_\pi \| R_S)$$

總電壓增益 A_t：放大器總電壓增益為

$$A_t = \frac{R_{in(R_L \to \infty)}}{R_S + R_{in(R_L \to \infty)}} A_{vo} \frac{R_L}{R_{out} + R_L}$$

$$A_t = \frac{r_\pi}{R_S + r_\pi} (1 + g_m r_o) \frac{R_L}{r_o + (1 + g_m r_o)(r_\pi \| R_S) + R_L}$$

若 $R_s = 0$，此條件下的放大器總電壓增益為

$$A_t = \frac{(1+g_m r_o)R_L}{r_o + R_L}$$

舉第 8 章範例 4 為例：如圖電路，$\beta = 100$，$V_A = 100 \text{ V}$，$V_s = 10 \text{ mV}$，求總電壓增益 A_t。

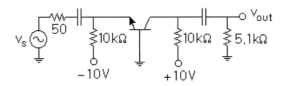

已 知 $I_E = 0.93 \text{ mA}$ ，$I_{CQ} = 0.92 \text{ mA}$ ，$r_e = 26/0.93 = 27.96 \ \Omega$ ，$r_\pi = (1+\beta)r_e$ $= 2.82 \text{ k}\Omega$ ，求 轉 導 值 $g_m = I_C / V_T = 35.4 \text{ mA/V}$ ，求 有 限 輸 出 電 阻 $r_o = V_A / I_{CQ}$ $= 108.7 \text{ k}\Omega$，計算總電壓增益

$$A_t = \frac{2.82}{0.0498 + 2.82}(1 + 35.4 \times 108.7)\frac{3.38}{296.87 + 3.38} = 42.58$$

此 時 $R_S = 50 \ \Omega$ 並 聯 $10 \text{ k}\Omega = 49.75 \ \Omega$ ，$R_L = 5.1 \text{ k}\Omega$ 並 聯 $10 \text{ k}\Omega = 3.38 \text{ k}\Omega$ ，$R_{out} = 296.87 \text{ k}\Omega$，可得總電壓增益 $A_t = 42.58$，非常近似於不考慮有限輸出電阻 r_o 作用時的 $A_t = 43.42$。

綜上討論，總結 IC 共基放大器的特性如下所示：

(a)輸入阻抗

$$R_{in} = \frac{r_o + R_L}{1 + \dfrac{r_o}{r_e} + \dfrac{R_L}{(1+\beta)r_e}} \cong r_e \frac{r_o + R_L}{r_e + r_o + \dfrac{R_L}{(1+\beta)}}$$

或近似為

$$R_{in} \cong r_e(1 + \frac{R_L}{r_o}) = r_e + \frac{r_e R_L}{r_o} = r_e + \frac{\alpha R_L}{g_m r_o}$$

(b)輸出阻抗 $R_{out} = r_o + (1+g_m r_o)(r_\pi \| R_S)$

(c)總電壓增益 $A_t = \dfrac{r_\pi}{R_S + r_\pi}(1+g_m r_o)\dfrac{R_L}{r_o + (1+g_m r_o)(r_\pi \| R_S) + R_L}$

● 12-10-3　IC 淹沒共源極放大器

如下圖左所示的 IC MOS 淹沒共源極放大器電路，具有源極電阻 R_S，洩（汲）極接一主動負載的固定電流源，閘極接電壓信號源，假設 MOSFET 工作在飽和區，並且暫不考慮本體效應 g_{mb} 的作用。下圖右顯示其交流等效電路，電阻 R_L 為包括主動負載電流源與任何外加負載電阻。

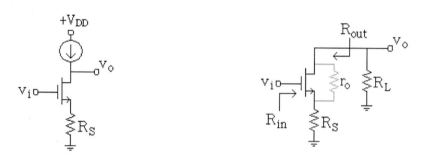

輸入阻抗 R_{in}：因為從閘極看入，因此 $R_{in} = \infty$

輸出阻抗 R_{out}：根據前述討論可知，$R_{out} = r_o + (1 + g_m r_o) R_S \cong g_m r_o \, R_S = A_0 R_S$

總電壓增益 A_t：輸入信號橫跨在參數 $(1/g_m + R_S)$ 上，輸出端等效電阻為 $R_{out} \| R_L$，因此總電壓增益可以表示為

$$A_t = -\frac{R_{out} \| R_L}{g_m^{-1} + R_S} = -\frac{g_m}{1 + g_m R_S} \frac{A_0 R_S \times R_L}{A_0 R_S + R_L} \cong -A_0 \frac{R_L}{A_0 R_S + R_L}$$

上式近似值必須小心使用，不然會造成很大的誤差；舉前述範例 10 為例：如圖電路，n 通道 D-MOSFET 的 $K_n = \frac{2}{3}$ mA/V^2，$V_T = -3\,V$，$\lambda = 0.01\,V^{-1}$，求總電壓增益 A_t。

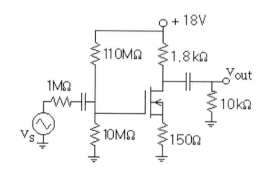

已 知 Q 點 座 標 值 為 $(0.37\,V\,,\,7.56\,mA)$ ， 代 入 $g_m = 2K_n(V_{GSQ} - V_T)$ $= 4.49\,mA/V$ ，若有限輸出電阻 $r_o = \infty$ ，代入 $A_t = \dfrac{R_1 \| R_2}{R_S^* + R_1 \| R_2} \dfrac{-(R_D \| R_L)}{g_m^{-1} + R_S}$ ，可得總

電壓增益為

$$A_t = \frac{(110 \| 10)}{1 + (110 \| 10)} \frac{-(\infty \| 1.8 \| 10)}{4.49^{-1} + 0.15} = -3.69$$

若考慮有限輸出電阻 r_o 作用： $r_o = (\lambda I_{DQ})^{-1} = 13.23\,k\Omega$ ， $A_0 = g_m r_o = 59.4$ ，$R_{out} = 13.23 + (1 + 59.4)(0.15) = 22.29\,k\Omega$ ， $R_{out} \| R_L = 22.29 \| (1.8 \| 10) = 1.43\,k\Omega$ ，

$$A_t \cong \frac{110 \| 10}{1 + 110 \| 10}(\frac{1.43}{4.49^{-1} + 0.15}) = -3.46$$

可得總電壓增益 $A_t = -3.46$ ，其值略小於不考慮有限輸出電阻 r_o 作用時的 $A_t = -3.69$ 。

● 12-10-4　IC 淹沒共射極放大器

如下圖左所示的 IC BJT 淹沒共射極放大器電路，具有射極電阻 R_E，集極接一主動負載的固定電流源，基極接電壓信號源，假設 BJT 工作在動作區。下圖右顯示其交流等效電路，電阻 R_L 為包括主動負載電流源與任何外加負載電阻。

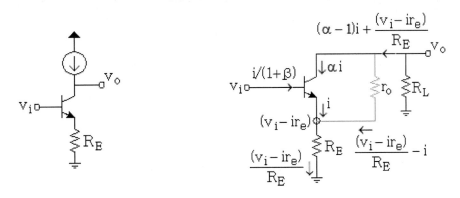

輸入阻抗 R_{in} ：各節點相關電流如上圖右所示

$$v_o = -\left[(\alpha - 1)i + \frac{(v_i - ir_e)}{R_E}\right] R_L$$

$$v_o = (v_i - ir_e) + (\frac{v_i - ir_e}{R_E} - i)r_o$$

$$\left[(1-\alpha)i - \frac{(v_i - ir_e)}{R_E}\right]R_L = (v_i - ir_e) + (\frac{v_i - ir_e}{R_E} - i)r_o$$

$$[\frac{1}{1+\beta} - \frac{(\frac{v_i}{i} - r_e)}{R_E}]R_L = (\frac{v_i}{i} - r_e) + (\frac{\frac{v_i}{i} - r_e}{R_E} - 1)r_o$$

因為輸入阻抗 R_{in} 等於

$$R_{in} = \frac{v_i}{i/(1+\beta)} = (1+\beta)\frac{v_i}{i}$$

代入上式化簡

$$R_{in}(R_E + r_o + R_L) = (1+\beta)r_e(R_E + r_o + R_L) + R_E[(1+\beta)r_o + R_L]$$

$$R_{in} = (1+\beta)r_e + (1+\beta)R_E \frac{r_o + \frac{R_L}{1+\beta}}{R_E + r_o + R_L}$$

當 r_o 遠大於 $(R_E + R_L)$ ， $R_{in} = (1+\beta)r_e + (1+\beta)R_E = (1+\beta)(r_e + R_E)$

輸出阻抗 R_{out}：根據前述討論可知， $R_{out} = r_o + (1 + g_m r_o)(R_E \| r_\pi)$

總電壓增益 A_t：輸入信號橫跨在參數 $(r_e + R_E)$ 上，輸出端等效電阻為 $R_{out} \| R_L$，因此總電壓增益可以近似表示為

$$A_t = -\frac{R_{out} \| R_L}{r_e + R_E}$$

舉第 7 章範例 3 為例，假設 $\beta = 100$ ， $v_s = 10\,mV$ ， $\lambda = 0.01\,V^{-1}$ ，求總電壓增益 A_t 。

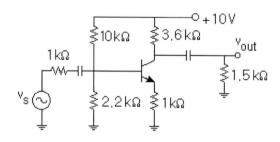

已知

$$I_E = 1.08 \text{ mA} \quad , \quad r_e = 23.15 \ \Omega \quad , \quad r_\pi = 101 \times 23.15 = 2.34 \text{ k}\Omega \ ,$$

$$\alpha = 0.99 \quad , \quad g_m = \alpha / r_e = 42.8 \text{ mA} / \text{V}$$

$$Z_{in} = 1.77 \text{ k}\Omega \quad , \quad A = -3.49 \quad , \quad Z_{out} = 3.6 \text{ k}\Omega$$

在不考慮有限輸出電阻作用下，總電壓增益 $A_t = -0.66$，若考慮有限輸出電阻 $r_o = 100/1.07 = 93.46 \text{ k}\Omega$，$R_L$ 可以視為 $3.6 \text{ k}\Omega$ 並連 $1.5 \text{ k}\Omega$，即 $R_L = 1.06 \text{ k}\Omega$，輸入阻抗為

$$R_{in(b)} = 101 \times 0.02315 + 101 \times 1 \times (93.46 + 1.06/101)/(1 + 93.46 + 1.06) = 102.22 \text{k}\Omega$$

$$R_{in} = 10 \| 2.2 \| 102.22 = 1.772 \text{ k}\Omega$$

輸出阻抗為

$$R_{out} = r_o + (1 + g_m r_o)(R_E \| r_\pi) = 97.46 \text{ k}\Omega$$

總電壓增益為

$$A_t = 1.772/(1 + 1.772) \times [-(97.46 \| 1.06)/(0.0232 + 1)] = -0.655$$

可見愈大數值的有限輸出電阻 r_o 對放大器總電壓增益的影響愈小。

另外還有 IC MOS 共汲與 BJT 共集放大器，其有限輸出電阻 r_o 的效應可以比照前述電阻安排的共汲與共集放大器處理，此部分不再討論，請自行參考練習。

●12-10-5　具增強型主動負載 NMOS 放大器

下圖左顯示具有增強型主動負載的 NMOS 放大器電路，因為輸入信號從驅動級 NMOS 的閘極送入，輸出從驅動級的汲極接出，可知是屬於共源放大器組態，因此輸出信號有相位反轉。

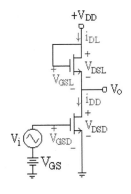
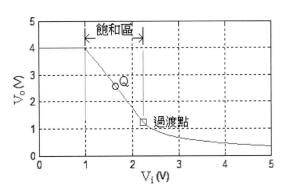

如上圖右所示，放大器的偏壓工作點必須位在飽和區內，以符合線性放大的要求，其電壓增益可以利用此區域的直線斜率求得，或者透過小信號等效電路來求解，或者直接在電路上標示轉導倒數與輸出電阻等參數求解，如下圖所示。

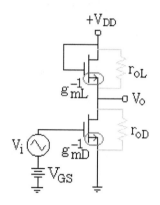

觀察上圖的輸入與輸出端，可見輸入橫跨在 g_{mD}^{-1} 參數上，輸出端節點放入一測試電流，發現有分流效果，因此並聯處理($r_{oD} \| r_{oL} \| g_{mL}^{-1}$)，由於 MOS 電流相同，直接將電阻比值即可求出總電壓增益為

$$A_t = -\frac{r_{oD} \| r_{oL} \| g_{mL}^{-1}}{g_{mD}^{-1}} = -g_{mD}(r_{oD} \| r_{oL} \| g_{mL}^{-1})$$

上式若 $r_{oD} \to \infty$ ， $r_{oL} \to \infty$ ，並聯項將驅近於最小值，意即並聯項近似為 g_{mL}^{-1} ，上式改寫成

$$A_t \cong -\frac{g_{mD}}{g_{mL}} = -\frac{\sqrt{K_{nD}}}{\sqrt{K_{nL}}} = -\frac{\sqrt{\left(W/L\right)_D}}{\sqrt{\left(W/L\right)_L}}$$

例如，希望具有增強型主動負載 NMOS 放大器的總電壓增益等於 10 倍，所設計的 NMOS 寬長比必須符合

$$-10 = -\frac{\sqrt{\left(W/L\right)_D}}{\sqrt{\left(W/L\right)_L}}$$

即 $(W/L)_D = 100(W/L)_L$

若考慮**本體效應**，假設 $V_{DD} = 5\,V$ ， $V_{TNL0} = V_{TND0} = 0.8\,V$ ， $K_D / K_L = 16$ ， $\gamma = 0.9\,V^{0.5}$ ， $\phi_{fp} = 0.365\,V$ ，結果可明顯看出本體效應會顯著改變 NMOS 反相器的高輸出位準。

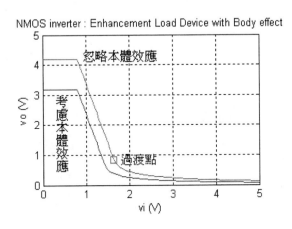

NMOS inverter : Enhancement Load Device with Body effect

17　範例

如圖電路，n 通道 MOSFET 的參數為 $K_{nD} = 1\,mA / V^2$ ， $V_{TND} = V_{TNL} = 0.8\,V$ ， $K_{nL} = 0.2\,mA / V^2$ ， $\lambda_D = \lambda_L = 0.01\,V^{-1}$ ，假設偏壓點電流 $I_{DQ} = 0.2\,mA$ ，求總電壓增益 A_t 。

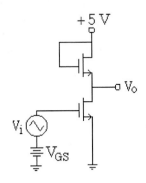

解

已知 $I_{DQ} = 0.2\,mA$ ，代入 $g_m = 2\sqrt{K_n I_{DQ}}$ 求轉導值

$$g_{mD} = 2\sqrt{(1m)(0.2m)} = 0.894\,mA / V$$

$$g_{mL} = 2\sqrt{(0.2m)(0.2m)} = 0.4\,mA / V$$

求有限輸出電阻 $r_o = 1/(\lambda\, I_{DQ})$

$$r_{oD} = r_{oL} = (0.01 \times 0.2m)^{-1} = 500 \text{ k}\Omega$$

代入 $A_t = -g_{mD}(r_{oD} \parallel r_{oL} \parallel g_{mL}^{-1})$ ， $g_{mL} = 1/(0.4m) = 2.5 \text{ k}\Omega$ ，可得總電壓增益為

$$A_t = -(0.894m)(500k \parallel 500k \parallel 2.5k) = -2.21$$

●12-10-6 具空乏型主動負載 NMOS 放大器

下圖左顯示具有空乏型主動負載的 NMOS 放大器電路，因為輸入信號同樣從驅動級 NMOS 的閘極送入，輸出從驅動級的汲極接出，可知還是屬於共源放大器組態，因此輸出信號有相位反轉。

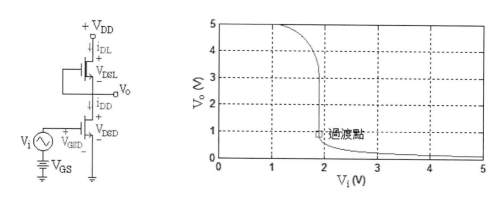

如上圖右所示，放大器的偏壓工作點必須位在飽和區內，以符合線性放大的要求，但是其飽和區範圍很窄，也就是直線斜率很大，可見放大器的總電壓增益必定大於增強型負載的 NMOS 放大器。

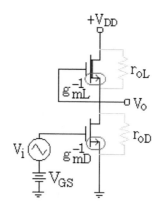

　　一樣使用直接在電路上標示轉導倒數與輸出電阻等參數求解的方法，標示如上圖所示，觀察圖中的輸入與輸出端，可見輸入橫跨在 g_{mD}^{-1} 參數上，輸出端節點放入一測試電流，發現有分流效果，並且 g_{mL}^{-1} 視為被短路，因此並聯處理只有 $(r_{oD} \| r_{oL})$，接著直接將輸出入的相關電阻比值即可求出總電壓增益為

$$A_t = -\frac{r_{oD} \| r_{oL}}{g_{mD}^{-1}} = -g_{mD}(r_{oD} \| r_{oL})$$

18 範例

如圖電路，n 通道 MOSFET 的參數為 $K_{nD} = 1\,mA/V^2$ ， $V_{TND} = 0.8\,V$ ， $K_{nL} = 0.2\,mA/V^2$ ， $V_{TNL} = -1.5\,V$ ， $\lambda_D = \lambda_L = 0.01\,V^{-1}$ ，假設偏壓點電流 $I_{DQ} = 0.2\,mA$ ，求總電壓增益 A_t 。

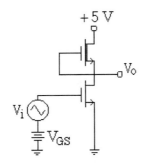

解

已知 $I_{DQ} = 0.2\,mA$ ，代入 $g_m = 2\sqrt{K_n I_{DQ}}$ 求轉導值

$$g_{mD} = 2\sqrt{(1m)(0.2m)} = 0.894\,mA/V$$

求有限輸出電阻 $r_o = 1/(\lambda\,I_{DQ})$

$$r_{oD} = r_{oL} = (0.01 \times 0.2m)^{-1} = 500\,k\Omega$$

代入 $A_t = -g_{mD}(r_{oD} \| r_{oL})$ ，可得總電壓增益為

$$A_t = -(0.894m)(500k \| 500k) = -223.5$$

從上式結果可知，具有空乏型主動負載的 NMOS 放大器的總電壓增益遠大於增強型主動負載的 NMOS 放大器。

經之前說明與例題後，請參考隨書電子書光碟以程式進行相關例題模擬：
12-10-A　單級積體電路放大器 Pspice 分析

12-11 NMOS 邏輯電路

以驅動 MOS 電晶體並聯、串聯、串−並聯組合方式，產生所需要的邏輯函數。如下圖所示的電路為雙輸入和三輸入的 NMOS NOR 邏輯電路，其中並聯的驅動 MOS 電晶體假設相同，下圖左的電路使用電阻負載，下圖中和下圖右的電路則使用 D-NMOS 負載。

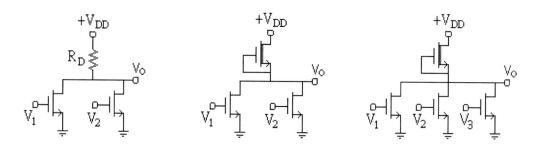

以電阻負載 NOR 邏輯閘做說明：當輸入皆為低準位 (0V) 時，MOS 電晶體工作在截止區，輸出為高準位；反之，當任一輸入為高準位 (5V) 時，MOS 電晶體皆工作在非飽和區，輸出為低準位，其真值表總結如下：

V_1	V_2	V_o
0	0	高
5V	0	低
0	5V	低
5V	5V	低

同理，D-NMOS 負載 NOR 邏輯閘也是類似的邏輯動作；舉雙輸入實例說明，假設 $V_1 = V_{DD} = 5\,V$，$V_2 = 5\,V$，已知 D-NMOS 負載工作在飽和區，驅動 MOS 電晶體工作在非飽和區，因此可知電流方程式為 $i_{DL} = i_{D1} + i_{D2}$，即

$$K_L[V_{GSL} - V_{TNL}]^2 = K_D[2(V_{GS1} - V_{TN1})V_{DS1} - V_{DS1}^2] + K_D[2(V_{GS2} - V_{TN2})V_{DS2} - V_{DS2}^2]$$

$$V_{TNL}^2 = 2\frac{K_D}{K_L}[2(V_1 - V_{TND})V_o - V_o^2]$$

上式顯示，當二個驅動 MOS 電晶體工作在非飽和區，有效寬度變為 2 倍，意即有效寬長比變為 2 倍。

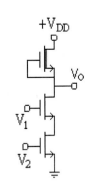

如右圖所示的電路為雙輸入的 NMOS NAND 邏輯閘，其中負載同樣使用空乏型 NMOS，二個串聯的驅動 MOS 電晶體假設相同，合成的有效長度變為 2 倍；如果需要更多輸入端的 NAND 邏輯閘，只要串聯所需的輸入 NMOS 電晶體即可，就如同上述 NOR 邏輯閘的並聯處理。

當兩輸入有任一為低準位(0V)時，MOS 電晶體工作在截止區，輸出為高準位；反之，當兩輸入皆為高準位(5V)時，MOS 電晶體皆工作在非飽和區，輸出為低準位，其真值表總結如下：

V_1	V_2	V_o
0	0	高
5V	0	高
0	5V	高
5V	5V	低

如下圖左所示的電路為互斥-OR 邏輯閘，當兩輸入 V_1 和 V_2 皆為低準位時，MOS 電晶體工作在截止區，$\overline{V_1}$ 和 $\overline{V_2}$ 為高準位，MOS 電晶體工作在飽和區，輸出為高準位（參考下圖中，理想的近似，導通形同短路，不導通形同斷路）；反之，當兩輸入皆為高準位時，MOS 電晶體皆工作在飽和區，$\overline{V_1}$ 和 $\overline{V_2}$ 為低準位，MOS 電晶體工作在截止區，輸出為低準位（參考下圖右），其餘輸入，兩組並聯 MOS 電晶體皆工作在同一種狀態，因此輸出為高準位。

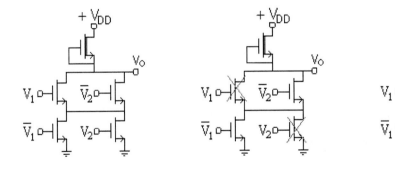

綜上分析結果，其真值表總結如下：

V_1	V_2	V_o
0	0	低
5V	0	高
0	5V	高
5V	5V	低

19 範例

如圖電路，$V_{TN} = 1\,V$，$K_n = 0.1\,mA/V^2$，求 V_o，及電流，當
(a) $V_1 = 5\,V$，$V_2 = 0$　(b) $V_1 = 0$，$V_2 = 5\,V$　(C) $V_1 = 5\,V$，$V_2 = 5\,V$。

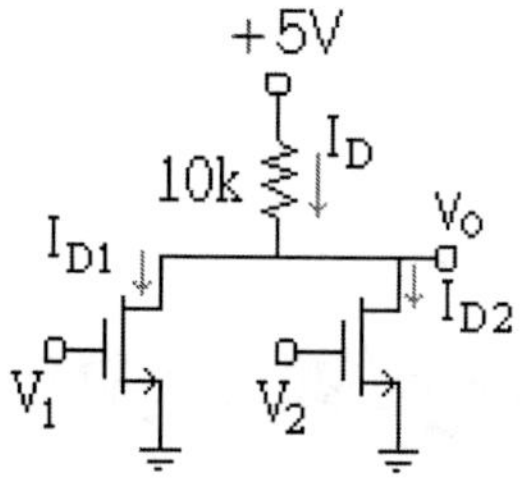

解

(a) $V_1 = 5\,V$，$V_2 = 0$，即 M_1 工作在非飽和區。

$$(K_n R_D)V_o^2 - [2K_n R_D(V_1 - V_{TN}) + 1]V_o + V_{DD} = 0$$

$$(0.1)(10)V_o^2 - [2(0.1)(10)(5-1) + 1]V_o + 5 = 0$$

$$V_o^2 - 9V_o + 5 = 0$$

$V_o = 8.405\,V$（不合）或 $V_o = 0.595\,V$

$$I_D = I_{D1} = (0.1)[2(5-1)(0.595) - (0.595)^2] = 0.441\,mA$$

(b) $V_1 = 0$，$V_2 = 5\,V$，即 M_2 在非飽和區，同(a)步驟可知

$$V_o = 0.595\,V$$

$$I_D = I_{D2} = 0.441\,mA$$

(c) $V_1 = 5\,V$，$V_2 = 5\,V$，即 M_1 與 M_2 皆工作在非飽和區。

$$I_D = I_{D1} + I_{D2}$$

$$\frac{5 - V_o}{10k\Omega} = K_n[2(V_1 - V_{TN})V_o - V_o^2] + K_n[2(V_2 - V_{TN})V_o - V_o^2]$$

$$V_o = 0.305 \ V$$

$$I_D = 0.47 \ mA$$

$$I_{D1} = I_{D2} = 0.5 \ I_D = 0.235 \ mA$$

20 範例

如圖電路，假設 $V_{TNL} = -2 \ V$ ， $V_{TND} = 1 \ V$ ， $K_{nD}/K_{nL} = 4$ ，求 V_o ，當
(a) $V_1 = 5 \ V$ ， $V_2 = 0$　　(b) $V_1 = 5 \ V$ ， $V_2 = 5 \ V$ 。

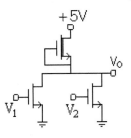

解

(a) $V_1 = 5 \ V$ ， $V_2 = 0$ ，即 M_1 工作在非飽和區，D-NMOS 負載工作在飽和區。

$$V_{TNL}^2 = \frac{K_D}{K_L}[2(V_1 - V_{TND})V_o - V_o^2]$$

$$(-2)^2 = 4[2(5-1)V_o - V_o^2]$$

$$V_o^2 - 8V_o + 1 = 0$$

$$V_o = 7.873 \ V \ （不合）或 V_o = 0.127 \ V$$

(b) $V_1 = 5 \ V$ ， $V_2 = 5 \ V$ ，即 M_1 與 M_2 皆工作在非飽和區， $I_D = I_{D1} + I_{D2}$

$$V_{TNL}^2 = 2\frac{K_D}{K_L}[2(V_1 - V_{TND})V_o - V_o^2]$$

$$V_o^2 - 8V_o + 0.5 = 0 \qquad , \qquad V_o = 0.063 \ V$$

由以上結果顯示，當二個驅動 MOS 電晶體工作在非飽和區，有效寬度變為 2 倍，輸出電壓也會變小。

練習 **18**　如圖電路，求輸出邏輯函數。

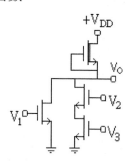

Answer　$\overline{V_2 \cdot V_3 + V_1}$

練習 **19**　如圖電路，求輸出邏輯函數。

(a) 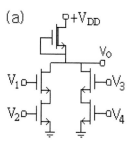　　(b)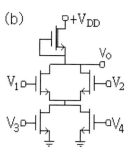

Answer　(a) $\overline{V_1 V_2 + V_3 V_4}$　　(b) $\overline{(V_1 + V_2)(V_3 + V_4)}$

12-12　CMOS 邏輯電路

　　CMOS 電路中，同樣以串、並聯組合方式產生所需要的邏輯函數。如下圖所示的電路為雙輸入 CMOS NOR 邏輯電路，其中 PMOS 串聯，NMOS 並聯。

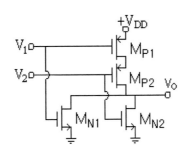

電路有兩輸入，配合高、低準位的狀態，因此有 4 種可能：

1. $V_1 = 0\ V$，$V_2 = 0\ V$：兩個 NMOS 電晶體皆不導通，電流等於零，PMOS 的 $V_{SD} = V_S - V_D = 0$（導通狀態，但電流等於零），即 $V_S = V_D = V_{DD}$，可知輸出為 V_{DD} 高準位。

2. $V_1 = 5\ V$，$V_2 = 0\ V$：M_{N2} 電晶體不導通（PMOS 也有一個不導通），電流等於零，M_{N1} 電晶體導通，即 $V_{DS} = 0$，可知輸出為低準位。

3. $V_1 = 0\ V$，$V_2 = 5\ V$：M_{N1} 電晶體不導通（PMOS 也有一個不導通），電流等於零，M_{N2} 電晶體導通，即 $V_{DS} = 0$，可知輸出為低準位。

4. $V_1 = 5\ V$，$V_2 = 5\ V$：兩個 NMOS 電晶體皆導通，但個兩 PMOS 電晶體皆不導通，電流等於零，即 $V_{DS} = 0$，可知輸出為低準位。

綜上分析，可得真值表如下：

V_1	V_2	V_o
0	0	高(V_{DD})
5V	0	低(0V)
0	5V	低(0V)
5V	5V	低(0V)

高、低準位變化狀態時，希望能夠有對稱的轉換特性，必須要有相同的合成有效傳導參數，即

$$\frac{k_n'}{2}\left(\frac{2W}{L}\right)_N = \frac{2k_p'}{2}\left(\frac{2W}{L}\right)_N = \frac{k_p'}{2}\left(\frac{W}{2L}\right)_P$$

上式中 N 代表兩並聯 NMOS，其有效通道寬度為單一元件的 2 倍，P 代表兩串聯 PMOS，其有效通道長度為單一元件的 2 倍，並且 $k_n' = 2k_p'$，化簡後可得

$$8\left(\frac{W}{L}\right)_N = \left(\frac{W}{L}\right)_P$$

由上式可知，當高、低準位變化狀態時，欲有對稱的轉換特性，必須滿足 PMOS 的寬長比等於 8 倍 NMOS 的寬長比。

雙輸入 CMOS NAND 邏輯電路如下圖所示，其中 PMOS 並聯，NMOS 串聯

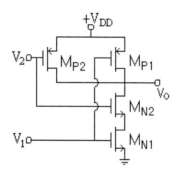

電路有兩輸入，配合高、低準位的狀態，因此有 4 種可能：

1. $V_1 = 0V$，$V_2 = 0V$：兩個 NMOS 電晶體皆不導通，電流等於零，兩個 PMOS 的 $V_{SD} = V_S - V_D = 0$，即 $V_S = V_D = V_{DD}$，可知輸出為 V_{DD} 高準位。

2. $V_1 = 5V$，$V_2 = 0 V$：M_{N2} 電晶體不導通（PMOS 也有一個不導通），電流等於零，M_{N1} 電晶體導通，即 $V_{DS} = 0$（是 M_{N1}、或 M_{N2}、或 $M_{N1} + M_{N2}$ 的 V_{DS}？），可知輸出為低準位。

3. $V_1 = 0 V$，$V_2 = 5 V$：M_{N1} 電晶體不導通（PMOS 也有一個不導通），電流等於零，M_{N2} 電晶體導通，即 $V_{DS} = 0$，可知輸出為低準位。

4. $V_1 = 5 V$，$V_2 = 5 V$：兩個 NMOS 電晶體皆導通，但兩個 PMOS 電晶體皆不導通，電流等於零，即 $V_{DS} = 0$，可知輸出為低準位。

綜上分析，可得真值表如下：

V_1	V_2	V_o
0	0	高(V_{DD})
5V	0	高(V_{DD})
0	5V	高(V_{DD})
5V	5V	低(0V)

高、低準位變化狀態時，希望能夠有對稱的轉換特性，必須要有相同的合成有效傳導參數，即

$$\frac{k_p'}{2}\left(\frac{2W}{L}\right)_P = \frac{k_n'}{2}\left(\frac{W}{2L}\right)_N = \frac{2k_p'}{2}\left(\frac{W}{2L}\right)_N$$

上式中 N 代表兩串聯 NMOS，其有效通道長度為單一元件的 2 倍，P 代表兩並聯 PMOS，其有效通道寬度為單一元件的 2 倍，並且 $k_n' = 2k_p'$，化簡後可得

$$\frac{1}{2}\left(\frac{W}{L}\right)_N = \left(\frac{W}{L}\right)_P$$

由上式可知，當高、低準位變化狀態時，欲有對稱的轉換特性，必須滿足 PMOS 的寬長比等於 0.5 倍 NMOS 的寬長比。

21 範例

設計 CMOS 邏輯閘電路，實現輸出邏輯函數等於 $\overline{AB + C(D + E)}$。

- -

 解

(a) 首先設計 NMOS 部分：NOR 邏輯閘 NMOS 並聯，NAND 邏輯閘 NMOS 串聯。

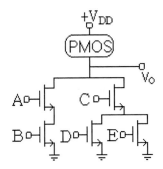

(b) 設計 PMOS 部分：PMOS 與 NMOS 互補，意即 NOR 邏輯閘 PMOS 串聯，NAND 邏輯閘 PMOS 並聯。

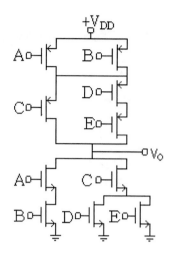

---

20 設計三個輸入 CMOS(a)NOR　(b)NAND 邏輯閘，使 PMOS 與 NMOS 的有效傳導參數相同，求 $(W/L)_P / (W/L)_N$，(W/L) 為個別元件的寬長比。

Answer (a)18　(b)4.5

21 設計 CMOS 邏輯閘電路，實現輸出邏輯函數等於 (a) $\overline{AB+CD}$ (b) $\overline{AB+C}$

Answer 參考範例 21

習題 Exercises

12-1 D 型 MOSFET 的 $I_{DSS} = 8\,mA$，$V_T = -5\,V$，求(a)此為 n 通道或 p 通道？
(b) $V_{GS} = -2.5\,V$，$I_D = ?$

12-2 E 型 MOSFET 的 $K_n = \dfrac{1}{9}\,mA/V^2$，$V_T = -3\,V$，求(a)此為 n 通道或 p 通道？
(b) $V_{GS} = -6\,V$，$I_D = ?$

12-3 如圖電路，n 通道 D 型 MOSFET 的 $K_n = \dfrac{3}{8}\,mA/V^2$，$V_T = -4\,V$，求(a)靜態
工作點 Q 點　(b) V_{DS}。

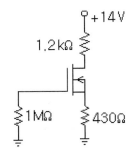

12-4 如圖電路，n 通道 D-MOSFET 的 $K_n = 0.5\,mA/V^2$，$V_T = -4V$，求(a)靜態工
作點 Q 點　(b) V_{DS}。

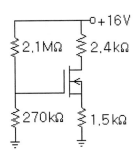

12-5 如圖電路，n 通道 E-MOSFET 的 $I_{D(on)} = 5\,mA$ ， $V_{GS(on)} = 10\,V$ ， $V_T = 4\,V$ ，求靜態工作點 Q。

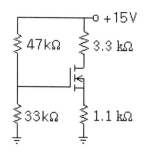

12-6 續第 5 題，但 $R_s = 0$ ，求靜態工作點 Q。

12-7 如下圖所示電路， $V_{TNL} = -2\,V$ ， $V_{TND} = 1\,V$ ， $K_{nL} = 0.01\,mA/V^2$ ， $K_{nD} = 0.04\,mA/V^2$ ，求 V_o 。

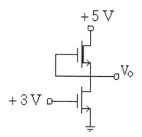

12-8 如下圖所示電路， $V_{TNL} = 1\,V$ ， $V_{TND} = 1\,V$ ， $K_{nL} = 0.01\,mA/V^2$ ， $K_{nD} = 0.04\,mA/V^2$ ，求 V_o 。

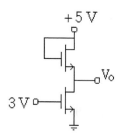

12-9 如下圖所示電路，$V_{TN} = 1\,V$ ， $V_{TP} = -1\,V$ ， $K_N = 0.02\,mA/V^2 = K_P$ ，求 V_o 。

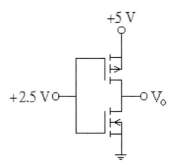

12-10 如圖電路，n 通道 D-MOSFET 的 $K_n = \dfrac{3}{4}\,mA/V^2$ ， $V_T = -4\,V$ ，求總電壓增益 A_t 。

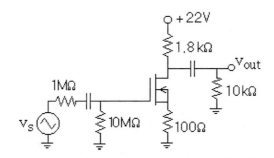

12-11 續第 10 題，但是有源極旁路電容，求總電壓增益 A_t 。

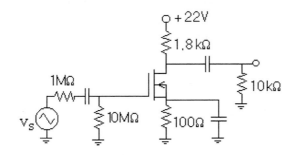

12-12 如圖電路，n 通道 E-MOSFET 的 $K_n = 0.4\,mA/V^2$，$V_T = 3\,V$，求總電壓增益 A_t。

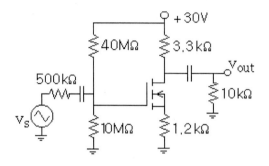

12-13 續第 12 題，但是有源極旁路電容，求總電壓增益 A_t。

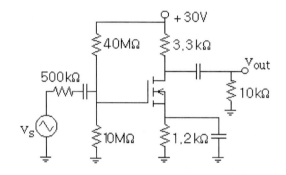

12-14 續第 13 題，E-MOSFET 的輸出電阻為 50 kΩ，求總電壓增益 A_t。

12-15 如圖電路，n 通道 E-MOSFET 的 $K_n = 1\,mA/V^2$，$V_T = 2\,V$，$\lambda = 0.01\,V^{-1}$，求總電壓增益 A_t。

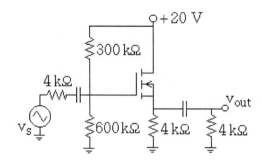

12-16 如圖電路，n 通道 E-MOSFET 的 $K_n = 3 \, mA/V^2$ ，$V_T = 2 \, V$，求總電壓增益 A_t 。

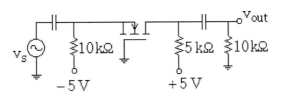

12-17 如圖電路，求其總電壓增益 A_t 與輸出阻抗。

12-18 如圖電路，若忽略 M_2 的通道調變效應，求其總電壓增益 A_t 。

12-19 如圖電路，求其總電壓增益 A_t 。

12-20 如圖電路，若忽略 M_2 的通道調變效應，求其總電壓增益 A_t。

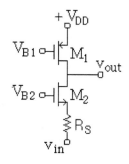

12-21 如圖電路，若忽略 M_3 的通道調變效應，分別求其總電壓增益 A_t。

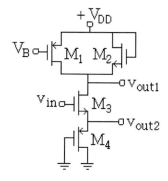

12-22 如圖電路，n 通道 E-MOSFET 的 $K_n = 300 \text{ mA} / V^2$，$V_T = 3.5 \text{ V}$，等效導納值 $y_{os} = 30 \text{ μS}$，求總電壓增益 A_t。

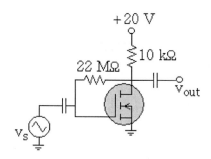

12-23 如圖電路，$V_{TN1} = V_{TN2} = 0.8 \text{ V}$，$K_{n1} = K_{n2} = 0.2 \text{ mA}/\text{V}^2$，$\lambda_1 = \lambda_2 = 0$，求總電壓增益 A_t。

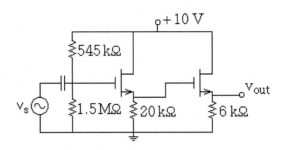

12-24 續第 23 題，$\lambda_1 = \lambda_2 = 0.01 \text{ V}^{-1}$，求總電壓增益 A_t。

12-25 如下所示的電路，假設其 $V_{TN1} = V_{TN2} = 0.5 \text{ V}$，$K_{n1} = K_{n2} = 0.5 \text{ mA}/\text{V}^2$，$\lambda_1 = \lambda_2 = 0$，求汲極電流 I_{DQ}。

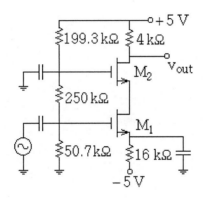

12-26 續第 25 題，求總電壓增益 A_t。

12-27 設計雙輸入與三輸入 NMOS，CMOS 的(a)NOR　(b)NAND 邏輯閘。

Memo

13 Chapter

頻率響應

研究完本章，將學會

- CR 網路
- RC 網路
- BJT 放大器低頻響應
- 密勒定理
- BJT 放大器頻率響應
- FET 放大器頻率響應
- 串級放大器頻率響應

13-1 CR 網路 ※ *

● 13-1-1 分析

如圖所示的 CR 網路，輸出電壓 v_{out} 從電阻接出，

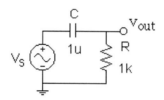

使用**相量分析**，

$$Z_R = R \qquad , \qquad Z_C = \frac{1}{j\omega C} = -jX_C$$

分壓求 v_{out}，

$$v_{out} = v_s \times \frac{Z_R}{Z_R + Z_C} = v_s \times \frac{R}{R - jX_C}$$

總電壓增益 A_t 為

$$A_t = \frac{v_{out}}{v_s} = \frac{Z_R}{Z_R + Z_C} = \frac{R}{R - jX_C}$$

以極座標型式化簡：

$$A_t = \frac{R\angle 0°}{\sqrt{R^2 + (X_C)^2}\angle -\theta} = \frac{R}{\sqrt{R^2 + (X_C)^2}}\angle \theta$$

其中總電壓增益的振幅為 $|A_t|$，相位角為 $\theta°$

$$|A_t| = \frac{R}{\sqrt{R^2 + (X_C)^2}} \qquad , \qquad \theta = \tan^{-1}(\frac{X_C}{R}) = \tan^{-1}(\frac{1}{R\omega C})$$

● 13-1-2　高通濾波器

由振幅公式

$$|A_t| = \frac{R}{\sqrt{R^2 + (X_C)^2}}$$

可知

$$\omega = 0 \text{ , } X_C = \frac{1}{0} \to \infty \text{ , } |A_t| = \frac{R}{\infty} \to 0$$

$$\omega = \infty \text{ , } X_C = \frac{1}{\infty} \to 0 \text{ , } |A_t| = \frac{R}{R} = 1$$

此 CR 網路為**高通濾波器**(High Pass filter)，意即「高頻信號通過，低頻衰減」的性質，問題是：頻率多高信號才會通過？

● 13-1-3　臨界頻率

信號通過的標準頻率，稱為**臨界頻率**(Cutoff frequency) f_c，其定義為振幅等於最大值的根號 2 分之一，示意圖如下所示，

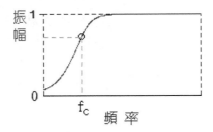

將臨界頻率的定義代入總電壓增益的振幅 $|A_t|$ 方程式，

$$|A_t| = \frac{R}{\sqrt{R^2 + (Xc)^2}} = \frac{1}{\sqrt{2}}$$

等號左邊分子化簡為 1，

$$\frac{1}{\sqrt{1 + (\frac{X_C}{R})^2}} = \frac{1}{\sqrt{2}}$$

根號內值相同，可知

$$\left(\frac{X_C}{R}\right)^2 = 1 \qquad , \qquad X_C = R$$

$$X_C = \frac{1}{\omega C} = \frac{1}{(2\pi f_c)C} = R \qquad , \qquad f_c = \frac{1}{2\pi R\,C}$$

● 13-1-4　CR 領先網路

$$\theta = \tan^{-1}(\frac{X_C}{R}) = \tan^{-1}(\frac{1}{R\,\omega C})$$

由公式可知

$$\omega = 0 \ , \ \theta = \tan^{-1}\left(\frac{1}{0}\right) = \tan^{-1}(\infty) = 90°$$

$$\omega = 0 \ , \ \theta = \tan^{-1}\left(\frac{1}{\infty}\right) = \tan^{-1}(0) = 0°$$

並且 $R = X_C$ ， $\theta = \tan^{-1}(1) = 45°$ ；例如， $C = 1\,\mu F$ ， $R = 1\,k\Omega$ ， $f_c = 159.16\,Hz$ ，其相位角頻率響應圖，如下所示， θ 皆大於 0° 代表是電路為 **領先網路** (Lead network)。

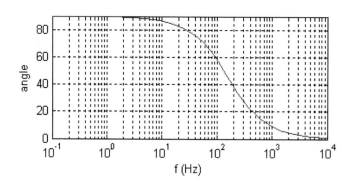

● 13-1-5　波德圖

定義放大器的分貝總電壓增益值為取以 10 為底對數後再乘上 20

$$A_t' = 20\log_{10}(A_t) = 20\log_{10}\left(\frac{R}{\sqrt{R^2 + X_C^2}}\right)$$

因為

$$\frac{X_C}{R} = \frac{\dfrac{1}{\omega C}}{R} = \frac{1}{\omega C R} = \frac{1}{(2\pi f)CR} = \frac{1}{(2\pi RC)f} = \frac{f_c}{f}$$

所以

$$\frac{R}{\sqrt{R^2 + X_C^2}} = \frac{1}{\sqrt{1 + (\dfrac{X_C}{R})^2}} = \frac{1}{\sqrt{1 + (\dfrac{f_c}{f})^2}}$$

即

$$A'_t = 20\log_{10}\left(\frac{1}{\sqrt{1 + (\dfrac{f_c}{f})^2}}\right) = 20\log_{10}\left[1 + \left(\frac{f_c}{f}\right)^2\right]^{-0.5}$$

化簡得

$$A'_t = -0.5 \times 20\log_{10}\left[1 + \left(\frac{f_c}{f}\right)^2\right] = -10\log_{10}\left[1 + \left(\frac{f_c}{f}\right)^2\right]$$

代入上式計算

f	$0.01\,f_c$	$0.1\,f_c$	f_c	$10\,f_c$	$100\,f_c$
A'_t	$-40\,dB$	$-20\,dB$	0	0	0

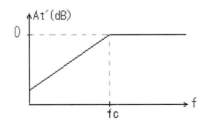

由上圖可知：以臨界頻率 f_c 為基準，頻率大於 f_c 者信號通過，若頻率小於 f_c 者信號以每 10 倍臨界頻率 20 dB 衰減，此種近似但可以快速掌握濾波器特性的頻率響應畫法就是所謂的**波德圖**(Bode plot)；根據波德圖的輸出，可判斷出此特性為**高通濾波器**，因為

1. 低頻衰減，斜率 $-20 \, dB/decade$

2. $f = f_c$ 時，$A'_t = -3 \, dB$（精確值）$\cong 0 \, dB$

3. 高頻沒衰減，$A'_t = 0 \, dB$，意即 $A_t = 1$

　　若是考慮精確值，例如，$C = 1 \, \mu F$，$R = 1 \, k\Omega$，$f_c = 159.16 \, Hz$，其振幅頻率響應圖，如下所示。

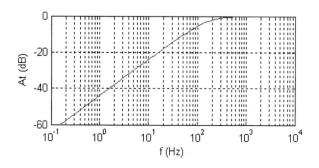

 補充

　　CR 網路的臨界頻率可以由**時間常數**(Time constant)求出：$\tau = RC$，$\omega = \dfrac{1}{\tau}$，即

$$2\pi f_c = \omega = \frac{1}{\tau} = \frac{1}{R\,C} \qquad , \qquad f_c = \frac{1}{2\pi RC}$$

1 範例

如圖電路，求(a)臨界頻率 f_c。　(b)在 f_c 時，$A_t = ?$　　(c)若中頻帶的 $A_{t(mid)} = 100$，$A_t = ?$

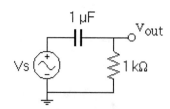

解

(a)　由 $f_c = \dfrac{1}{2\pi R\,C}$ 可知

$$f_C = \frac{1}{2\times3.14\times1000\times10^{-6}} = 159\,\text{Hz}$$

若是角頻率 $\omega_C = \dfrac{1}{RC} = \dfrac{1}{1000\times10^{-6}} = 1\text{k}\,\dfrac{\text{rad}}{\text{sec}}$

(b)　$f = f_C$，$A_t = 0.707$

(c)　$A_t = 100\times0.707 = 70.7$

2　範例

如圖電路，求臨界頻率 f_c。

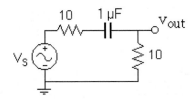

- -

解

由 $f_c = \dfrac{1}{2\pi(R+R_L)C}$ 可知

$$f_c = \frac{1}{2\times3.14\times(10+10)\times10^{-6}} = 7.96\text{kHz}$$

若是角頻率 $\omega_c = \dfrac{1}{(R+R_L)C} = \dfrac{1}{(10+10)\times10^{-6}} = 50\,\text{k}\,\dfrac{\text{rad}}{\text{sec}}$

練習 1　如圖電路，求臨界頻率 f_c。

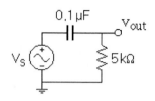

Answer　$f_c = 318.31\,\mathrm{Hz}$

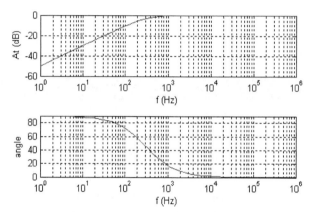

練習 2　如圖電路，求臨界頻率 f_c。

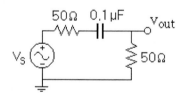

Answer　$f_c = 15.92\,\mathrm{kHz}$

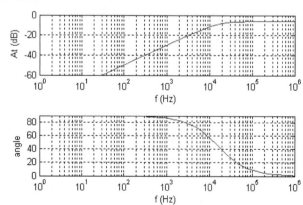

經之前說明與例題後，請參考隨書電子書光碟以程式進行相關例題模擬：

13-1-A　CR 網路 Pspice 分析

13-1-B　CR 網路 MATLAB 分析

13-2　RC 網路※

◉ 13-2-1　分析

如圖所示的 CR 網路，輸出 v_{out} 從電阻接出

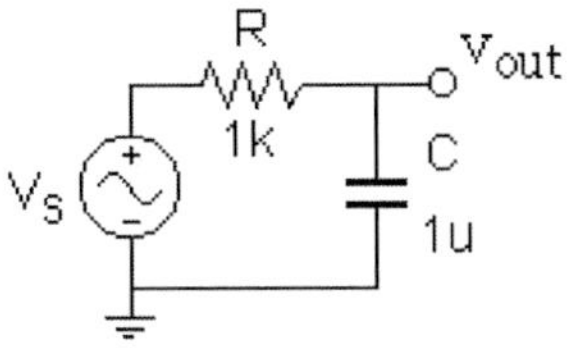

$$R \quad v_{out}$$
$$1k \quad C$$
$$V_S \quad 1u$$

使用**相量分析**，

$$Z_R = R \qquad , \qquad Z_C = \frac{1}{j\omega C} = -jX_C$$

分壓求 v_{out}，

$$v_{out} = v_s \times \frac{-jX_C}{R - jX_C} = v_s \times \frac{1}{1 + \frac{R}{-jX_C}} = v_s \times \frac{1}{1 + j\frac{R}{X_C}}$$

總電壓增益 A_t 為

$$A_t = \frac{-jX_C}{R - jX_C} = \frac{1}{1 + \frac{R}{-jX_C}} = \frac{1}{1 + j\frac{R}{X_C}}$$

以極座標型式化簡，

$$A_t = \frac{X_C \angle -90°}{\sqrt{R^2 + X_C^2} \angle -\tan^{-1}\left(\dfrac{X_C}{R}\right)} = \frac{1 \angle 0°}{\sqrt{1+\left(\dfrac{R}{X_C}\right)^2} \angle \tan^{-1}\left(\dfrac{R}{X_C}\right)}$$

$$= \frac{1}{\sqrt{1+\left(\dfrac{R}{X_C}\right)^2}} \angle -\tan^{-1}\left(\dfrac{R}{X_C}\right)$$

其中總電壓增益的振幅為 $|A_t|$，相位角為 θ

$$|A_t| = \frac{X_C}{\sqrt{R^2 + X_C^2}} = \frac{1}{\sqrt{1+\left(\dfrac{R}{X_C}\right)^2}} \qquad , \qquad \theta = -\tan^{-1}\left(\dfrac{R}{X_C}\right)$$

● 13-2-2　低通濾波器

由振幅公式

$$|A_t| = \frac{X_C}{\sqrt{R^2 + X_C^2}} = \frac{1}{\sqrt{1+\left(\dfrac{R}{X_C}\right)^2}}$$

可知

$$\omega = 0 \ , \ X_C = \frac{1}{0} \rightarrow \infty \ , \ |A_t| = \frac{\infty}{\infty} \rightarrow 1$$

$$\omega = 0 \ , \ X_C = \frac{1}{\infty} \rightarrow 0 \ , \ |A_t| = \frac{0}{R} \rightarrow 0$$

此 RC 網路為**低通濾波器**(Low Pass filter)，意即「低頻信號通過，高頻衰減」的性質，但問題是：頻率多低信號才會通過？

● 13-2-3 臨界頻率

信號通過的標準頻率，稱為**臨界頻率**(Cutoff frequency) f_c，其定義為振幅等於最大值的根號 2 分之一

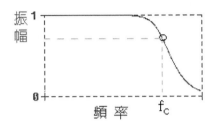

將臨界頻率的定義代入總電壓增益的振幅 $|A_t|$ 方程式

$$|A_t| = \frac{1}{\sqrt{1 + \left(\dfrac{R}{X_C}\right)^2}} = \frac{1}{\sqrt{2}}$$

根號內值相同，可知 $R / X_C = 1$，即 $X_C = R$ ， $X_C = 1/(\omega C) = 1/(2\pi f_c C) = R$ ，由此可得臨界頻率 f_c 為

$$f_c = \frac{1}{2\pi R\ C}$$

● 13-2-4 RC 落後網路

$$\theta = -\tan^{-1}\left(\frac{R}{X_C}\right) = -\tan^{-1}\left(\frac{R}{\dfrac{1}{\omega C}}\right) = -\tan^{-1}(R\omega C)$$

由公式可知： $\omega = 0$ ， $\theta = -\tan^{-1}(0) = 0°$ ， $\omega = \infty$ ， $\theta = -\tan^{-1}(\infty) = -90°$ ，並且

$$R = X_C \qquad , \qquad \theta = -\tan^{-1}(1) = -45°$$

例如， $R = 1\,k\Omega$ ， $C = 1\,\mu F$ ， $f_c = 159.16\,Hz$ ，其相位角頻率響應圖如下所示， θ 皆小於 $0°$ 代表是電路為**落後網路**(Lag network)。

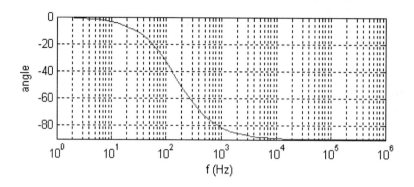

● 13-2-5　波德圖

定義放大器的分貝總電壓增益值為取以 10 為底對數後再乘上 20，

$$A'_t = 20\log_{10}(A_t) = 20\log_{10}\left(\cfrac{1}{\sqrt{1+\left(\cfrac{R}{X_C}\right)^2}}\right)$$

因為

$$\frac{R}{X_C} = \frac{R}{\cfrac{1}{\omega C}} = \omega CR = (2\pi f)CR = (2\pi RC)f = \frac{f}{f_c}$$

所以

$$\cfrac{1}{\sqrt{1+\left(\cfrac{R}{X_C}\right)^2}} = \cfrac{1}{\sqrt{1+\left(\cfrac{f}{f_c}\right)^2}}$$

即

$$A'_t = 20\log_{10}\left(\cfrac{1}{\sqrt{1+\left(\cfrac{R}{X_C}\right)^2}}\right) = 20\log_{10}\left(\cfrac{1}{\sqrt{1+\left(\cfrac{f}{f_c}\right)^2}}\right) = 20\log_{10}\left[1+\left(\frac{f}{f_c}\right)^2\right]^{-\frac{1}{2}}$$

化簡得

$$A'_t = -\frac{1}{2} \times 20\log_{10}\left[1+\left(\frac{f}{f_c}\right)^2\right] \cong -10 \times \log_{10}\left[1+\left(\frac{f}{f_c}\right)^2\right]$$

代入上式計算

f	$0.01\,f_c$	$0.1\,f_c$	f_c	$10\,f_c$	$100\,f_c$
A'_t	0 dB	0 dB	0 dB	−20dB	−40dB

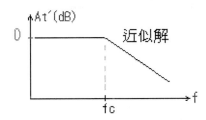

由上圖可知，此為**低通濾波器**特性，因為

1. 低頻沒衰減，$A'_t = 0\,dB$，意即 $A_t = 1$

2. $f = f_c$ 時，$A'_t = -3\,dB$（精確值）$\cong 0\,dB$

3. 高頻衰減，斜率 $-20\,dB/decade$

若是考慮精確值，例如，$R = 1\,k\Omega$，$C = 1\,\mu F$，$f_c = 159.16\,Hz$，其振幅頻率響應圖如下所示。

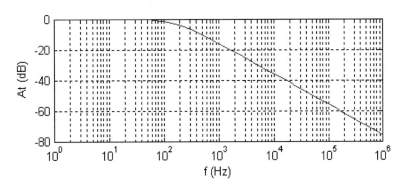

補充

RC 網路的臨界頻率可以由時間常數求出：$\tau = RC$，$\omega = \dfrac{1}{\tau}$，即

$$2\pi f_c = \omega = \frac{1}{\tau} = \frac{1}{RC} \qquad , \qquad f_c = \frac{1}{2\pi RC}$$

3 範例

如圖電路，求臨界頻率 f_c。

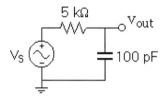

解

代入方程式 $f_c = \dfrac{1}{2\pi RC}$

$$f_c = \frac{1}{2\pi (5k)(100p)} = 318.31\,\text{kHz}$$

RC 網路的頻率響應圖如下所示：由振幅頻率響應圖可知為低通濾波器的特性，由相位角頻率響應圖可知為落後網路的特性。

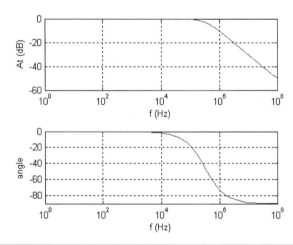

練習 **3**　如圖電路，求臨界頻率 f_c。

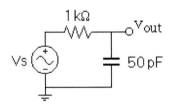

Answer　$f_c = 3.18$ MHz

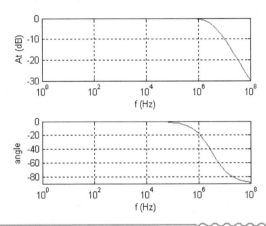

經之前說明與例題後，請參考隨書電子書光碟以程式進行相關例題模擬：

13-2-A　RC 網路 Pspice 分析

13-3　BJT 放大器低頻響應※＊

13-3-1　CE 放大器中頻響應

回顧第七章：如下圖所示的共射放大器電路，有三個外加電容，其中 C_1、C_2 為耦合電容，C_E 旁路電容(Bypass Capacitance)，意即會有三個轉折的臨界頻率

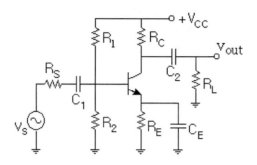

假設頻率夠高，所有電容形同短路，可得分離式交流模型如下所示

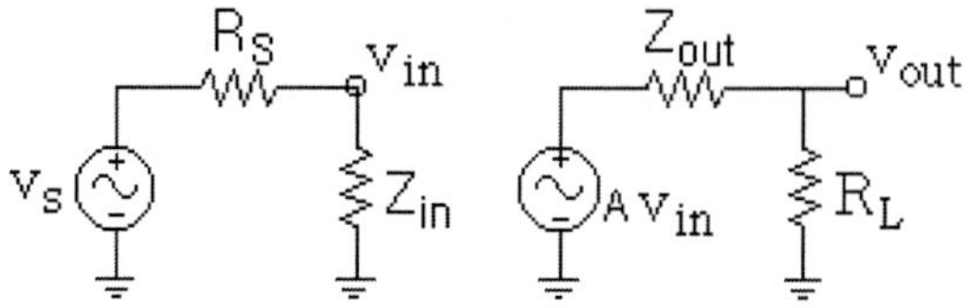

以分壓、放大、分壓的方式，計算 v_{out}

$$v_{in} = v_s \times \frac{Z_{in}}{R_S + Z_{in}} \qquad , \qquad Av_{in} = A \times v_{in}$$

$$v_{out} = Av_{in} \times \frac{R_L}{Z_{out} + R_L} \qquad , \qquad A_t = \frac{v_{out}}{v_s}$$

或直接計算總電壓增益 A_t

$$A_t = \left(\frac{Z_{in}}{R_S + Z_{in}} \right) \times (A) \times \left(\frac{R_L}{Z_{out} + R_L} \right)$$

上述總電壓增益就是位在中頻帶的電壓增益

●13-3-2 低頻響應

以前分析小信號放大器，都不考慮頻率效應，意即讓信號源的頻率夠高，導致電容的阻抗夠低，所以，可以將電容視為短路；現在頻率可調，假設為低頻範圍，耦合電容 C_1、C_2 與旁路電容 C_E 當然不能視為短路，此時分離式交流模型為

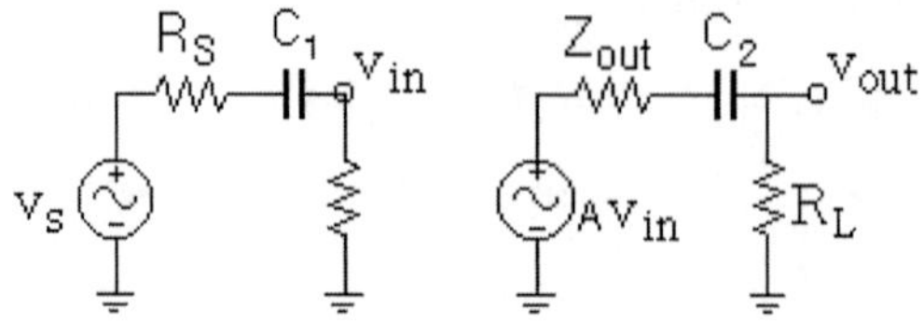

另外還有旁路電容單獨存在的效應,稍後討論;觀察分離式交流模型,很明顯可以看出,不管是輸入端或輸出端,都是 RCR 的電路接法,因此,根據前述內容可知,輸入端的臨界頻率為

$$f_{c(in)} = \frac{1}{2\pi(R_S + Z_{in})C_1}$$

其中 $Z_{in} = R_1 \| R_2 \| (\beta+1)r_e$,或者使用時間常數方法,求出時間常數 $\tau_{in} = (R_S + Z_{in})C_1$,將其倒數即為臨界角頻率

$$\omega_{in} = 2\pi f_{in} = \frac{1}{\tau_{in}}$$

同理,輸出端的臨界頻率為

$$f_{c(out)} = \frac{1}{2\pi(Z_{out} + R_L)C_2}$$

其中 $Z_{out} = R_C$,時間常數 $\tau_{out} = (Z_{out} + R_L)C_2$

例如下圖所示的淹沒共射放大器,假若電路中只有一個耦合電容,可知只有一個轉折臨界頻率,若是有兩個耦合電容的電路,當然就會有兩個轉折臨界頻率。

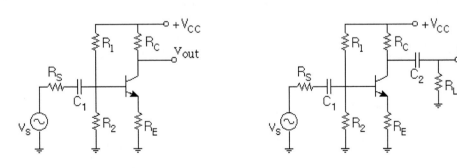

以上圖左的淹沒共射放大器為例,其總電壓增益為

$$A_t = -\left(\frac{R_i}{R_S + R_i}\right)\left(\frac{\alpha R_C}{r_e + R_E}\right)$$

輸入阻抗 R_i 為

$$R_i = R_1 \| R_2 \| (1+\beta)(r_e + R_E) = R_1 \| R_2 \| [r_\pi + (1+\beta)R_E]$$

臨界頻率 f_c 為

$$f_c = \frac{1}{2\pi\tau_s} = \frac{1}{2\pi(R_S + R_i)C_1}$$

將總電壓增益方程式加上低頻響應因子 $\dfrac{1}{1 - j\frac{f_c}{f}}$，可得低頻響應的方程式為

$$A_t(f) = -\left(\frac{R_i}{R_S + R_i}\right)\left(\frac{\alpha R_C}{r_e + R_E}\right)\frac{1}{1 - j\frac{f_c}{f}}$$

由上式類推有兩個耦合電容的淹沒共射放大器，其低頻響應的方程式可以寫成

$$A_t(f) = -\left(\frac{R_i}{R_S + R_i}\right)\left(\frac{\alpha R_{CL}}{r_e + R_E}\right)\left(\frac{1}{1 - j\frac{f_{c1}}{f}}\right)\left(\frac{1}{1 - j\frac{f_{c2}}{f}}\right)$$

其中 $R_{CL} = R_C \| R_L$，輸出端臨界頻率為

$$f_{c2} = \frac{1}{2\pi(R_C + R_L)C_2}$$

● 13-3-3　旁路電容的效應

綜上得知，輸入端只有耦合電容 C_1，因此，只要找出等效電阻，即可知道時間常數，由時間常數的倒數，同樣可得臨界頻率；輸出端同理可類推，其示意圖如右所示。

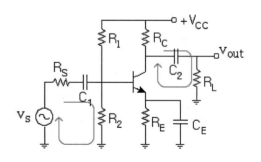

　　單獨考慮旁路電容的效應，如同輸入端與輸出端的處理方式，首先，找到旁路電容的 CR 電路，如下所示，

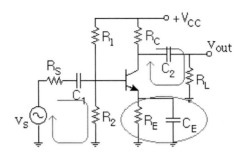

因為電容只有 C_E，$\tau = RC$ 數學式中的 C 就確定了，接著計算等效電阻 R_{bypass}；從旁路電容往射極電阻看入，發現如同共集放大器的輸出阻抗值，如下圖所示，

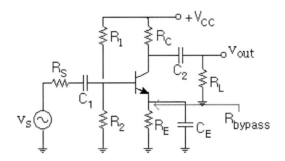

換言之，等效電阻如同共集放大器的輸出阻抗，表示成

$$R_{bypass} = R_E \,\|\, \left[r_e + \frac{R_S \,\|\, R_1 \,\|\, R_2}{(\beta + 1)} \right]$$

即旁路網路的臨界頻率為

$$f_{c(bypass)} = \frac{1}{2\pi R_{bypass} \, C_E}$$

補充

考慮如下所示的電路

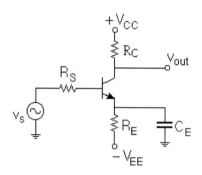

當 $\omega \to 0$ ，即頻率 $= 0$ ，電容 C_E 形同斷路，在此狀況下的三個重要參數為

$$Z_{in} = (1+\beta) \times (r_e + R_E) = r_\pi + (1+\beta)R_E$$

$$A = -\frac{\alpha R_C}{r_e + R_E} = -\frac{\dfrac{\beta}{1+\beta}R_C}{\dfrac{r_\pi}{1+\beta} + R_E} = -\frac{\beta R_C}{r_\pi + (1+\beta)R_E} = -\frac{g_m r_\pi R_C}{r_\pi + (1+\beta)R_E}$$

$$Z_{out} = R_C$$

中頻帶電壓增益 A_{mid} ：使用 $A_{mid} = \dfrac{Z_{in}}{R_S + Z_{in}}(A)\dfrac{R_L}{Z_{out} + R_L}$

$$A_{mid} = \frac{r_\pi + (1+\beta)R_E}{R_S + r_\pi + (1+\beta)R_E}\left(-\frac{g_m r_\pi R_C}{r_\pi + (1+\beta)R_E}\right)\frac{\infty}{R_C + \infty} = \frac{-g_m r_\pi R_C}{R_S + r_\pi + (1+\beta)R_E}$$

當 $\omega \to \infty$ ，頻率 $= \infty$ ，電容 C_E 形同短路，在此狀況下的三個重要參數為

$$Z_{in} = (1+\beta) \times (r_e + 0) = r_\pi$$

$$A = -\frac{\alpha R_C}{r_e + 0} = -\frac{\dfrac{\beta}{1+\beta}R_C}{\dfrac{r_\pi}{1+\beta}} = -\frac{\beta R_C}{r_\pi} = -\frac{g_m r_\pi R_C}{r_\pi}$$

$$Z_{out} = R_C$$

中頻帶電壓增益 A_{mid}：使用 $A_{mid} = \dfrac{Z_{in}}{R_S + Z_{in}}(A)\dfrac{R_L}{Z_{out} + R_L}$

$$A_{mid} = \frac{r_\pi}{R_S + r_\pi}\left(-\frac{g_m r_\pi R_C}{r_\pi}\right) = \frac{-g_m r_\pi R_C}{R_S + r_\pi}$$

綜合以上分析，可知旁路電容在此頻帶中，有兩個極限頻率的電壓增益值，如下圖所示，

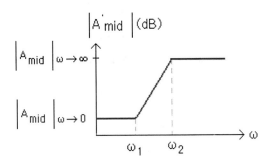

其中

$$\omega_2 = \frac{1}{\tau_2} = \frac{1}{R_{th} C_E}$$

$$R_{th} = R_E \left\|\left(r_e + \frac{\beta}{1+\beta}R_S\right)\right. = \frac{R_E(R_S + r_\pi)}{R_S + r_\pi + (1+\beta)R_E}$$

$$\omega_1 = \frac{1}{\tau_1} = \frac{1}{R_E C_E}$$

● 13-3-4　波德圖

　　由 CR 網路可知，在臨界頻率 f_c 轉折，低頻部分是每 $10 f_c$ 衰減 $20\,dB$，針對 CE 放大器：有 3 個臨界頻率，推論其波德圖同樣有 3 個轉折點。

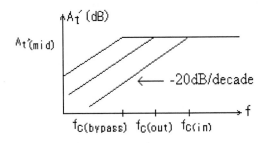

假設 $f_{C(in)} > f_{C(out)} > f_{C(bypass)}$，結果從中頻帶到低頻帶，每一臨界頻率之間以累增加 20 dB 的方式衰減，綜合效果如下圖所示，

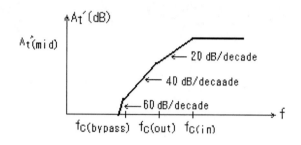

若 3 個臨界頻率值相同（純粹假設，一般而言，幾乎不可能），在臨界頻率 f_c 轉折，低頻部分是每 $10f_c$ 衰減 60 dB，其波德圖示意如下，

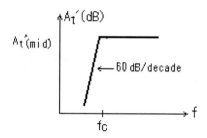

最高臨界頻率者，也就是最靠近中頻帶的臨界頻率，稱為**主要臨界頻率** (Dominant cutoff frequency) f_1，因為放大器的頻率響應曲線在此點產生轉折，如下圖所示，

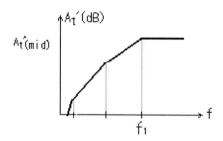

以上各自獨立求出臨界頻率，再選其頻率最大者為主要低臨界頻率的計算方法，與實際值會有誤差，因此可以考慮使用另一種計算方法：所謂**短路電路法** (Short-Circuit method)，做法是將時間常數倒數相加，合成一個有效的主要低臨界頻率，例如共射放大器的三個時間常數 τ_{in}、τ_{out}、τ_E，其主要低臨界頻率可以表示為

$$f_1 = \frac{1}{2\pi} \left(\frac{1}{\tau_{in}} + \frac{1}{\tau_{out}} + \frac{1}{\tau_E} \right)$$

●13-3-5 CC 放大器低頻響應

如下所示的 CC 放大器電路中，只有兩個耦合電容 C_1、C_2，因此有兩個臨界頻率 f_c

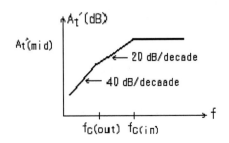

輸入端的臨界頻率為

$$f_{c(in)} = \frac{1}{2\pi(R_S + Z_{in})C_1}$$

其中 $Z_{in} = R_1 \parallel R_2 \parallel (\beta+1)(r_e + R_E \parallel R_L)$，而輸出端的臨界頻率為

$$f_{c(out)} = \frac{1}{2\pi(Z_{out} + R_L)C_2}$$

其中　　$Z_{out} = R_E \parallel \left[r_e + \frac{R_S \parallel R_1 \parallel R_2}{(\beta+1)} \right]$

波德圖

CC 放大器：只有 2 個臨界頻率，可知其波德圖會有 2 個轉折點，假設：
$f_{C(in)} > f_{C(out)}$

其餘型式的放大器，例如淹沒 CE 放大器，以及共基 CB 放大器，皆可比照上述方法類推；最後必須強調，雖然欲求比較接近實際值的主要低臨界頻率，需要借

助於 Pspice 或 MATLAB 的模擬，但是並不代表以上所學的筆算方法不重要，畢竟這是將複雜的頻率響應現象簡單化的基礎概念，能夠熟悉瞭解當然有助於未來建構精確求解的可能。

4 範例

如圖電路，$\beta = 100$，求低頻頻率響應。

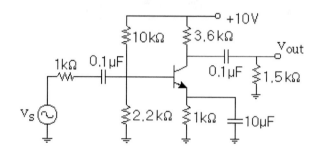

解

求 I_E：$\beta + 1 \cong \beta = 100$

$$V_{th} = 10V \times \frac{2.2}{10 + 2.2} = 1.8V \qquad , \qquad R_{th} = \frac{10 \times 22}{10 + 2.2} = 1.8\,k\Omega$$

$$I_E = \frac{1.8 - 0.7}{1k + \dfrac{1.8\,k}{100}} = 1.081\,mA$$

求 r_e：假設熱電壓 $V_T = 25\,mV$

$$r_e = \frac{25\,mV}{I_E} = \frac{25\,mV}{1.081\,mA} = 23.14\,\Omega$$

計算三個重要參數：

$$Z_{in} = R_1 \| R_2 \| \beta r_e = 10k \| 2.2k \| 100 \times \left(\frac{23.14}{1000}\right)k = 1.01\,k\Omega$$

$$A = -\frac{R_C}{r_e} = -\frac{3.6k}{23.14} = -155.58$$

$$Z_{out} = R_C = 3.6\,k\Omega$$

根據分離式交流模型，計算低頻響應的 f_C，

$$f_{C(in)} = \frac{1}{2 \times 3.14 \times (1k + 1.01k) \times (0.1 \times 10^{-6})} = 792.22 \text{ Hz}$$

$$f_{C(out)} = \frac{1}{2 \times 3.14 \times (3.6k + 1.5k) \times (0.1 \times 10^{-6})} = 312.23 \text{ Hz}$$

使用 $R_{bypass} = R_E \parallel \left[r_e + \frac{R_S \parallel R_1 \parallel R_2}{(\beta + 1)} \right]$

$$R_{bypass} = 1k \parallel \left[23.14 + \frac{1k \parallel 10k \parallel 2.2k}{100} \right] = 28.72 \ \Omega$$

$$f_{C(bypass)} = \frac{1}{2 \times 3.14 \times (28.72) \times (10 \times 10^{-6})} = 554.44 \text{ Hz}$$

取三者最大，即為主要臨界頻率，

$$f_1 = f_{c(in)} = 792.22 \text{ Hz}$$

計算中頻帶的總電壓增益 $A_{t(mid)}$（參考分離式交流模型，但是所有外接電容皆短路），

$$A_{t(mid)} = \left(\frac{1.01k}{1k + 1.01k} \right) \times (155.58) \times \left(\frac{1.5k}{3.6k + 1.5k} \right) = 22.99$$

取分貝

$$A_t'(mid) = 20 \log_{10}[A_{t(mid)}] = 20 \times \log_{10}(22.99) = 27.23 \text{ dB}$$

綜上數據畫出簡易波德圖：

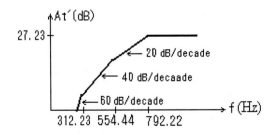

5 範例

如圖電路，若 $\beta = 100$ ，求低頻響應。

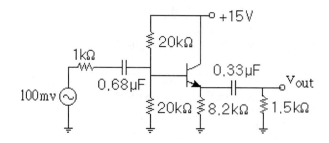

解

求 I_E ： $\beta + 1 \cong \beta = 100$

$$V_{th} = 15V \times \frac{20}{20+20} = 7.5 \text{ V} \qquad , \qquad R_{th} = \frac{20 \times 20}{20+20} = 10 \text{ k}\Omega$$

$$I_E = \frac{7.5 - 0.7}{8.2k + \frac{10k}{100}} = 0.82 \text{ mA}$$

求 r_e ：假設熱電壓 $V_T = 25$ mV

$$r_e = \frac{25mV}{I_E} = \frac{25mV}{0.82mA} = 30.49 \ \Omega$$

計算三個重要參數：

$$Z_{in} = R_1 \| R_2 \| \beta(r_e + R_E) = 20k \| 20k \| 100 \times \left(\frac{23.14}{1000} + 8.2\right) k\Omega = 9.88 \text{ k}\Omega$$

$$A = \frac{R_E}{r_e + R_E} = \frac{8.2k}{\left(\frac{30.49}{1000} + 8.2\right)k} = 0.996 \cong 1$$

使用 $Z_{out} = R_E \| \left[r_e + \frac{R_S \| R_1 \| R_2}{\beta + 1} \right]$ ，

$$Z_{out} = 8.2k \| \left[30.49\Omega + \frac{1k \| 20k \| 20k}{100+1} \right]$$

$$Z_{out} = 8.2k \| (30.49\Omega + 9\Omega) \qquad , \qquad Z_{ou} = 8.2k \| 39.49\Omega = 39.3\Omega$$

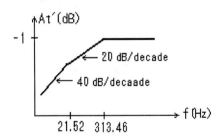

根據分離式交流模型，計算低頻響應的 f_c，

$$f_{c(in)} = \frac{1}{2 \times 3.14 \times (1k + 9.88k) \times (0.68 \times 10^{-6})} = 21.52 \, Hz$$

$$f_{c(out)} = \frac{1}{2 \times 3.14 \times (39.3 + 1.5k) \times (0.33 \times 10^{-6})} = 313.52 \, Hz$$

取二者最大，即為主要臨界頻率，

$$f_1 = f_{c(in)} = 313.5 \, Hz$$

計算中頻帶的總電壓增益 $A_{t(mid)}$（參考分離式交流模型，但是電容短路），

$$A_{t(mid)} = \left(\frac{9.88k}{1k + 9.88k} \right) \times (1) \times \left(\frac{1.5k}{39.3 + 1.5k} \right) = 0.89$$

取分貝：

$$A'_{t(mid)} = 20 \log_{10}[A_{t(mid)}] = 20 \times \log_{10}(0.89) = -1 \, dB$$

綜上數據畫出簡易波德圖：

練習 4

如圖電路，β=100，求低頻頻率響應。

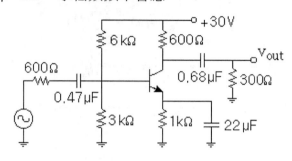

Answer

$f_{in} = 401.59\,\text{Hz}$ ， $f_{out} = 260.06\,\text{Hz}$ ， $f_{bypass} = 996.73\,\text{Hz}$

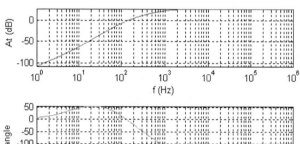

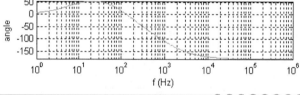

練習 5

如圖電路，β=100，求低頻頻率響應。

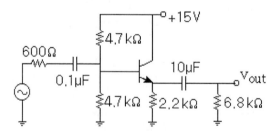

Answer

$f_{in} = 544.03\,\text{Hz}$ ， $f_{out} = 2.34\,\text{Hz}$

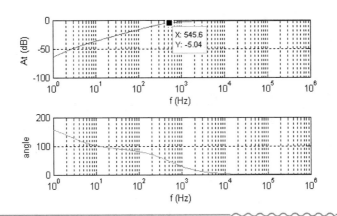

練習 6　如圖電路，$\beta = 100$，求低頻頻率響應。

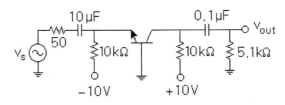

Answer　$f_{in} = 207.21\,\text{Hz}$，$f_{out} = 105.4\,\text{Hz}$

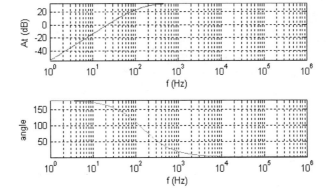

經之前說明與例題後，請參考隨書電子書光碟以程式進行相關例題模擬：

13-3-A　BJT 放大器低頻響應 Pspice 分析

13-3-B　BJT 放大器低頻響應 MATLAB 分析

13-4 密勒定理

高頻頻率響應的處理，必須使用**密勒定理**(Miller theory)；如下圖所示的反相放大器(Inverting amplifier)，其電壓增益為 A_v，電容 C 橫跨輸入與輸出兩端，使得輸出信號會回授到輸入端，故稱為**回授電容**(Feedback capacitor)。

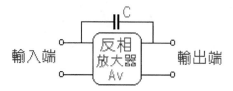

類似這種電路並不容易分析，因為回授電容同時會影響輸入與輸出電路，因此，為了解決回授元件的回授效應，必須藉由密勒定理，將回授電容轉換為輸入端有一電容，輸出端也有一電容，如此處理，電路中就不再有回授元件的回授效應，分析電路自然方便許多。

密勒等效電路

根據上述的方式，密勒等效電路如下所示，其中 $C_{in(m)}$ 為**密勒輸入電容**，$C_{out(m)}$ 為**密勒輸出電容**，

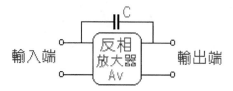

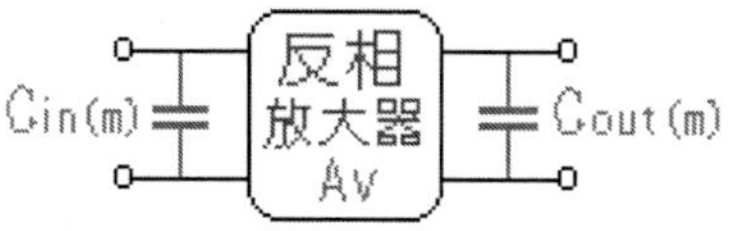

其密勒等效電容值分別為

$$C_{in(m)} = C\left(1 + |A_v|\right)$$

$$C_{out(m)} = C\left(1 + \frac{1}{|A_v|}\right)$$

此定理提供處理回授電路的捷徑，適用於反相放大器，譬如共射 CE 放大器，淹沒共射 CE 放大器；舉共射 CE 放大器說明，若 $\beta = 100$，

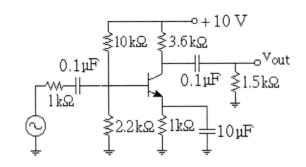

$$r_e = \frac{25mV}{I_E} = \frac{25mV}{1.081mA} = 23.14\,\Omega$$

電壓增益為

$$A = -\frac{R_C}{r_e} = -\frac{3.6k}{23.14} = -155.58$$

換言之，A 就是分壓偏壓電路部分的放大倍數，而總電壓增益為

$$A_t = \left(\frac{1.01}{1+1.01}\right) \times (-155.58) \times \left(\frac{1.5}{3.6+1.5}\right) = -22.99$$

但是所謂電壓增益 A_v 是指什麼？這些電壓增益使用不同下標是有用意的，例如電壓增益 A，係指不包括信號源內阻 R_S 與負載電阻 R_L 的作用，而總電壓增益 A_t，則包括信號源內阻 R_S 與負載電阻 R_L 的作用，至於電壓增益 A_v，只包括負載電阻 R_L 的作用，但不含信號源內阻 R_S 的作用，意即

$$A_v = -\frac{R_C \parallel R_L}{r_e} = -\frac{3.6k \parallel 1.5k}{23.14} = -45.76$$

假設回授電容 $C_{bc} = 5\,pF$，因此，密勒輸入電容為

$$C_{in(m)} = 5pF\left(1+\left|-45.76\right|\right) = 233.8\,pF$$

密勒輸出電容為

$$C_{out(m)} = 5pF\left(1+\frac{1}{\left|-45.76\right|}\right) = 5.11\,pF$$

　　由上述所顯示的結果得知，對任何電壓增益 A_v 大於 1 的反相放大器而言，密勒定理的使用，將會造成等效的輸入電容變大，而等效的輸出電容近似原回授電容值。

13-5　BJT 放大器頻率響應※＊

● 13-5-1　共射放大器低頻響應

　　首先快速回顧放大器的低頻響應；如下圖所示的共射 CE 放大器。

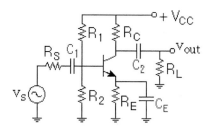

已知頻率在低頻帶時，頻率不足以使外加電容 C_1、C_2、C_E 短路，其分離式交流模型為

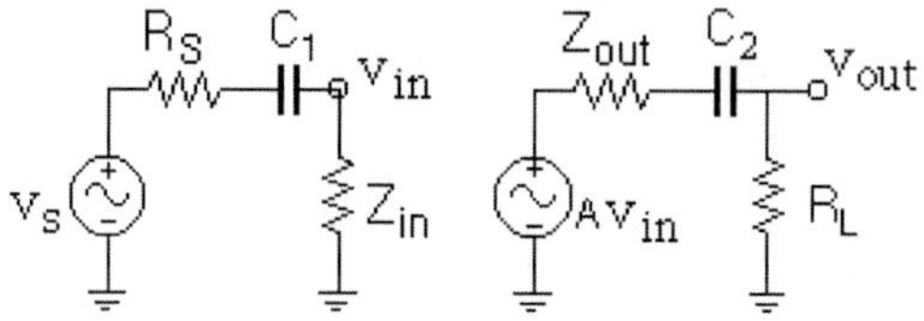

重點在找出 3 個臨界頻率，

$$f_{c(in)} = \frac{1}{2\pi(R_S + Z_{in})C_1} \qquad , \qquad f_{c(out)} = \frac{1}{2\pi(Z_{out} + R_L)C_2}$$

$$f_{c(bypass)} = \frac{1}{2\pi R_{bypass} C_E}$$

其中 R_{bypass} 為

$$R_{bypass} = R_E \,||\, \left[r_e + \frac{R_S \,||\, R_1 \,||\, R_2}{(\beta + 1)} \right]$$

並且決定其中頻率最高者為主要臨界頻 f_1；又例如下圖所示的共集 CC 放大器，

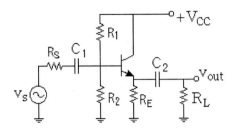

分析重點在找出 2 個臨界頻率，

$$f_{c(in)} = \frac{1}{2\pi(R_S + Z_{in})C_1} \qquad , \qquad f_{c(out)} = \frac{1}{2\pi(Z_{out} + R_L)C_2}$$

並且決定其中頻率最高者為主要臨界頻率 f_1。

● 13-5-2　共射放大器中頻帶響應

　　在此頻率範圍，放大器電路中所有外加電容全部短路，此時，分離式交流模型為

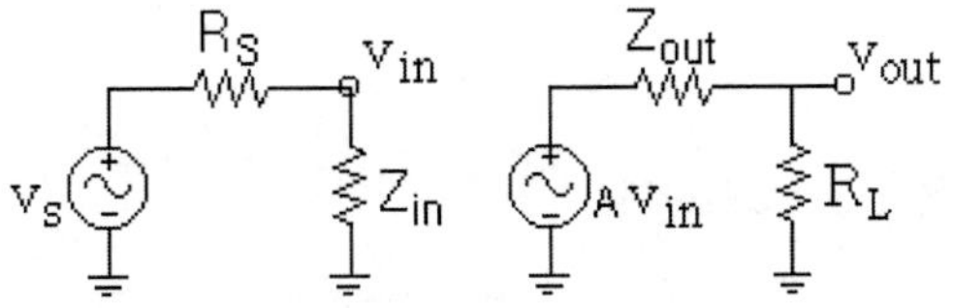

此階段的工作就是算出中頻帶的分貝電壓增益 A_t'，

$$A_t = \left(\frac{Z_{in}}{R_S + Z_{in}}\right) \times (A) \times \left(\frac{R_L}{Z_{out} + R_L}\right)$$

$$A_t' = 20\log_{10}(A_t)$$

如前述的低頻響應中，有一主要低臨界頻率 f_1，頻率低於 f_1 的頻率範圍，稱為低頻帶；同理，高頻響應也會有一主要高臨界頻率 f_2，頻率高於 f_2 的頻率範圍，則稱為高頻帶；除此之外，介於兩者之間的頻率範圍，即為中頻帶範圍，如下圖所示中間平坦的範圍。

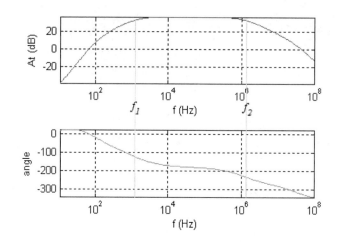

● 13-5-3 共射放大器高頻響應

所有外加電容短路，但是電晶體內部的**極際電容**效應開始顯現，如下圖所示，其中 C_{be} 等同於 C_π，C_{bc} 等同於 C_μ，C_{ce} 通常省略不計。

將這些極際電容代入 CE 放大器的交流等效電路，

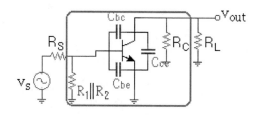

注意上圖中何者為回授電容，以便使用密勒定理。觀察集極：R_C 並聯 R_L，可知 A_v 應是包括負載電阻作用的電壓增益，表示式為

$$A_v = -\frac{R_C \parallel R_L}{r_e} \quad 或 \quad A_v = -\frac{r_o \parallel R_C \parallel R_L}{r_e}$$

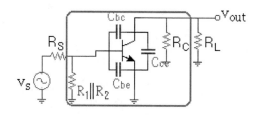

觀察交流等效電路，很清楚看出，電容 $C_{bc}(C_\mu)$ 的兩接腳橫跨輸入與輸出兩端，可知就是回授電容；根據密勒定理，化簡回授電容 $C_{bc}(C_\mu)$，得

$$C_{in(m)} = C_{bc}\left(1+\left|A_v\right|\right) \qquad , \qquad C_{out(m)} = C_{bc}\left(1+\frac{1}{\left|A_v\right|}\right)$$

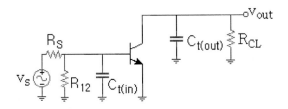

合成輸入端、輸出端的電容，

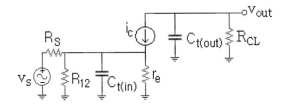

其中

$$C_{t(in)} = C_{be} + C_{in(m)} \qquad , \qquad C_{t(out)} = C_{ce} + C_{out(m)}$$

代入 BJT 模型，將電路化簡為分離式交流模型，

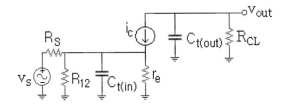

從基極看入，求得基極輸入阻抗後，再分離輸入與輸出端，

並聯輸入端電阻，

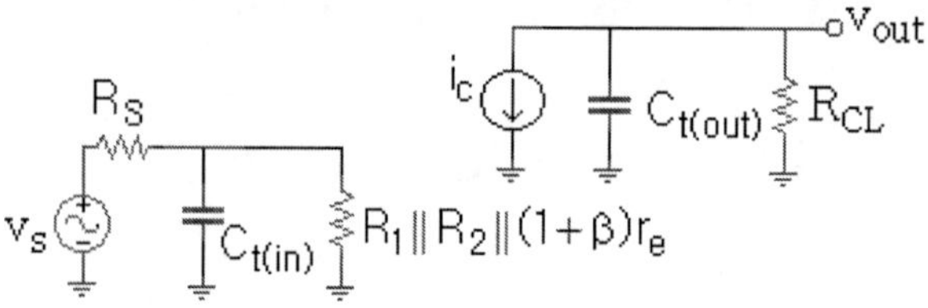

最後將電路戴維寧化，

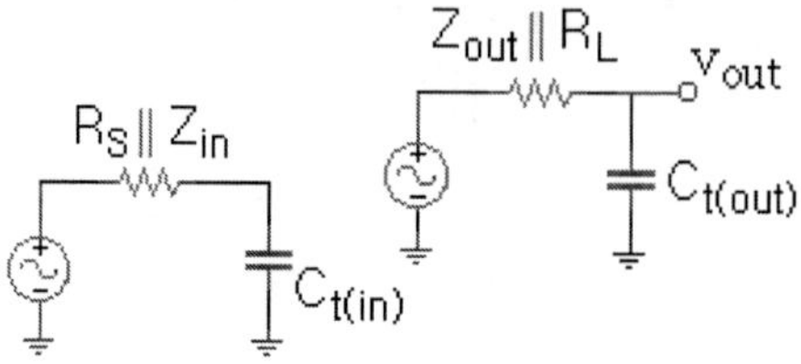

其中輸入端總電阻為

$$R_{t(in)} = R_S \parallel Z_{in}$$

輸出端總電阻為

$$R_{t(out)} = Z_{out} \parallel R_L = R_{CL}$$

由化簡所得的 RC 電路，可知輸入端臨界頻率為

$$f_{c(in)} = \frac{1}{2\pi R_{t(in)} C_{t(in)}}$$

輸出端臨界頻率為

$$f_{c(out)} = \frac{1}{2\pi R_{t(out)} C_{t(out)}}$$

綜合以上高頻響應結果，示意圖如下所示，其中假設 $f_{c(in)}$ 大於 $f_{c(out)}$ ，

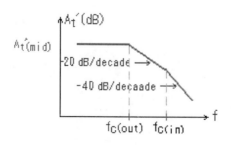

其主要臨界頻率為最低臨界頻率者，也就是最靠近中頻帶的臨界頻率，稱為**主要高頻臨界頻率** f_2，示意圖如下所示；針對高頻臨界頻率，另一種計算方法：所謂**零值法**(Zero-value method)，做法是將所有時間常數相加後倒數，合成一個有效的主要高臨界頻率，例如共射放大器高頻分析的二個時間常數 $\tau_{in(h)}$、$\tau_{out(h)}$，其主要高臨界頻率可以表示為

$$f_2 = \frac{1}{2\pi}\left(\frac{1}{\tau_{in(h)} + \tau_{out(h)}}\right)$$

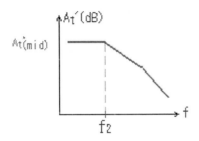

若是綜合以上所有頻帶響應結果，可知**頻寬**（Bandwidth，簡稱 BW）為

$$BW = f_2 - f_1$$

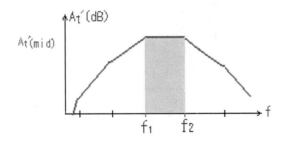

　　頻寬 BW 示意如上圖中陰影部分，其中頻帶兩旁第一個臨界頻率轉折斜率為 $-20\,dB$/十倍，第二個臨界頻率轉折斜率為 $-40\,dB$/十倍，低頻帶第三個臨界頻率轉折斜率為 $-60\,dB$/十倍；若考慮精確值，臨界頻率時再減去 $3\,dB$，並且頻率響應為平滑曲線。

 補充

因為高頻才顯現電容 C_π 與 C_μ 的作用，因此，可知電流增益為低通濾波器的性質，其小信號電流增益與頻率的關係如下，

$$h_{fe} = \frac{\beta_0}{1 + j\dfrac{f}{f_\beta}}$$

上式 h_{fe} 為小信號電流增益，β_0 為低頻電流增益，f_β 為貝他臨界頻率，其表示式可以寫成

$$f_\beta = \frac{1}{2\pi r_\pi (C_\pi + C_\mu)}$$

由方程式可知，這是屬於低通落後網路的特性；另外，電流增益值為一，此時的頻率稱為**單位增益頻寬** f_T

$$h_{fe} = 1 = \frac{\beta_0}{\sqrt{1 + \left(\dfrac{f_T}{f_\beta}\right)^2}} \cong \frac{\beta_0}{\sqrt{\left(\dfrac{f_T}{f_\beta}\right)^2}} = \frac{\beta_0 f_\beta}{f_T}$$

即 $f_T = \beta_0 f_\beta$，或表示成

$$f_T = \frac{\beta_0}{2\pi r_\pi (C_\pi + C_\mu)} = \frac{g_m r_\pi}{2\pi r_\pi (C_\pi + C_\mu)} = \frac{g_m}{2\pi (C_\pi + C_\mu)}$$

 補充

若頻率響應有考慮其餘高頻效應下的電容，例如接線電容與雜亂電容，只需注意是在輸入端或輸出端，再與各端密勒定理處理過的總電容相加即可。

6 範例

如圖電路，$\beta = 100$，$C_{be} = 20\,pF$，$C_{be} = 3\,pF$，$C_{ce} = 0\,pF$，求頻率響應。

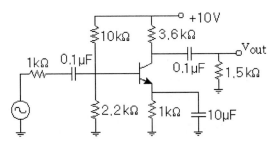

解

求 I_E：$\beta + 1 \cong \beta = 100$

$$V_{th} = 10V \times \frac{2.2}{10 + 2.2} = 1.8\,V \qquad , \qquad R_{th} = \frac{10 \times 2.2}{10 + 2.2} = 1.8\,k\Omega$$

$$I_E = \frac{1.8 - 0.7}{1k + \dfrac{1.8k}{100}} = 1.081\,mA$$

求 r_e：假設熱電壓 $V_T = 25\,mV$

$$r_e = \frac{25mV}{I_E} = \frac{25mV}{1.081mA} = 23.14\,\Omega$$

計算三個重要參數：

$$Z_{in} = R_1 \parallel R_2 \parallel \beta r_e = 10k \parallel 2.2k \parallel 100 \times \left(\frac{23.14}{1000}\right)k = 1.01\,k\Omega$$

$$A = -\frac{R_C}{r_e} = -\frac{3.6k}{23.14} = -155.58$$

$$Z_{out} = R_C = 3.6\,k\Omega$$

根據分離式交流模型，計算低頻響應的 f_c

$$f_{c(in)} = \frac{1}{2 \times 3.14 \times (1k + 1.01k) \times (0.1 \times 10^{-6})} = 792.22 \text{ Hz}$$

$$f_{c(out)} = \frac{1}{2 \times 3.14 \times (3.6k + 1.5k) \times (0.1 \times 10^{-6})} = 312.23 \text{ Hz}$$

使用 $R_{bypass} = R_E \parallel \left[r_e + \frac{R_S \parallel R_1 \parallel R_2}{(\beta + 1)} \right]$

$$R_{bypass} = 1k \parallel \left[23.14 + \frac{1k \parallel 10k \parallel 2.2k}{100} \right] = 28.72 \, \Omega$$

$$f_{c(bypass)} = \frac{1}{2 \times 3.14 \times (28.72) \times (10 \times 10^{-6})} = 554.44 \text{ Hz}$$

取三者最大，即為主要臨界頻率

$$f_1 = f_{c(in)} = 792.22 \text{ Hz}$$

計算中頻帶的總電壓增益 $A_{t(mid)}$（參考分離式交流模型，但是所有外接電容皆短路）

$$A_{t(mid)} = \left(\frac{1.01k}{1k + 1.01k} \right) \times (155.58) \times \left(\frac{1.5k}{3.6k + 1.5k} \right) = 22.99$$

取分貝：

$$A'_{t(mid)} = 20 \log_{10}[A_{t(mid)}] = 20 \times \log_{10}(22.99) = 27.23 \text{ dB}$$

畫低頻響應波德圖：

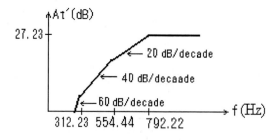

高頻響應部分：由中頻帶的分離式交流模型可得

$$R_{t(in)} = R_S \parallel Z_{in} = 1k \parallel 1.01k = 0.5 \text{ k}\Omega$$

$$R_{t(out)} = Z_{out} \parallel R_L = 3.6k \parallel 1.5k = 1.06 \text{ k}\Omega$$

$$A_v = \frac{R_{t(out)}}{r_e} = -\frac{1.06\,k}{23.14\,\Omega} = -45.81$$

根據密勒定理，$C_{in(m)} = C_{bc}\left(1+\left|A_v\right|\right)$，$C_{out(m)} = C_{bc}\left(1+\frac{1}{\left|A_v\right|}\right)$，化簡回授

電容 $C_{be}(C_\mu)$，得

$$C_{in(m)} = C_{bc}\left(1+\left|A_v\right|\right) = 3\,pF \times (1+45.81) = 140.43\,pF$$

$$C_{out(m)} = C_{bc}\left(1+\frac{1}{\left|A_v\right|}\right) = 3\,pF \times \left(1+\frac{1}{45.81}\right) = 3.07\,pF$$

求出輸入端、輸出端等效總電容，

$$C_{t(in)} = C_{in(m)} + C_{be} = 140.43 + 20 = 160.43\,pF$$

$$C_{t(out)} = C_{out(m)} + C_{ce} = 3.07 + 0 = 3.07\,pF$$

由 RC 電路，可知

$$f_{c(in)} = \frac{1}{2\pi R_{t(in)}C_{t(in)}} = \frac{1}{2\times 3.14\times 500\times 160.43\times 10^{-12}} = 1.985\,MHz$$

$$f_{c(out)} = \frac{1}{2\pi R_{t(out)}C_{t(out)}} = \frac{1}{2\times 3.14\times 1060\times 3.07\times 10^{-12}} = 48.93\,MHz$$

主要高頻臨界頻率 f_2 為

$$f_2 = f_{c(in)} = 1.985\,MHz$$

最後計算頻寬 BW，

$$BW = f_2 - f_1 = 1.985\,MHz - 792.22\,Hz \cong 1.98\,MHz$$

綜合以上計算結果，可知得簡易頻率響應示意圖如下所示，其中每一段臨界頻率轉折的斜率，是從低頻往高頻看的方式處理，因此，低頻帶每十倍上升 20dB，高頻帶每十倍下降 20dB。

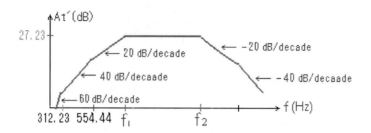

使用 Pspice 模擬結果如下所示，圖中標示主要低臨界頻率 f_1 大約等於 1.2 kHz，主要高臨界頻率 f_2 大約等於 1.91 MHz，中頻帶總電壓增益 27.23 dB，其中主要低臨界頻率理論值與實際值誤差比較大，原因是低頻三個臨界頻率各自獨立計算，忽略互相影響的因素所致；另外，提醒注意中頻帶所對應的相位角在 −180 度附近，而低頻主要由兩個 CR 領先網路掌控，導致最多可以領先 180 度，意即最低頻附近的相位在 0 度附近，同理類推，高頻主要由兩個 RC 落後網路掌控，導致最多可以落後 180 度，意即最高頻附近相位在 −360 度附近。

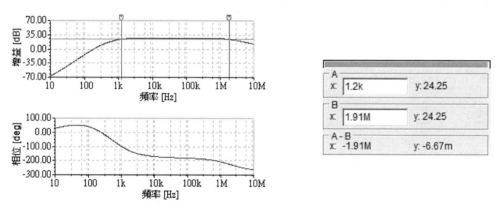

使用 MATLAB 模擬結果如下所示，圖中標示主要低臨界頻率 f_1 大約等於 1175 Hz，主要高臨界頻率 f_2 大約等於 1.987 MHz，中頻帶總電壓增益 27.26 dB。

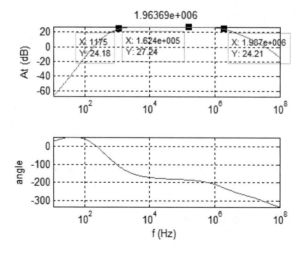

練習 7

如圖電路，$\beta = 100$，$C_{be} = 20\,\text{pF}$，$C_{bc} = 3\,\text{pF}$，$C_{ce} = 0\,\text{pF}$，求頻率響應。

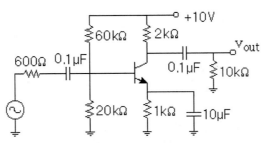

Answer

$f_{c(in)} = 774.53\,\text{Hz}$，$f_{c(out)} = 132.63\,\text{Hz}$，$f_{c(bypass)} = 750.58\,\text{Hz}$，

$f_{c(in)\_high} = 1.11\,\text{MHz}$，$f_{c(out)\_high} = 31.53\,\text{MHz}$，$\text{BW} = 1.11\,\text{MHz}$

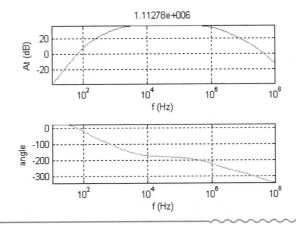

● 13-5-4 共基放大器頻率響應

如下圖所示的 **CB 放大器**電路，因為電路中只有兩個耦合電容，可知低頻有兩個臨界頻率。

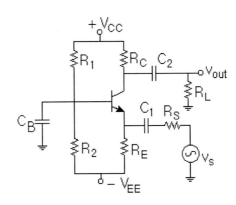

低頻帶效應：外接電容產生作用，其交流等效電路如下圖所示，

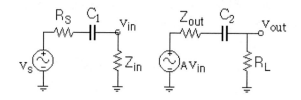

其中

$$Z_{in} = R_E \left\| \frac{r_\pi}{1+\beta} = R_E \right\| r_e \cong r_e$$

$$A = \frac{\alpha R_C}{r_e} = g_m R_C$$

$$Z_{out} = R_C$$

輸入端與輸出端的 3dB 頻率分別為

$$f_{c(in)} = \frac{1}{2\pi(R_S + Z_{in})C_1} \qquad , \qquad f_{c(out)} = \frac{1}{2\pi(Z_{out} + R_L)C_2}$$

並且決定其中頻率最高者為低頻主要臨界頻率 f_1。

中頻帶效應：外接電容短路後，其交流等效電路如下圖所示，

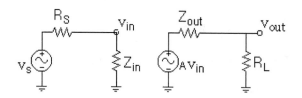

此頻帶主要是計算總電壓增益 A_t

$$A_t = (\frac{Z_{in}}{R_S + Z_{in}})(A)(\frac{R_L}{Z_{out} + R_L})$$

取分貝，

$$A_t' = 20\log_{10}(A_t)$$

高頻帶效應：外接電容短路後，其交流等效電路如下圖所示，

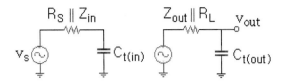

輸入端等效總電容為

$$C_{t(in)} = C_{\pi}$$

輸出端等效總電容為

$$C_{t(out)} = C_{\mu}$$

輸入端與輸出端的 3 dB 角頻率分別為

$$\omega_{3dB} = \frac{1}{(R_S \parallel Z_{in})C_{t(in)}} \quad , \quad \omega_{3dB} = \frac{1}{(Z_{out} \parallel R_L)C_{t(out)}}$$

並且決定其中頻率最低者為高頻主要臨界頻率 $f_2 = \omega_{3dB}/2\pi$，而頻寬由高、低主要臨界頻率決定，表示式為

$$BW = f_2 - f_1 \cong f_2$$

7　範例

如圖電路，$\beta = 100$，$C_{\pi} = 20 \text{ pF}$，$C_{\mu} = 3 \text{ pF}$，求頻率響應。

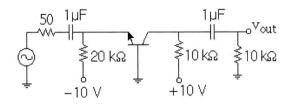

解

求 I_E：

$$I_E = \frac{-0.7 - (-10)}{20k} = 0.465 \text{ mA}$$

求 r_e：假設熱電壓 $V_T = 25\,mV$

$$r_e = \frac{25mV}{I_E} = \frac{25mV}{0.465mA} = 53.76\,\Omega$$

計算三個重要參數，

$$Z_{in} = R_E \parallel r_e \doteq r_e = 53.76\,\Omega$$

$$A = \frac{\alpha R_C}{r_e} = \frac{(0.99)(10k)}{53.76} = 184.15$$

$$Z_{out} = R_C = 10\,k\Omega$$

根據分離式交流模型，計算總電壓增益 A_t

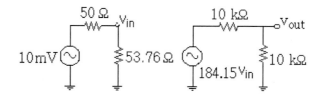

$$A_t = \frac{v_{out}}{v_s} = \frac{53.76}{50+53.7} \times 184.15 \times \frac{10k}{10k+10k} = 47.71$$

低頻帶效應：外接電容產生作用，其交流等效電路如下圖所示，

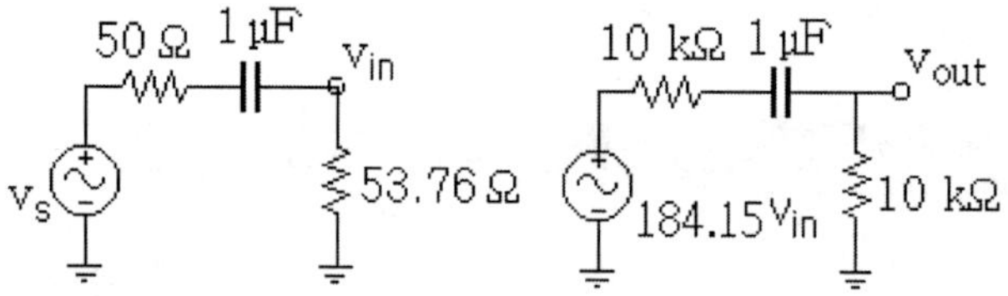

輸入端與輸出端的 3 dB 頻率分別為

$$f_{c(in)} = \frac{1}{2\pi(50+53.76)(1\times10^{-6})} = 1.534\,kHz$$

$$f_{c(out)} = \frac{1}{2\pi(10k+10k)\times(1\times10^{-6})} = 7.958\,Hz$$

可見其中頻率最高者 $f_{c(in)}$ 為主要臨界頻率 $f_1 = 1.534\,kHz$。

高頻帶效應：共基放大器無密勒效應，因此外接電容短路後，輸入端等效總電容為 $C_{t(in)} = C_\pi$，輸出端等效總電容為 $C_{t(out)} = C_\mu$，其交流等效電路如下圖所示，

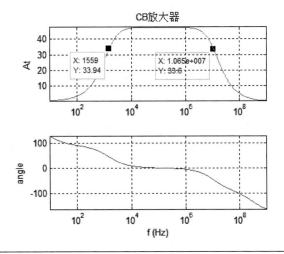

輸入端與輸出端的 3 dB 頻率分別為

$$f_{ch(in)} = \frac{1}{2\pi(50 \| 53.76)(20 \times 10^{-12})} = 307.57\,\text{MHz}$$

$$f_{ch(out)} = \frac{1}{2\pi(10k \| 10k) \times (3 \times 10^{-12})} = 10.61\,\text{MHz}$$

可見其中頻率最低者 $f_{ch(out)}$ 為主要臨界頻率 $f_2 = 10.61\,\text{MHz}$，因此頻寬為

$$BW = 10.61\text{MHz} - 1.534\text{kHz} \cong 10.61\,\text{MHz}$$

頻率響應圖模擬如下所示，其中標示值為低、高主要臨界頻率，中頻帶電壓增益為 47.64。

CB放大器

可見其中頻率最低者 fch(out) 為主要臨界頻率

X: 1559
Y: 33.94

X: 1.065e+007
Y: 33.6

練習 8　如圖電路，$\beta = 100$，$C_\pi = 20\text{pF}$，$C_\mu = 3\text{pF}$，不考慮 C_{ce}，求頻率響應。

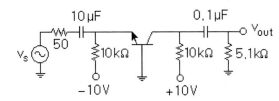

| Answer | $f_{in} = 207.21\,\mathrm{Hz}$ ， $f_{out} = 105.4\,\mathrm{Hz}$ ， $f_{c(in)\_high} = 455.98\,\mathrm{MHz}$ ，
$f_{c(out)\_high} = 15.71\,\mathrm{MHz}$ ， $BW = 15.71\,\mathrm{MHz}$

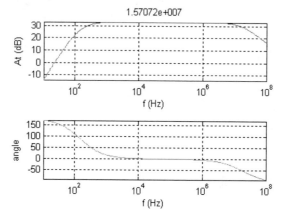

● 13-5-5　共集放大器頻率響應

如下圖所示的 CC 放大器(Common-Collector Amplifier)電路，其頻率響應分析如下，

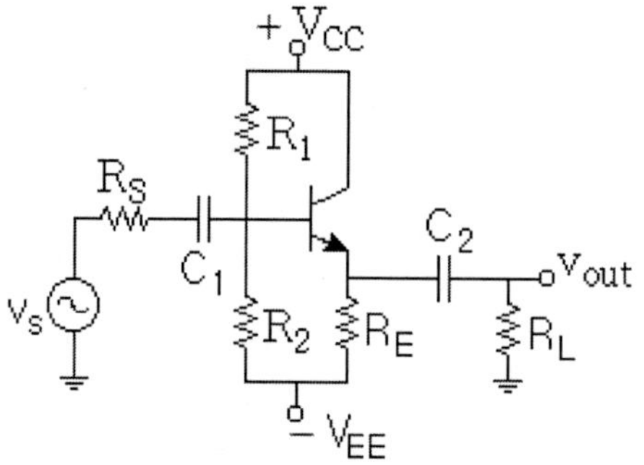

低頻帶效應：外接電容產生作用，其交流等效電路，如下圖所示，

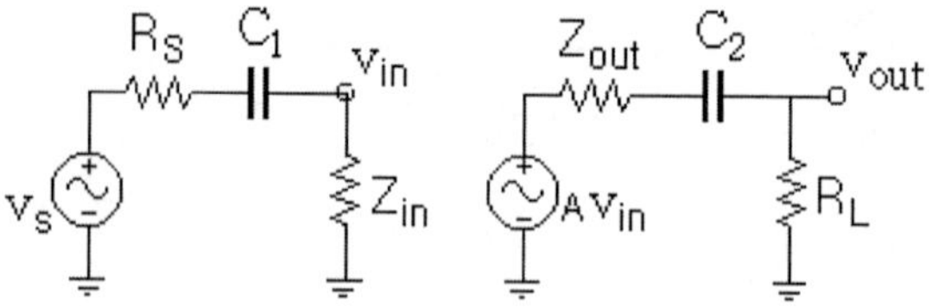

其中

$$Z_{in} = R_1 \parallel R_2 \parallel \{r_\pi + (1+\beta)(R_E \parallel R_L)\}$$

$$A = \frac{R_E \| R_L}{\dfrac{r_\pi}{1+\beta} + R_E \| R_L} = \frac{R_E \| R_L}{r_e + R_E \| R_L}$$

$$Z_{out} = R_E \| \left\{ \frac{r_\pi + (R_S \| R_1 \| R_2)}{(1+\beta)} \right\}$$

以上若需要考慮有限輸出電阻 r_o 的作用，只要將 $(R_E \| R_L)$ 改為 $(r_o \| R_E \| R_L)$ 即可；輸入端與輸出端的 3 dB 頻率分別為

$$f_{c(in)} = \frac{1}{2\pi(R_S + Z_{in})C_1} \qquad , \qquad f_{c(out)} = \frac{1}{2\pi(Z_{out} + R_L)C_2}$$

並且決定其中頻率最高者為主要臨界頻率 f_1。

中頻帶效應： 外接電容短路後，其交流等效電路，如下圖所示，

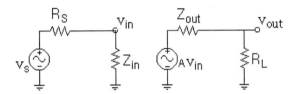

此頻帶主要是計算總電壓增益 A_t，

$$A_t = \left(\frac{Z_{in}}{R_S + Z_{in}} \right)(A)\left(\frac{R_L}{Z_{out} + R_L} \right)$$

取分貝，

$$A_t' = 20\log_{10}(A_t)$$

高頻帶效應： 共集放大器的沒有相位反轉，因此，無法使用密勒定理，只能改用電路分析的方法，先求出等效電阻，然後使用**時間常數法**，再求出高頻的臨界頻率，其交流等效電路，如右圖所示，

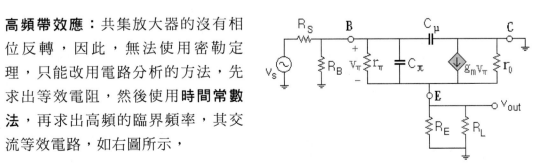

集極接地，意即 C_μ、$g_m v_\pi$、r_o 有一端接地，化簡電路如下，

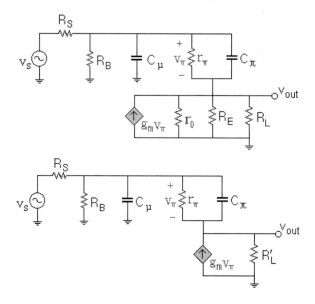

其中 $R_B = R_1 \| R_2$，$R_L' = R_E \| R_L \| r_o$；共集放大器有一個零點 f_o 與二個極點 f_{c_μ}、f_{c_π}，分別為

$$f_o = \frac{1}{2\pi C_\pi r_e} = \frac{1}{2\pi C_\pi \left(\dfrac{r_\pi}{1+\beta}\right)}$$

$$f_{c_\mu} = \frac{1}{2\pi \left[R_S \| R_B \| r_\pi(1+g_m R_L')\right] C_\mu}$$

$$f_{c_\pi} = \frac{1}{2\pi \left[r_\pi \| \dfrac{(R_S \| R_B + R_L')}{1+g_m R_L'}\right] C_\pi}$$

合成兩極點效應，

$$\tau_p = \left[r_\pi \| \frac{(R_S \| R_B + R_L')}{(1+g_m R_L')}\right] C_\pi + \left[R_S \| R_B \| r_\pi(1+g_m R_L')\right] C_\mu$$

或簡易計算，

$$\tau_p = \left[R_S \| R_B \| (1+g_m R_L') r_\pi\right]\left(C_\mu + \frac{C_\pi}{1+g_m R_L'}\right)$$

$$f_H = \frac{1}{2\pi\tau_p}$$

證明如下：當只有 C_μ 存在時，電壓源短路，電流源斷路，等效電路如下圖所示，

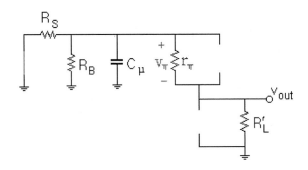

從 C_μ 看出去，左右兩邊有分流效果，可見是並聯處理，因此，等效電阻為

$$R_{C\mu} = R_S \parallel R_B \parallel \left[r_\pi + (1+\beta)R_L' \right]$$

或

$$R_{C\mu} \cong R_S \parallel R_B \parallel \left[r_\pi + g_m r_\pi R_L' \right] \cong R_S \parallel R_B \parallel \left[r_\pi(1 + g_m R_L') \right]$$

以**時間常數法**求出高頻的臨界頻率，

$$\tau_{C\mu} = R_{C\mu} \times C_\mu$$

$$f_{C\mu} = \frac{1}{2\pi\left[R_S \parallel R_B \parallel r_\pi(1 + g_m R_L') \right]C_\mu}$$

當只有 C_π 存在時：電壓源短路，測試電流 i_x 與電壓 V_x 如下圖所示，

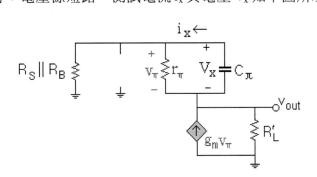

等效電阻為

$$R_{C_\pi} = \frac{V_x}{i_x}$$

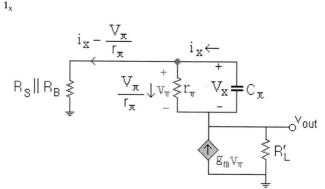

r_π 上方的節點，已知測試電流 i_x 流進節點，流經 r_π 電流 V_π/r_π 流出節點，因此，由 KCL 可知流經 $R_S \| R_B$ 的電流為

$$i_{R_S\|R_B} = i_x - \frac{V_\pi}{r_\pi}$$

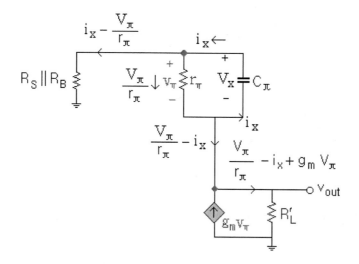

相依電流源 $g_m V_\pi$ 上方的節點，已知電流 $(V_\pi/r_\pi) - i_x$ 流進節點，因此，由 KCL 可知流經 R'_L 的電流為

$$i_{R'_L} = \frac{V_\pi}{r_\pi} - i_x + g_m V_\pi$$

使用 **KVL**，環繞所有電阻的封閉迴路

$$\left(i_x - \frac{V_\pi}{r_\pi}\right)\left(R_S \parallel R_B\right) = V_\pi + \left(\frac{V_\pi}{r_\pi} - i_x + g_m V_\pi\right)R_L'$$

因為 $V_\pi = V_x$

$$i_x\left(R_S \parallel R_B + R_L'\right) = V_x\left(1 + \frac{R_S \parallel R_B}{r_\pi} + \frac{R_L'}{r_\pi} + g_m R_L'\right)$$

等效電阻為

$$R_{C_\pi} = \frac{V_x}{i_x} = \frac{\left(R_S \parallel R_B + R_L'\right)}{\left(1 + g_m R_L' + \dfrac{R_S \parallel R_B + R_L'}{r_\pi}\right)} = \frac{r_\pi\left(R_S \parallel R_B + R_L'\right)}{\left(R_S \parallel R_B + R_L'\right) + \left(1 + g_m R_L'\right)r_\pi}$$

或

$$R_{C_\pi} = \frac{r_\pi\dfrac{\left(R_S \parallel R_B + R_L'\right)}{\left(1 + g_m R_L'\right)}}{r_\pi + \dfrac{\left(R_S \parallel R_B + R_L'\right)}{\left(1 + g_m R_L'\right)}} = r_\pi \parallel \frac{\left(R_S \parallel R_B + R_L'\right)}{\left(1 + g_m R_L'\right)}$$

以**時間常數法**求出高頻的臨界頻率，

$$\tau_{C_\pi} = R_{C_\pi} \times C_\pi$$

$$f_{C_\pi} = \frac{1}{2\pi\left[r_\pi \parallel \dfrac{\left(R_S \parallel R_B + R_L'\right)}{\left(1 + g_m R_L'\right)}\right]C_\pi}$$

並且決定其中頻率最低者為高頻主要臨界頻率 f_2，頻寬由高、低主要臨界頻率決定放大器頻寬 BW。

$$BW = f_2 - f_1 \cong f_2$$

8 範例

如圖電路，假設 $\beta = 150$，$V_A = \infty$，$C_\pi = 35pF$，$C_\mu = 4pF$，計算零點與極點頻率。

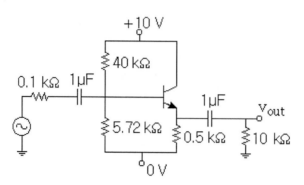

解

g_m 與 r_π：有關低頻響應計算不再詳述，請自行參考章節 13-3-5。

$$V_B = 10V \times \frac{5.72}{40 + 5.72} = 1.25V \qquad , \qquad R_{th} = \frac{40 \times 5.72}{40 + 5.72} = 5\,k\Omega$$

$$I_{EQ} = \frac{1.25 - 0.7}{0.5 + \dfrac{5}{150 + 1}} = 1.03\,mA$$

$$I_{CQ} = \alpha I_{EQ} = \frac{\beta}{1 + \beta} I_{EQ} = \frac{150}{151} \times 1.03mA = 1.02\,mA$$

$$g_m = \frac{I_{CQ}}{V_T} = \frac{1.02}{0.026} = 39.2\,mA/V$$

$$r_\pi = \frac{\beta}{g_m} = \frac{150}{39.2mA/V} = 3.83\,k\Omega$$

零點頻率：使用 $f_0 = \dfrac{1}{2\pi C_\pi r_e} = \dfrac{1}{2\pi C_\pi \left(\dfrac{r_\pi}{1 + \beta} \right)}$

$$f_0 = \frac{1}{2\pi C_\pi r_e} = \frac{1}{2\pi \times (35 \times 10^{-12}) \times \left(\dfrac{3.83 \times 10^3}{151} \right)} = 179.28\,MHz$$

考慮簡易計算：$\tau_p = \left[R_S \parallel R_B \parallel (1 + g_m R_L') r_\pi \right] \left(C_\mu + \dfrac{C_\pi}{1 + g_m R_L'} \right)$

$$R_S \parallel R_B = R_S \parallel R_{th} = 0.1 \parallel 5 = \frac{0.1 \times 5}{0.1 + 5} = 98.04\,\Omega$$

$$1 + g_m R_L' = 1 + g_m (R_E \parallel R_L) = 1 + 39.2 \times (0.5 \parallel 10) = 19.7$$

$$R_{C_\mu} = 98.04\,\Omega \parallel \left[(3.83 \times 10^3) \times 19.7 \right] = 97.9\,\Omega$$

$$\tau_p = 97.9 \times \left(4 + \frac{35}{19.7} \right) \times 10^{-12} = 0.566 \times 10^{-9}\,S$$

$$f_H = \frac{1}{2 \times 3.14 \times 0.566 \times 10^{-9}} = 281\,MHz$$

頻率響應圖模擬如下所示，其中標示值為低、高主要臨界頻率，中頻帶電壓增益為 0.9318，由結果顯示，相較於 CE 放大器，CC 放大器有有更高的工作頻率，亦即擁有更寬廣的頻寬，但其中頻帶的電壓增益卻是遠低於 CE 放大器。

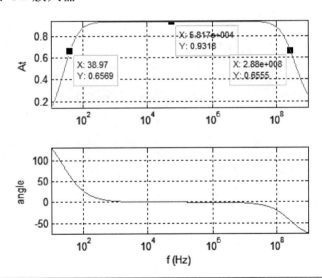

練習 **9**　如圖電路，$\beta = 100$，$C_\pi = 20pF$，$C_\mu = 3pF$，不考慮 C_{ce}，求頻率響應。

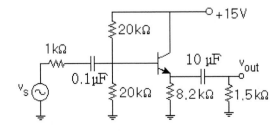

Answer $f_1 = 154.65\,\text{Hz}$, $f_2 = 50.73\,\text{MHz}$, $BW \cong 50.73\,\text{MHz}$

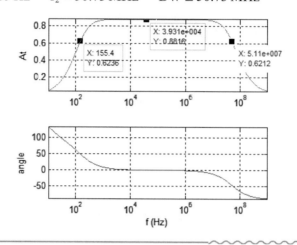

經之前說明與例題後，請參考隨書電子書光碟以程式進行相關例題模擬：

13-5-A　BJT 放大器 Pspice 分析

13-5-B　BJT 放大器 MATLAB 分析

13-6　FET 放大器頻率響應※*

● 13-6-1　JFET 共源放大器

由 n 通道 JFET 所構成的共源 CS 放大器電路，如下圖所示，

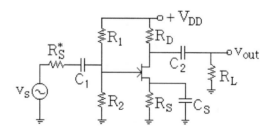

簡易模型

JFET 的 R_{GS} 值高達數十或數百 M 歐姆，形同斷路，洩極則是一個電流源，其大小 $i_d = g_m v_{gs}$，相對的簡易模型如右所示，其輸入阻抗 Z_{in} 為

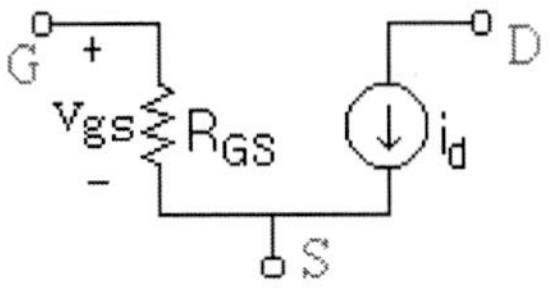

$$Z_{in} = R_1 \| R_2$$

電壓增益 A 為

$$A = -\frac{R_D}{g_m^{-1}} = -g_m R_D$$

輸出阻抗 Z_{out} 為

$$Z_{out} = R_D$$

放大器在低頻帶時，所有外加電容短路，由分離式交流模型，以分壓、放大、分壓的步驟，求出輸出電壓 v_{out}，

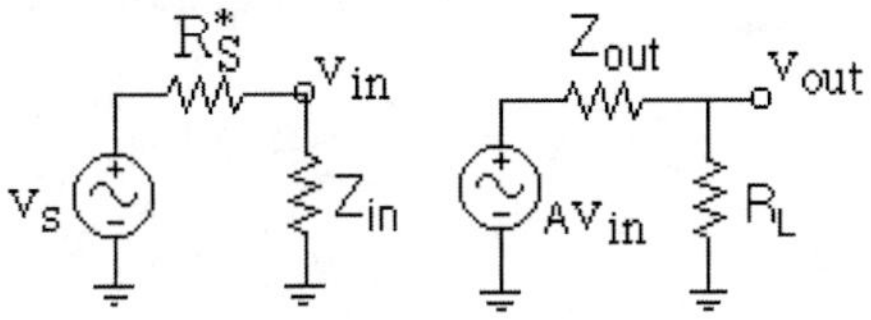

此階段的工作就是算出中頻帶的分貝總電壓增益 A'_t

$$A_t = \left(\frac{Z_{in}}{R_S^* + Z_{in}} \right) \times (A) \times \left(\frac{R_L}{Z_{out} + R_L} \right) \qquad , \qquad A'_t = 20 \log_{10}(A_t)$$

低頻響應

交流等效電路如下所示，

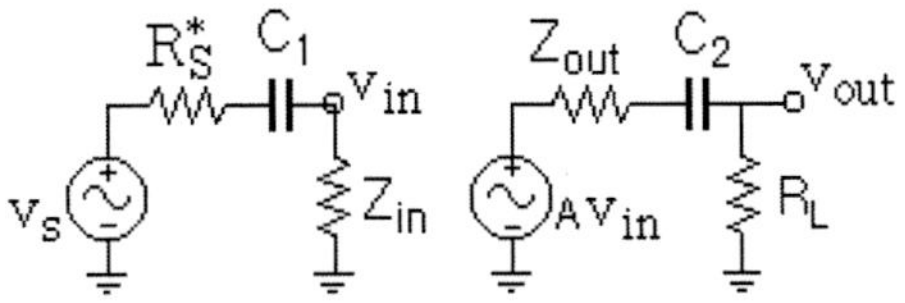

由前述 BJT 放大器頻率響應的討論可知：輸入端臨界頻率為

$$f_{c(in)} = \frac{1}{2\pi(R_S^* + Z_{in})C_1}$$

輸出端臨界頻率為

$$f_{c(out)} = \frac{1}{2\pi(Z_{out} + R_L)C_2}$$

若單獨考慮旁路電容 C_S 存在時，已知電容，尚缺等效電阻，即可求出旁路臨界頻率 $f_{c(bypass)}$，

$$f_{c(bypass)} = \frac{1}{2\pi R_{in(s)}C_S}$$

其中 $R_{in(s)} = R_S \| g_m^{-1}$。

波德圖

由 CR 網路可知，在臨界頻率 f_c 轉折，低頻部分是每 $10f_c$ 衰減 20 dB，針對共源 CS 放大器：有 3 個臨界頻率，推論其波德圖同樣有 3 個轉折點，假設 $f_{c(in)} > f_{c(out)} > f_{c(bypass)}$，即

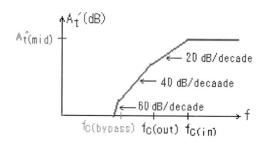

同前述電晶體 BJT 的討論，其主要低頻臨界頻率為最高臨界頻率者（也是最靠近中頻帶），表示為

$$f_1 = f_{c(in)}$$

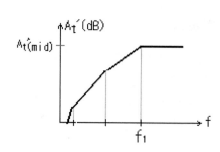

高頻響應

　　高頻帶時，所有外加電容短路，但是極際電容效應開始顯現，如下圖所示為 JFET 高頻時所考慮的內部電容，

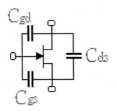

分析時，必須注意是反相放大器，例如，共源 CS 放大器，才能使用密勒定理化簡；首先判斷出何者為回授電容，再計算包括負載電阻作用的電壓增益 A_v 值，

$$A_v = -\frac{R_D \| R_L}{g_m^{-1}} = -g_m(R_D \| R_L)$$

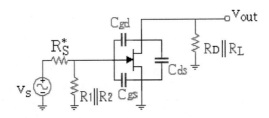

化簡回授電容 C_{gd}，得

$$C_{in(m)} = C_{gd}\left(1 + |A_v|\right) \qquad , \qquad C_{out(m)} = C_{gd}\left(1 + \frac{1}{|A_v|}\right)$$

合成輸入端、輸出端的電容，

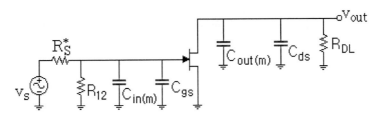

其中 $C_{t(in)} = C_{gs} + C_{in(m)}$ ， $C_{t(out)} = C_{ds} + C_{out(m)}$ ，最後將電路戴維寧化，

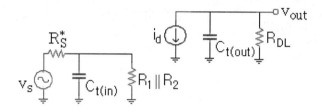

其中輸入端總電阻 $R_{t(in)} = R_S \parallel Z_{in}$ ，輸出端總電阻 $R_{t(out)} = Z_{out} \parallel R_L$ ，

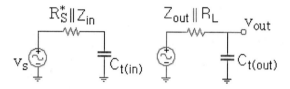

因此，求得輸入端臨界頻率為

$$f_{c(in)} = \frac{1}{2\pi R_{t(in)} C_{t(in)}}$$

輸出端臨界頻率為

$$f_{c(out)} = \frac{1}{2\pi R_{t(out)} C_{t(out)}}$$

假設 $f_{c(in)} > f_{c(out)}$ ，可以畫出如下所示的簡易波德圖，

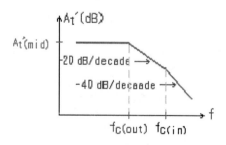

同樣比照 BJT 處理的步驟，取最低臨界頻率者為主要高頻臨界頻率（也是最靠近中頻帶），表示為 $f_2 = f_{c(out)}$

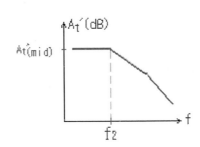

綜合以上所有結果，可知頻寬 BW（如下圖陰影部分所示）為

$$BW = f_2 - f_1$$

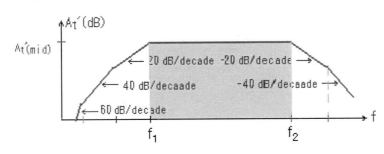

補充

　　若頻率響應有考慮其餘高頻效應下的電容，例如，接線電容與雜亂電容，只需注意是在輸入端或輸出端，再與各端密勒定理處理過的總電容相加即可。

9 範例

如圖電路，若 $g_m = 3850\,\mu S$ ， $C_{gs} = 4\,pF$ ， $C_{gd} = 3\,pF$ ， $C_{ds} = 1\,pF$ ，求頻率響應。

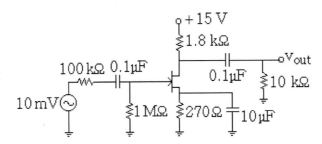

解

(a) 首先求三個重要參數：（針對頻率響應的主題，因此假設 g_m 值，但是假設不見得正確，請自行計算驗證 g_m 值）

$$\frac{1}{g_m} = \frac{1}{3850 \times 10^{-6}} = 259.74\ \Omega$$

$$Z_{in} = R_1 \parallel R_2 = \infty \parallel 1\,M\Omega = 1\,M\Omega$$

$$A = -\frac{R_D}{\dfrac{1}{g_m}} = -g_m \times R_D = -3850\ \mu S \times 1.85\,k = -6.93$$

$$Z_{out} = R_D = 1.8\,k\Omega$$

根據分離式交流模型，計算低頻響應的 f_c，

$$f_{c(in)} = \frac{1}{2 \times 3.14 \times (100k + 1000k) \times (0.1 \times 10^{-6})} = 1.45\ Hz$$

$$f_{c(out)} = \frac{1}{2 \times 3.14 \times (1.8k + 10k) \times (0.1 \times 10^{-6})} = 134.95\ Hz$$

$$R_{in(s)} = 270 \parallel 259.74 = 132.39\ \Omega$$

$$f_{c(bypass)} = \frac{1}{2 \times 3.14 \times (132.39\Omega) \times (10 \times 10^{-6})} = 120.28\ Hz$$

比較以上三個臨界頻率，取其最高者，就是主要低頻臨界頻率，

$$f_1 = f_{c(out)} = 134.95\ Hz$$

(b) 計算中頻帶的總電壓增益 $A_{t(mid)}$（參考分離式交流模型，但是電容短路）

$$A_{t(mid)} = \left(\frac{1M}{0.1M + 1M}\right) \times (6.93) \times \left(\frac{10k}{1.8k + 10k}\right) = 5.34$$

取分貝，

$$A'_{t(mid)} = 20\log_{10}[A_{t(mid)}] = 20 \times \log_{10}(5.34) = 14.55\text{dB}$$

(c) 畫出簡易波德圖

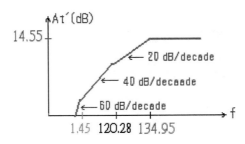

(d) 計算高頻臨界頻率：由中頻帶的分離式交流模型可得

$$R_{t(in)} = R_S^* \parallel Z_{in} = 100k \parallel 1M = 90.91 \text{ k}\Omega$$

$$R_{t(out)} = Z_{out} \parallel R_L = 1.8k \parallel 10k = 1.53 \text{ k}\Omega$$

$$A_V = \frac{R_{t(out)}}{\dfrac{1}{g_m}} = -\frac{1.53k}{259.74\Omega} = -5.78$$

根據密勒定理，

$$C_{in(m)} = C_{gd}(1 + |A_v|) = 3 \text{ pF} \times (1 + 5.78) = 20.34 \text{ pF}$$

$$C_{out(m)} = C_{gd}\left(1 + \frac{1}{|A_v|}\right) = 3 \text{ pF} \times \left(1 + \frac{1}{5.78}\right) = 3.52 \text{ pF}$$

求出輸入端、輸出端等效總電容，

$$C_{t(in)} = C_{in(m)} + C_{gs} = 20.34 + 4 = 24.34 \text{ pF}$$

$$C_{t(out)} = C_{out(m)} + C_{ds} = 3.52 + 1 = 4.52 \text{ pF}$$

由 RC 電路，可知

輸入端使用 $f_{c(in)} = \dfrac{1}{2 \pi R_{t(in)} C_{t(in)}}$

$$f_{c(in)} = \frac{1}{2 \times 3.14 \times (90.91 \times 10^3) \times (24.34 \times 10^{-12})} = 70.17 \text{ kHz}$$

輸出端使用 $f_{c(out)} = \dfrac{1}{2 \pi R_{t(out)} C_{t(out)}}$

$$f_{c(out)} = \frac{1}{2 \times 3.14 \times (1.53 \times 10^3) \times (4.52 \times 10^{-12})} = 23.03 \text{ MHz}$$

因此，可知主要高頻臨界頻率為

$$f_2 = f_{c(in)} = 70.17 \text{ kHz}$$

(e) 計算頻寬 BW（如下圖陰影部分所示）

$$BW = 70.17 \text{ kHz} - 134.95 \text{ Hz} \cong 70 \text{ kHz}$$

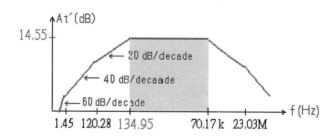

上圖中的標示，係指頻率由低頻掃描至高頻，因此所顯示的每一段轉折斜率皆為正數，代表增加而非衰減。

練習 **10**　如圖電路，若 $I_{DSS} = 8 \text{ mA}$ ，$V_{GS(off)} = -4 \text{ V}$ ，$C_{gs} = 4 \text{ pF}$ ，$C_{gd} = 2 \text{ pF}$ ，$C_{ds} = 0.5 \text{ pF}$ ，求頻率響應。

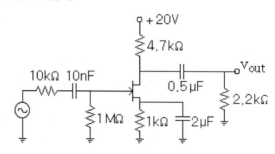

Answer　$g_m = 2000\,\mu A\,/\,V$，$f_{c(in)} = 15.76\,Hz$，$f_{c(out)} = 46.13\,Hz$，

$f_{c(bypass)} = 238.73\,Hz$，$f_{c(in)\_high} = 1.34\,MHz$，$f_{c(out)\_high} = 33.53\,MHz$

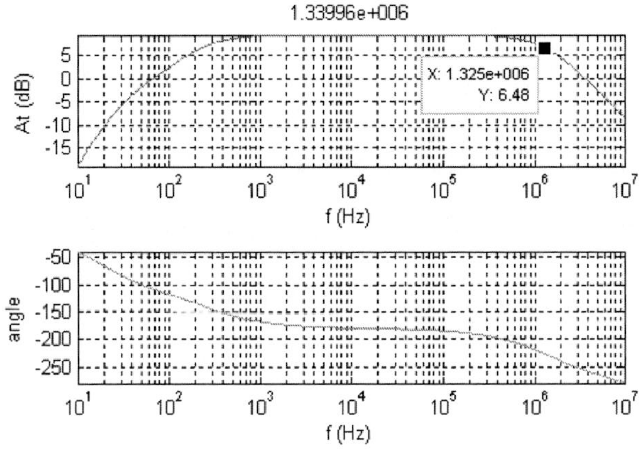

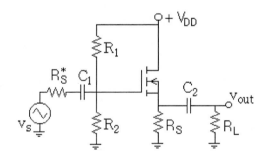

● 13-6-2　MOSFET 共汲放大器

如下圖所示的 MOSFET 共汲 CD 放大器電路，其頻率響應分析如下。

低頻帶效應： 外接電容產生作用，其交流等效電路，如下圖所示，

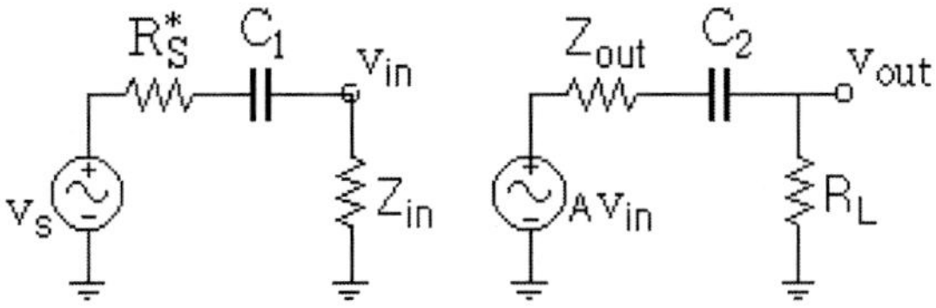

其中

$$Z_{in} = R_1 \parallel R_2$$

$$A = \dfrac{(r_o \parallel R_S)}{g_m^{-1} + (r_o \parallel R_S)}$$

$$Z_{out} = g_m^{-1} \| R_S$$

輸入端與輸出端的 3 dB 頻率分別為

$$f_{c(in)} = \frac{1}{2\pi(R_S^* + Z_{in})C_1} \qquad , \qquad f_{c(out)} = \frac{1}{2\pi(Z_{out} + R_L)C_2}$$

並且決定其中頻率最高者為主要臨界頻率 f_1。

中頻帶效應：外接電容短路後，其交流等效電路，如下圖所示，

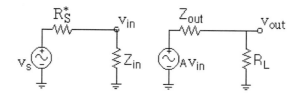

此頻帶主要是計算總電壓增益 A_t，

$$A_t = \left(\frac{Z_{in}}{R_S^* + Z_{in}}\right)(A)\left(\frac{R_L}{Z_{out} + R_L}\right)$$

取分貝，

$$A_t' = 20\log_{10}(A_t)$$

高頻帶效應：FET 的共洩（汲）放大器如同 BJT 共集放大器一樣，沒有相位反轉效應，因此無法使用密勒定理，只能改用電路分析的方法，先求出等效電阻，然後使用**時間常數法**，再求出高頻的臨界頻率，其結果比照前述 BJT 共集放大器處理，顯示如下，

$$f_{C_{gd}} = \frac{1}{2\pi R_{gd}C_{gd}} = \frac{1}{2\pi(R_S^* \| Z_{in})C_{gd}}$$

$$f_{C_{gs}} = \frac{1}{2\pi R_{gs}C_{gd}} = \frac{1}{2\pi\left(\dfrac{R_S^* \| Z_{in} + R_L'}{1 + g_m R_L'}\right)C_{gs}}$$

上式 $R_L' = R_S \| R_L$，合成兩極點效應，簡易計算為

$$\tau_p = R_{gd}C_{gd} + R_{gs}C_{gs}$$

$$f_H = \frac{1}{2\pi\tau_p}$$

10 範例

如圖電路，$K_n = 5\,mA/V$，$V_{TN} = 1\,V$，$C_{gs} = 5\,pF$，$C_{gd} = 2\,pF$，求頻率響應。

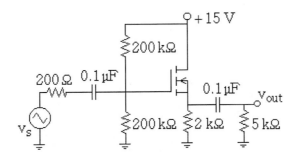

解

直流分析：$Q(V_{GSQ}, I_{DQ}) = Q(1.7578\,V, 2.871\,mA)$，計算轉導值，

$$g_m = 2K_n(V_{GSQ} - V_{TN}) = 2(5m)(1.7578-1) = 7.578\,mA/V$$

$$g_m^{-1} = \frac{1}{7.578m} = 131.961\,\Omega$$

$$Z_{in} = R_1 \| R_2 = 200k \| 200k = 100\,k\Omega$$

$$A = \frac{R_S}{g_m^{-1} + R_S} = \frac{2000}{131.961 + 2000} = 0.938$$

$$Z_{out} = g_m^{-1} \| R_S = 131.964 \| 2000 = 123.796\,\Omega$$

根據分離式交流模型，計算低頻響應的 f_c，

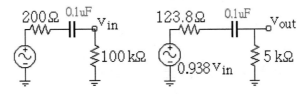

$$f_{c(in)} = \frac{1}{2\pi(200+100k)(0.1\mu)} = 15.884 \text{ Hz}$$

$$f_{c(out)} = \frac{1}{2\pi(123.8+5k)(0.1\mu)} = 310.62 \text{ Hz}$$

比較以上兩個臨界頻率，取其最高者，就是主要低頻臨界頻率，

$$f_1 = f_{c(out)} = 310.62 \text{ Hz}$$

計算中頻帶的總電壓增益 $A_{t(mid)}$（參考分離式交流模型，但是所有外接電容皆短路），

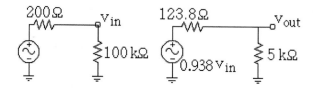

$$A_{t(mid)} = \left(\frac{100k}{200+100k}\right)(0.938)\left(\frac{5k}{123.8+5k}\right) = 0.914$$

取分貝，

$$A_{t'(mid)} = 20\log_{10}[A_{t(mid)}] = 20 \times \log_{10}(0.914) = -0.781 \text{ dB}$$

計算高頻臨界頻率：

$$R_{gd} = R_S^* \| Z_{in} = 200 \| 100k = 199.6 \text{ }\Omega$$

$$f_{C_{gd}} = \frac{1}{2\pi R_{gd}C_{gd}} = \frac{1}{2\pi(199.6)(2\times10^{-12})} = 398.68 \text{ MHz}$$

$$R_L' = R_S \| R_L = 2k \| 5k = 1.4286 \text{ k}\Omega$$

$$R_{gs} = \frac{R_S^* \| Z_{in} + R_L'}{1+g_m R_L'} = \frac{(199.6)+(1.4286k)}{1+(7.578\text{ m})(1.4286k)} = 137.681 \text{ }\Omega$$

$$f_{C_{gs}} = \frac{1}{2\pi R_{gs}C_{gs}} = \frac{1}{2\pi(137.681)(5\times10^{-12})} = 231.19 \text{ MHz}$$

合成兩極點效應，簡易計算為

$$\tau_p = R_{gd}C_{gd} + R_{gs}C_{gs} = 1.0876 \text{ n}$$

$$f_H = \frac{1}{2\pi\tau_p} = \frac{1}{2\pi(1.0876\times10^{-9})} = 146.34 \text{ MHz}$$

因此，可知主要高頻臨界頻率為

$$f_2 = 146.34 \, \text{MHz}$$

即頻寬 $BW = 146.34 \, \text{MHz}$；綜上結果，頻率響應圖模擬如下所示，其中標示值為低、高主要臨界頻率，以及中頻帶電壓增益為 0.9318，由輸出結果顯示，相較於 CS 放大器（雖然前述範例是使用 JFET 的共汲 CD 放大器）有更高的工作頻率，亦即擁有更寬廣的頻寬，但其中頻帶的電壓增益卻是遠低於 CS 放大器。

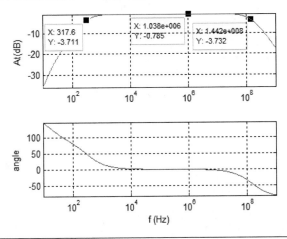

練習 11　如圖電路，門檻電壓 $V_{TN} = 1.5 \, \text{V}$ ， $K_n = 4 \, \text{mA/V}^2$ ， $C_{gs} = 4 \, \text{pF}$ ， $C_{gd} = 2 \, \text{pF}$ ，求頻率響應。

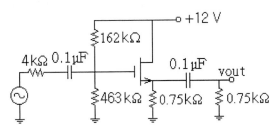

Answer　$I_{DQ} = 7.97 \, \text{mA}$ ， $g_m = 11.29 \, \text{mA/V}$ ， $r_o = \infty$ ， $A_t = 0.783$ ， $f_1 = 1.918 \, \text{kHz}$ ， $f_2 = 143.8 \, \text{MHz}$

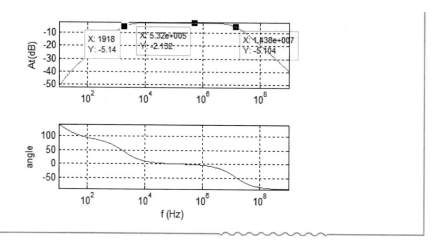

13-6-3　MOSFET 共閘放大器

　　如下圖所示的共閘 CG 放大器電路，因為電路中只有兩個耦合電容，可知低頻有兩個臨界頻率。

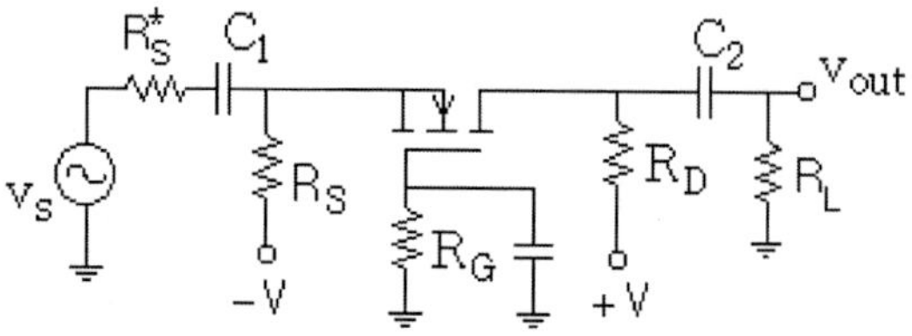

低頻帶效應：外接電容產生作用，其交流等效電路如下圖所示，

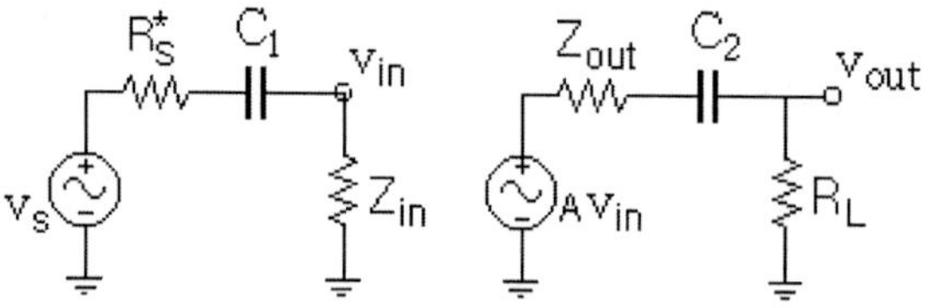

其中

$$Z_{in} = R_S \parallel g_m^{-1}$$

$$A = \frac{\alpha R_D}{r_e} = g_m R_D$$

$$Z_{out} = R_D$$

輸入端與輸出端的 3 dB 頻率分別為

$$f_{c(in)} = \frac{1}{2\pi(R_S^* + Z_{in})C_1} \quad , \quad f_{c(out)} = \frac{1}{2\pi(Z_{out} + R_L)C_2}$$

並且決定其中頻率最高者為低頻主要臨界頻率 f_1。

中頻帶效應：外接電容短路後，其交流等效電路如下圖所示，

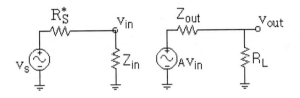

此頻帶主要是計算總電壓增益 A_t，

$$A_t = \left(\frac{Z_{in}}{R_S^* + Z_{in}}\right)(A)\left(\frac{R_L}{Z_{out} + R_L}\right)$$

取分貝，

$$A_t' = 20\log_{10}(A_t)$$

高頻帶效應：外接電容短路後，其交流等效電路如下圖所示，

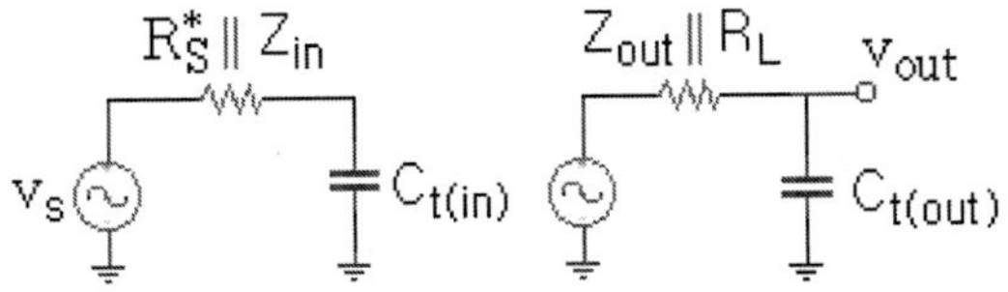

輸入端等效總電容為

$$C_{t(in)} = C_{gs}$$

輸出端等效總電容為

$$C_{t(out)} = C_{gd}$$

輸入端與輸出端的 3 dB 角頻率分別為

$$\omega_{3dB} = \frac{1}{(R_S^* \parallel Z_{in})C_{t(in)}} \qquad , \qquad \omega_{3dB} = \frac{1}{(Z_{out} \parallel R_L)C_{t(out)}}$$

並且決定其中頻率最低者為高頻主要臨界頻率 $f_2 = \omega_{3dB}/2\pi$，而頻寬由高、低主要臨界頻率決定，表示式為

$$BW = f_2 - f_1 \cong f_2$$

11 範例

如圖電路，門檻電壓 $V_{TN} = 1\,V$ ， $K_n = 1\,mA/V^2$ ， $\lambda = 0$ ， $C_{gs} = 5\,pF$ ， $C_{gd} = 2\,pF$ ，求頻率響應。

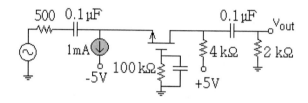

解

求 V_{GS}

$$I_{DQ} = I_S = K_n(V_{GSQ} - V_{TN})^2$$

$$1 = (1)(V_{GSQ} - 1)^2$$

$$V_{GS} = 2V$$

洩（汲）－源極電壓

$$V_{DSQ} = (V_{DD} + V_{SS}) - I_D R_D = 10 - (1)(4) = 6V$$

因為

$$V_{DSQ} = 6V > V_{DS(Sat)} = V_{GS} - V_{TN} = 2 - 1 = 1V$$

可知偏壓在飽和區；計算 g_m ，

$$g_m = 2K_n(V_{GSQ} - V_{TN}) = 2(1)(2-1) = 2mA/V$$

$$\frac{1}{g_m} = \frac{1}{2mA/V} = 0.5\,k\Omega$$

計算**三個重要參數**：$r_o = \infty$，意即不用考慮此項因素

$$Z_{in} = \frac{1}{g_m} = \frac{1}{2 \, mA/V} = 0.5 \, k\Omega$$

$$A = g_m R_D = (2m)(4k) = 8$$

$$Z_{out} = R_D = 4 \, k\Omega$$

總電壓增益 $A_t = \left(\frac{Z_{in}}{R_S^* + Z_{in}}\right)(A)\left(\frac{R_L}{Z_{out} + R_L}\right)$

$$A_t = \left(\frac{0.5k}{0.5k + 0.5k}\right)(8)\left(\frac{2k}{4k + 2k}\right) = 1.333$$

低頻帶效應：外接電容產生作用，其交流等效電路如下圖所示，

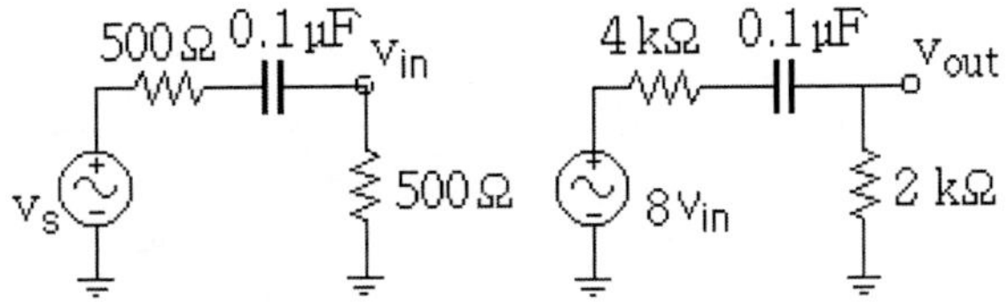

輸入端與輸出端的 3 dB 頻率分別為

$$f_{c(in)} = \frac{1}{2\pi(500 + 500)(0.1\mu)} = 1.592 \, kHz$$

$$f_{c(out)} = \frac{1}{2\pi(4k + 2k)(0.1\mu)} = 265.258 \, Hz$$

可見其中頻率最高者 $f_{c(in)}$ 為主要臨界頻率 $f_1 = 1.592 \, kHz$。

高頻帶效應：共閘放大器無密勒效應，因此外接電容短路後，輸入端等效總電容為 $C_{t(in)} = C_{gs}$，輸出端等效總電容為 $C_{t(out)} = C_{gd}$，其交流等效電路如下圖所示，

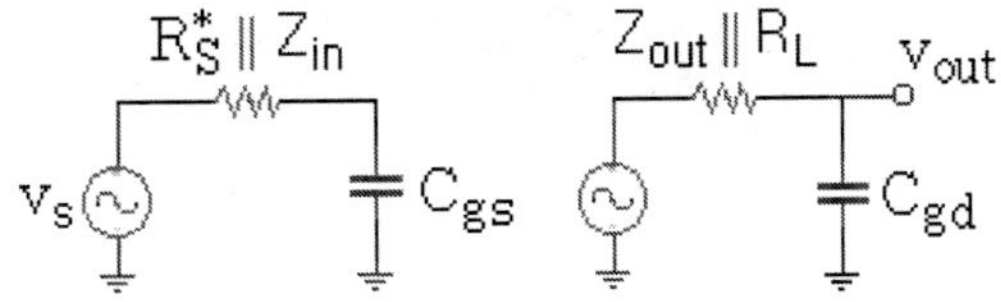

輸入端與輸出端的 3dB 頻率分別為

$$f_{ch(in)} = \frac{1}{2\pi(500 \| 500)(5 \times 10^{-12})} = 127.324 \, MHz$$

$$f_{ch(out)} = \frac{1}{2\pi(4k \parallel 2k)(2\times10^{-12})} = 59.683\,\text{MHz}$$

可見其中頻率最低者 $f_{ch(out)}$ 為主要臨界頻率 $f_2 = 59.683\,\text{MHz}$，因此頻寬為

$$BW = 59.683\text{MHz} - 1.592\text{kHz} \cong 59.682\,\text{MHz}$$

頻率響應圖模擬如下所示，其中標示值為低、高主要臨界頻率，其數值考慮所有臨界頻率的合成效果，故與各低、高主要臨界頻率數值略有不同；中頻帶電壓增益為 2.5 dB，頻寬大約 50 MHz。

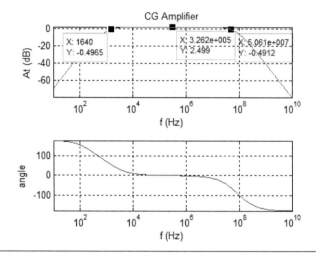

經之前說明與例題後，請參考隨書電子書光碟以程式進行相關例題模擬：

13-6-A　FET 放大器 Pspice 分析

13-6-B　FET 放大器 MATLAB 分析

13-7　串級放大器頻率響應※*

● 13-7-1　電晶體串級放大器頻率響應

將一放大器的輸出接至下一級放大器的輸入，就可以串接成**多級放大器** (Multistage amplifier)，如下圖所示的共射串級共射放大器，

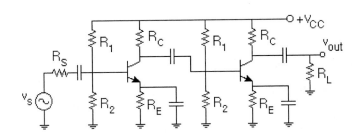

或者是共射串級共集放大器，

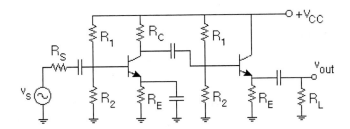

這些兩級放大器串接所構成的多級放大器，相關的分析，於第七章與第八章中已經詳細討論過，此節內容只針對串接後對頻率響應的影響，簡述如下，

$$f_1' = \frac{f_1}{\sqrt{2^{1/n} - 1}} \qquad , \qquad f_2' = \sqrt{2^{1/n} - 1} \ f_2$$

上式中 f_1' 為串級放大器的主要低頻臨界頻率，f_2' 為串級放大器的主要高頻臨界頻率，n 為串接級數，例如，兩級串接放大器代表 n = 2，此時，$\sqrt{2^{1/2} - 1} = 0.64$，意即

$$f_1' = \frac{f_1}{0.64} = 1.56 \ f_1 \qquad , \qquad f_2' = 0.64 \ f_2$$

換言之，兩級串接放大器的主要低頻臨界頻率將增加 1.56 倍，而主要高頻臨界頻率則減少至原先的 0.64 倍，其效應如同提巾效果，中頻帶的總電壓增益因串級往上提而增加，但也使得主要低頻臨界頻率往右移，高頻臨界頻率往左移，合成效果使得頻寬降低。

　　舉範例 6 做說明，如下圖所示的電路，已知 β = 100，$C_{be} = 20 \ pF$，$C_{bc} = 3 \ pF$，$C_{ce} = 0 \ pF$。

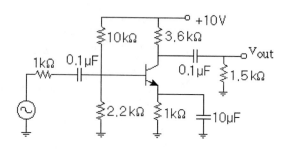

筆算理論臨界頻率，結果主要低臨界頻率 $f_1 = 792.22\,\text{Hz}$，主要高臨界頻率 $f_2 = 1.985\,\text{MHz}$，頻寬 BW 近似 f_2，若是使用 MATLAB 模擬頻率響應圖如下所示，其主要低臨界頻率 $f_1 = 1175\,\text{Hz}$，主要高臨界頻率 $f_2 = 1.987\,\text{MHz}$，中頻帶總電壓增益為 27.24 dB。

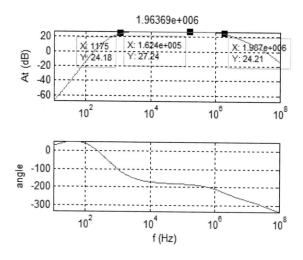

將單級共射放大器串接成兩級放大器，中頻帶總電壓增益為 57.89 dB，頻寬 BW 為 928.57 kHz。

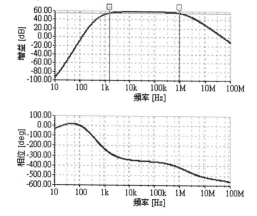

　　兩相比較，可見兩級放大器的中頻帶總電壓增益大幅提升，但是頻寬　BW 卻是大幅降低，顯示總電壓增益與頻寬兼顧兩難的現象。

　　串級放大器頻率響應的數值計算，比照單級放大器處理即可，詳細過程請看範例。

12 範例

如圖電路，$\beta = 100$，$C_\pi = 20\,pF$，$C_\mu = 3\,pF$，求頻率響應。

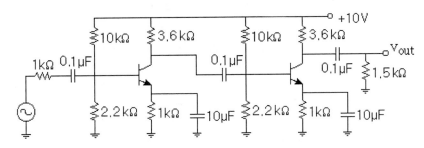

解

頻率響應的計算繁瑣，最後結果一定會有可觀的數值誤差，尤其是使用筆算，因此學習的重點應注意處理步驟的正確與否，至於數值，只要誤差不大即可接受。

低頻分析：參考第 7 章範例 5 的計算，數值顯示在如下圖所示的交流等效電路中。

計算時間常數與臨界頻率：$\tau_1 = (1k + 1.01k)(0.1\mu) = 0.201\,m$，

$\tau_2 = (3.6k + 1.01k)(0.1\mu) = 0.461\,m$，$\tau_3 = (3.6k + 1.5k)(0.1\mu) = 0.51\,m$

$$f_{c1} = \frac{1}{2\pi\tau_1} = \frac{1}{2\pi(0.201m)} = 791.82\,Hz$$

$$f_{c2} = \frac{1}{2\pi\tau_2} = \frac{1}{2\pi(0.461m)} = 345.24\,Hz$$

$$f_{c3} = \frac{1}{2\pi\tau_3} = \frac{1}{2\pi(0.51m)} = 312.07\,Hz$$

從第一級射極旁路電容往輸入端看入的等效電阻與臨界頻率為

$$R_{bypass1} = R_{E1} \| (r_{e1} + \frac{R_S \| R_1 \| R_2}{1 + \beta_1}) = 28.59 \ \Omega$$

$$f_{ce1} = \frac{1}{2\pi R_{bypass1} C_{E1}} = \frac{1}{2\pi(28.59)(10\mu)} = 556.68 \ Hz$$

從第二級射極旁路電容往輸入端看入的等效電阻與臨界頻率為

$$R_{bypass2} = R_{E2} \| (r_{e2} + \frac{R_{C1} \| R_1 \| R_2}{1 + \beta_2}) = 33.78 \ \Omega$$

$$f_{ce2} = \frac{1}{2\pi R_{bypass2} C_{E2}} = \frac{1}{2\pi(33.78)(10\mu)} = 471.15 \ Hz$$

綜上可知主要低臨界頻率 $f_1 = 791.82 \ Hz$。

中頻分析： 所有電容短路，此頻帶的交流等效電路如下圖所示，

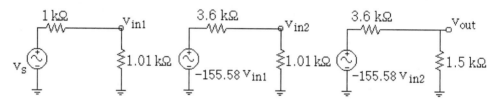

計算中頻帶總電壓增益，

$$A_{t(mid)} = \left(\frac{1.01}{1+1.01}\right)(-155.58)\left(\frac{1.01}{3.6+1.01}\right)(-155.58)\left(\frac{1.5}{3.6+1.5}\right) = 783.74$$

取分貝，

$$A_t' = 20\log_{10}(783.74) = 57.88 \ dB$$

高頻分析： 標示電晶體 BJT 高頻內部電容，如下圖所示，

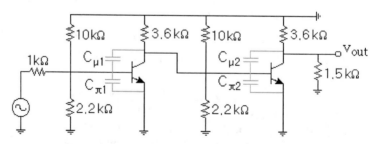

使用密勒定理：求第一級與第二級相對密勒定理的電壓增益，已知 $r_{e1} = r_{e2} = 23.064 \ \Omega$，

$$A_{v1} = -\frac{R_{C1} \| Z_{in2}}{r_{e1}} = -\frac{3.6k \| 1.01k}{23.064} = -34.2$$

$$A_{v2} = -\frac{R_{C2} \| R_L}{r_{e2}} = -\frac{3.6k \| 1.5k}{23.064} = -45.91$$

第一級輸入端密勒電容為

$$C_{in1(m)} = C_{\mu1}(1 - A_{v1}) = (3p)(1 + 34.2) = 105.6 \text{ pF}$$

第一級輸出端密勒電容為

$$C_{out1(m)} = C_{\mu1}\left(1 - \frac{1}{A_{v1}}\right) = (3p)\left(1 + \frac{1}{34.2}\right) = 3.09 \text{ pF}$$

第二級輸入端密勒電容為

$$C_{in2(m)} = C_{\mu2}(1 - A_{v2}) = (3p)(1 + 45.91) = 140.73 \text{ pF}$$

第二級輸出端密勒電容為

$$C_{out2(m)} = C_{\mu2}\left(1 - \frac{1}{A_{v2}}\right) = (3p)\left(1 + \frac{1}{45.91}\right) = 3.07 \text{ pF}$$

綜上可知

$$C_{t1(in)} = C_{\pi1} + C_{in1(m)} = 20p + 105.6p = 125.6 \text{ pF}$$

$$C_{t2(in)} = C_{out1(m)} + C_{\pi2} + C_{in2(m)} = 3.09p + 20p + 140.73p = 163.82 \text{ pF}$$

$$C_{t2(out)} = C_{out2(m)} = 3.07 \text{ pF}$$

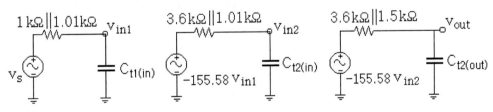

計算如上圖所示 RC 網路的時間常數與臨界頻率：
$\tau_1 = (1k \| 1.01k)(125.6p) = 63.112n$ ， $\tau_2 = (3.6k \| 1.01k)(163.82p) = 129.21n$ ，
$\tau_3 = (3.6k \| 1.5k)(3.07p) = 3.251n$

$$f_{c1(h)} = \frac{1}{2\pi\tau_1} = \frac{1}{2\pi(63.112n)} = 2.52 \text{ MHz}$$

$$f_{c2(h)} = \frac{1}{2\pi\tau_2} = \frac{1}{2\pi(129.21n)} = 1.23 \text{ MHz}$$

$$f_{c3(h)} = \frac{1}{2\pi\tau_3} = \frac{1}{2\pi(3.25\ln)} = 48.96 \text{ MHz}$$

綜上可知主要高臨界頻率 $f_2 = 1.23$ MHz，意即頻寬近似 f_2；若是合成時間常數後再求單一臨界頻率，其值為 813.8 kHz。

使用 MATLAB 模擬頻率響應圖如下所示，其主要低臨界頻率 $f_1 = 1426$ Hz，主要高臨界頻率 $f_2 = 2.497$ MHz，中頻帶總電壓增益為 58 dB，顯見理論上臨界頻率各自獨立的計算，與考量放大器整體電容的綜合效應，中間存在著不可避免的誤差。

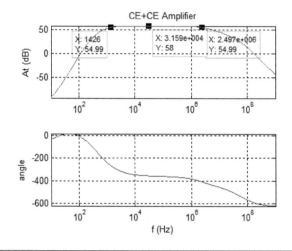

13 範例

如圖電路，$\beta = 100$，$C_\pi = 20$ pF，$C_\mu = 3$ pF，求頻率響應。

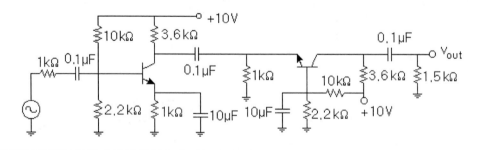

解

低頻分析： 自行參考相關放大器的計算，數值顯示在如下圖所示的交流等效電路中。

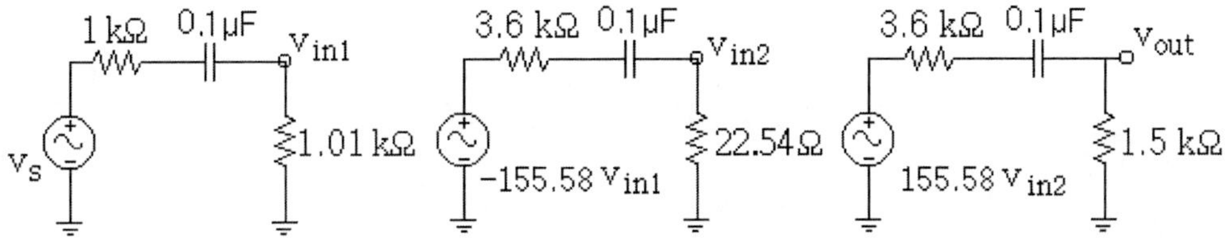

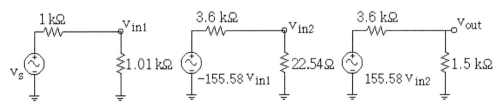

計 算 時 間 常 數 與 臨 界 頻 率 ： $\tau_1 = (1k + 1.01k)(0.1\mu) = 0.201\,m$ ，
$\tau_2 = (3.6k + 22.54)(0.1\mu) = 0.3623\,m$ ，$\tau_3 = (3.6k + 1.5k)(0.1\mu) = 0.51\,m$

$$f_{c1} = \frac{1}{2\pi\tau_1} = \frac{1}{2\pi(0.201m)} = 791.82\,Hz$$

$$f_{c2} = \frac{1}{2\pi(0.3623m)} = 439.35\,Hz$$

$$f_{c3} = \frac{1}{2\pi\tau_3} = \frac{1}{2\pi(0.51m)} = 312.07\,Hz$$

從第一級射極旁路電容往輸入端看入的等效電阻與臨界頻率為

$$R_{bypass1} = R_{E1} \| (r_{e1} + \frac{R_S \| R_1 \| R_2}{1+\beta_1}) = 28.59\,\Omega$$

$$f_{ce1} = \frac{1}{2\pi R_{bypass1} C_{E1}} = \frac{1}{2\pi(28.59)(10\mu)} = 556.68\,Hz$$

從第二級射極旁路電容往輸入端看入的等效電阻與臨界頻率為

$$R_{bypass2} = (R_1 \| R_2) \| (1+\beta_2)(r_{e2} + R_{C1} \| R_{E2}) = 1.764\,k\Omega$$

$$f_{ce2} = \frac{1}{2\pi R_{bypass2} C_{E2}} = \frac{1}{2\pi(1.764k)(10\mu)} = 9.02\,Hz$$

綜上可知主要低臨界頻率 $f_1 = 791.82\,Hz$ 。

中頻分析：所有電容短路，此頻帶的交流等效電路如下圖所示，

計算中頻帶總電壓增益，

$$A_{t(mid)} = \left(\frac{1.01}{1+1.01}\right)(-155.58)\left(\frac{22.54}{3600+22.54}\right)(-155.58)\left(\frac{1.5}{3.6+1.5}\right) = -22.48$$

取分貝，

$$A_t' = 20\log_{10}(22.48) = 27.04 \text{ dB}$$

高頻分析： 標示電晶體 BJT 高頻內部電容，如下圖所示，

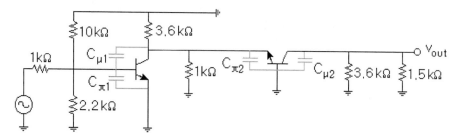

使用密勒定理：求第一級相對密勒定理的電壓增益，已知 $r_{e1} = r_{e2} = 23.064 \, \Omega$，

$$A_{v1} = -\frac{R_{C1} \| Z_{in2}}{r_{e1}} = -\frac{3.6k \| 22.54 \, \Omega}{23.064} = -0.971$$

第一級輸入端密勒電容為

$$C_{in1(m)} = C_{\mu1}(1 - A_{v1}) = (3p)(1 + 0.971) = 5.913 \text{ pF}$$

第一級輸出端密勒電容為

$$C_{out1(m)} = C_{\mu1}(1 - 1/A_{v1}) = (3p)(1 + 1/0.971) = 6.09 \text{ pF}$$

綜上可知

$$C_{t1(in)} = C_{\pi1} + C_{in1(m)} = 20p + 5.913p = 25.913 \text{ pF}$$

$$C_{t2(in)} = C_{out1(m)} + C_{\pi2} = 6.09p + 20p = 26.09 \text{ pF}$$

$$C_{t2(out)} = C_{\mu2} = 3 \text{ pF}$$

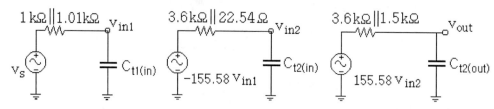

計算如上圖所示 RC 網路的時間常數與臨界頻率：
$$\tau_1 = (1k \| 1.01k)(25.913p) = 13.02 \text{ n} \quad , \quad \tau_2 = (3.6k \| 22.54)(26.09p) = 0.584 \text{ n} \quad ,$$
$$\tau_3 = (3.6k \| 1.5k)(3p) = 3.177 \text{ n}$$

$$f_{c1(h)} = (2\pi\tau_1)^{-1} = (2\pi \times 13.02n)^{-1} = 12.22\,\text{MHz}$$

$$f_{c2(h)} = (2\pi\tau_2)^{-1} = (2\pi \times 0.584n)^{-1} = 272.53\,\text{MHz}$$

$$f_{c3(h)} = (2\pi\tau_3)^{-1} = (2\pi \times 3.177n)^{-1} = 50.1\,\text{MHz}$$

綜上可知主要高臨界頻率 $f_2 = 12.22\,\text{MHz}$，意即頻寬近似 f_2；若是合成時間常數後再求單一臨界頻率，其值為 $9.484\,\text{MHz}$。

使用 MATLAB 模擬頻率響應圖如下所示，其主要低臨界頻率 $f_1 = 1301\,\text{Hz}$，主要高臨界頻率 $f_2 = 11.54\,\text{MHz}$，中頻帶總電壓增益為 $27.03\,\text{dB}$，相較於共射串級共射放大器，顯有拓寬頻寬的效果，但是中頻帶的增益被犧牲掉。

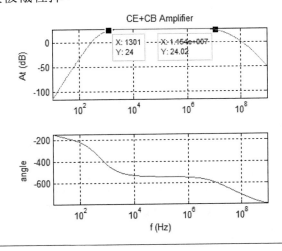

有關 JFET 與 MOSFET 的串級放大器頻率響應，比照 BJT 方式處理，請自行研習，在此不再贅述。

● 13-7-2　疊接放大器頻率響應

如下圖左所示為 BJT 的疊接電路(Cascode circuit)，假設電晶體 Q_1 與 Q_2 完全相同，輸入端為共射 CE 放大器，輸出端為共基 CB 放大器，如此疊接將同時擁有共射放大器高電壓增益與共基放大器寬頻寬的優點。

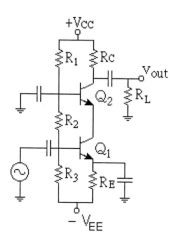
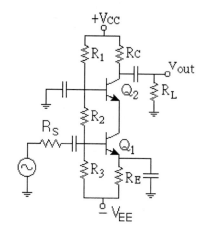

各級電壓增益分別為

$$A_{CE} = -\frac{\alpha_1 r_{e2}}{r_{e1}}$$

$$A_{CB} = \frac{\alpha_2 (R_C \| R_L)}{r_{e2}} = g_{m2}(R_C \| R_L)$$

總電壓增益為

$$A_t = A_{CE} \times A_{CB} = \left(-\frac{\alpha_1 r_{e2}}{r_{e1}}\right) \times \left(\frac{\alpha_2 (R_C \| R_L)}{r_{e2}}\right) = -\frac{\alpha_1 \alpha_2 (R_C \| R_L)}{r_{e1}}$$

或近似為

$$A_t \cong -g_{m1}(R_C \| R_L)$$

若是具有 R_S 的疊接電路，如上右圖所示，總電壓增益改為

$$A_t = \frac{R_2 \| R_3 \| r_{\pi 1}}{(R_S + R_2 \| R_3 \| r_{\pi 1})} \left[-g_{m1} \alpha_2 \times (R_C \| R_L)\right]$$

$$\cong \frac{R_2 \| R_3 \| r_{\pi 1}}{(R_S + R_2 \| R_3 \| r_{\pi 1})} \left[-g_{m1} \times (R_C \| R_L)\right]$$

高頻帶效應

外接電容短路後，其交流等效電路，同樣可以使用單級放大器的交流等效電路，如下圖所示，

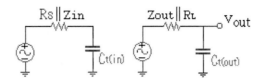

其中

$$Z_{in} = R_2 \parallel R_3 \parallel r_{\pi 1}$$

$$Z_{out} = R_C$$

因為 r_{e2} 電阻值很小，意謂時間常數很小，轉折 3 dB 臨界頻率很大，因此不考慮 $C_{\pi 2}$ 部分的作用，在此條件下，輸入端等效總電容為

$$C_{t(in)} = C_{\pi 1} + C_{\mu 1}\left[g_{m1} \times \left(\frac{r_{\pi 2}}{1+\beta} \right) \right] \cong C_{\pi 1} + 2C_{\mu 1}$$

輸出端等效總電容為

$$C_{t(out)} = C_{\mu 2}$$

輸入端與輸出端的 3dB 頻率分別為

$$\omega_{3dB} = \frac{1}{\left(R_S \parallel Z_{in} \right) C_{t(in)}}$$

$$\omega_{3dB} = \frac{1}{\left(Z_{out} \parallel R_L \right) C_{t(out)}}$$

並且決定其中頻率最低者為**主要臨界頻率**

$$f_2 = \frac{\omega_{3dB}}{2\pi}$$

例如下圖所示的電晶體疊接放大器電路與頻率響應圖，其 $\beta = 100$ ， $V_A = \infty$ ，$C_\pi = 35\,\text{pF}$ ， $C_\mu = 4\,\text{pF}$ ，筆算求解如下 ： $\alpha = \beta/(1+\beta) = 0.99$

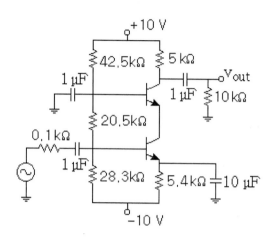

低頻帶分析： 請自行練習此頻帶的相關計算。

中頻帶分析： $V_{B1} = -10 + 20 \times 28.3/91.3 = -3.8\,\text{V}$ ， $V_{E1} = -3.8 - 0.7 = -4.5\,\text{V}$ ，

$I_{E1} = [-4.5 - (-10)]/5.4\,\text{k}\Omega = 1.02\,\text{mA}$ ， $I_{C1} = \alpha_1 I_{E1} = 1\,\text{mA}$ ， $I_{C2} \cong 1\,\text{mA}$ ，

$g_m = g_{m1} = g_{m2} = 38.6\,\text{mA}/\text{V}$ ， $r_\pi = r_{\pi1} = r_{\pi2} = 2.59\,\text{k}\Omega$ ，

$Z_{in} = 28.3\,\text{k}\Omega \,\|\, 20.5\,\text{k}\Omega \,\|\, 2.59\,\text{k}\Omega = 2.13\,\text{k}\Omega$ ，

$R_C \,\|\, R_L = 5\,\text{k}\Omega \,\|\, 10\,\text{k}\Omega = 3.33\,\text{k}\Omega$ ，總電壓增益為

$$A_t = \left(\frac{2.13}{0.1 + 2.13} \right) [-38.6 \times 3.33] = -122.77$$

取電壓分貝值為 $20 \times \log_{10}(122.77) = 41.78\,\text{dB}$

高頻帶分析： $R_S \,\|\, Z_{in} = 0.1\,\text{k}\Omega \,\|\, 2.13\,\text{k}\Omega = 95.5\,\Omega$ ， $R_C \,\|\, R_L = 5\,\text{k}\Omega \,\|\, 10\,\text{k}\Omega = 3.33\,\text{k}\Omega$ 輸入端等效總電容為

$$C_{t(in)} = C_{\pi1} + 2C_{\mu1} = 43\,\text{pF}$$

輸出端等效總電容為

$$C_{t(out)} = C_{\mu2} = 4\,\text{pF}$$

輸入端與輸出端的 **3dB 頻率**分別為

$$f_{3dB} = \frac{1}{2\pi \times (95.5)(43 \times 10^{-12})} = 38.76 \text{ MHz}$$

$$f_{3dB} = \frac{1}{2\pi \times (3.33 \times 10^{3})(4 \times 10^{-12})} = 11.95 \text{ MHz}$$

可知其中頻率最低者為主要臨界頻率，即 $f_2 = 11.95 \text{ MHz}$。

Pspice 分析：模擬結果為低頻主要臨界頻率約為 639.5 Hz，高頻主要臨界頻率約為 7.65 MHz，中頻帶總電壓增益為 41.34 dB，頻寬為 7.65 MHz。

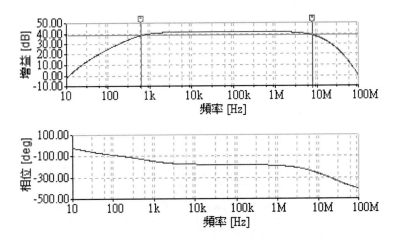

經之前說明與例題後，請參考隨書電子書光碟以程式進行相關例題模擬：

13-7-A　共射串級共射放大器 Pspice 分析

13-7-B　共射串級共射放大器 MATLAB 分析

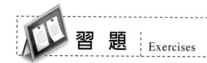

習題 Exercises

13- 1 如圖電路，求臨界角頻率 f_c，以及波德圖。

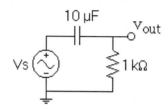

13- 2 如圖電路，求臨界頻率 f_c，以及波德圖。

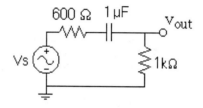

13- 3 如圖電路，求臨界頻率 f_c，以及波德圖。

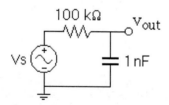

13-4 如圖電路，$\beta = 100$，求低頻頻率響應。

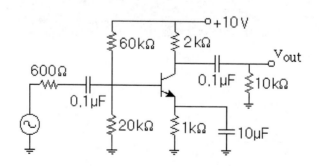

13- 5 如圖電路，$\beta = 100$，求低頻頻率響應。

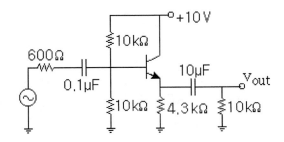

13- 6 如圖電路，$\beta = 100$，求低頻頻率響應。

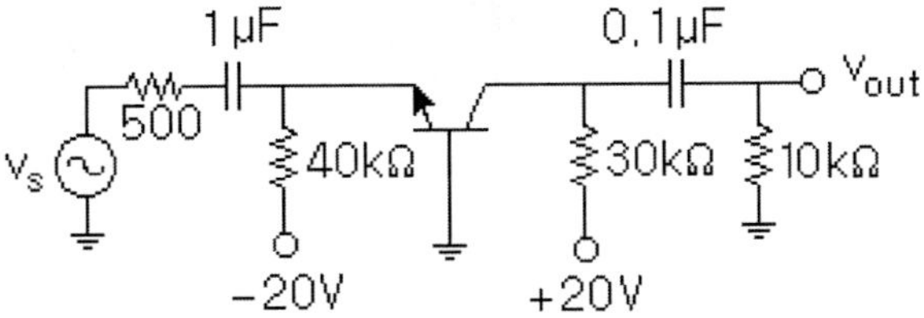

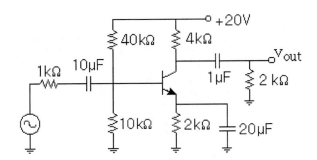

13- 7 如圖電路，$\beta = 100$，$C_{be} = 30 \text{ pF}$，$C_{bc} = 5 \text{ pF}$，$C_{ce} = 1 \text{ pF}$，求頻率響應。

13- 8 如圖電路，$\beta = 100$，$C_{be} = 20 \text{ pF}$，$C_{bc} = 3 \text{ pF}$，不考慮 C_{ce}，求頻率響應。

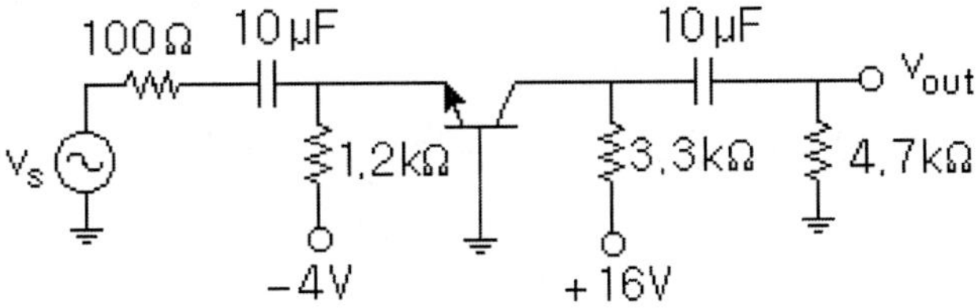

13- 9 如圖電路，$\beta = 100$，$C_\pi = 20\ pF$，$C_\mu = 3\ pF$，不考慮 C_{ce}，求頻率響應。

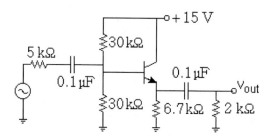

13-10 如圖電路，若 $I_{DSS} = 6\ mA$，$V_{GS(off)} = -6\ V$，$C_{gs} = 6\ pF$，$C_{gd} = 4\ pF$，$C_{ds} = 1\ pF$，求頻率響應。

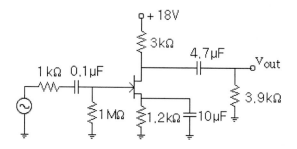

13-11 如圖電路，n 通道 E-MOSFET 的 $K_n = 1\ mA/V^2$，$V_{TN} = 2\ V$，$\lambda = 0$，$C_{gs} = 4\ pF$，$C_{gd} = 2\ pF$，求頻率響應。

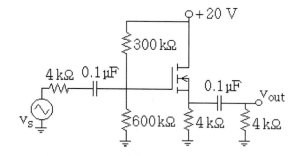

13-12 如圖電路，MOSFET 的 $g_m = 10\ mA/V$，$C_{gs} = 5\ pF$，$C_{gd} = 2\ pF$，求頻率響應。

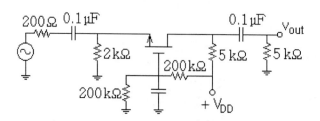

13-13 如圖電路，$\beta = 100$，$C_\pi = 15\,pF$，$C_\mu = 1\,pF$，求頻率響應。

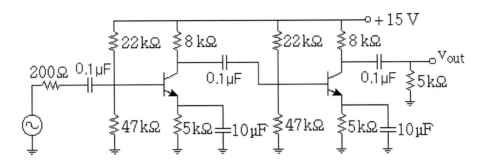

13-14 如圖電路，$\beta = 100$，$C_\pi = 15\,pF$，$C_\mu = 1\,pF$，求頻率響應。

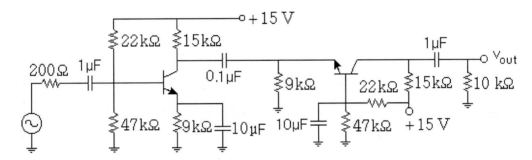

Memo

14

Chapter

差動放大器

研究完本章，將學會

- BJT 差動放大器
- BJT 差動放大器直流分析
- BJT 差動放大器交流分析
- BJT 差動放大器共模增益
- MOSFET 差動放大器
- 電流鏡
- 有負載電阻的差動放大器
- 有主動負載的電晶體放大器
- 主動負載疊接放大器
- 有主動負載的差動放大器

14-1 BJT 差動放大器

● 14-1-1 差動放大器

差動放大器(Differential amplifier)的電路，如右圖所示，電路很明顯看出左右兩個共射 CE 組態並聯一射極電阻 R_E，輸出電壓從集極接出，正端在 v_{c2}，負端在 v_{c1}，因此大小為

$$v_{out} = v_{c2} - v_{c1}$$

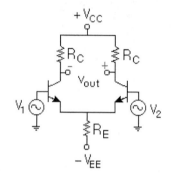

這電壓稱為**差動輸出**(Differential output)，因為是兩集極輸出電壓的差，構成整個差動放大器的輸出；在理想的狀況下，選用相同的電晶體 BJT 與電阻元件，使得差動電路完全對稱，此時會有三種可能的情況發生：

一、 $v_1 = v_2$：$v_{out} = 0$。

二、 $v_1 > v_2$：輸出電壓極性如上圖所示。

三、 $v_1 < v_2$：如上圖所示的輸出電壓極性必須相反。

以上所討論的 v_1，稱為**非反相輸入端**(Noninverting input)，因為輸出 v_{out} 與 v_1 同相位，相對的，v_2 則稱為**反相輸入端**(Inverting input)，因為輸出 v_{out} 與 v_2 相位差 180 度；有些應用，可能 v_1 或 v_2 單獨存在，也可能 v_1 與 v_2 同時存在。

當 v_1 與 v_2 同時存在時，淨輸入電壓稱為**差動輸入**(Differential input)，此差動輸入再乘上差模電壓增益 A_d 即可得輸出電壓 v_{out} 為

$$v_{out} = A_d(v_1 - v_2)$$

$$A_d = \frac{R_C}{r_e}$$

● 14-1-2 單端輸出

如下圖所示，為雙端輸入、單端輸出的差動放大器電路，從電路中可以清楚看到，左邊的集極電阻被短路，輸出只從右邊集極單端接出，

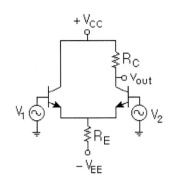

這種接法的輸出電壓，表示式如同前述雙端輸入、雙端輸出的差動放大器電路，但不同的是電壓增益 A_d 必須減半，

$$v_{out} = A_d(v_1 - v_2) = \frac{R_C}{2r_e}(v_1 - v_2)$$

雙端輸入、單端輸出的差動放大器電路，可以使用方塊圖表示如右，圖中標示＋者為**非反相輸入端**，標示－者為**反相輸入端**。

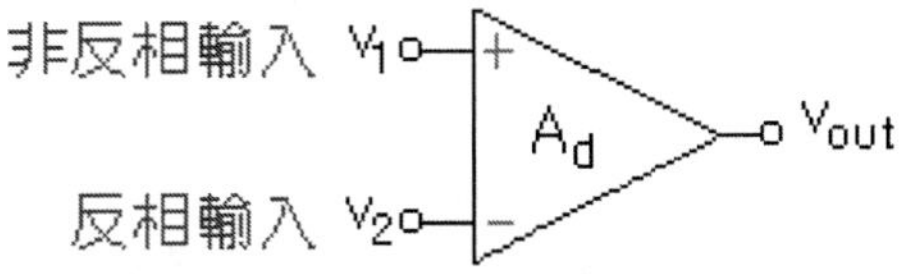

非反相輸入 v_1 ○—｜＋｜ A_d ｜—○ v_{out}
反相輸入 v_2 ○—｜－｜

● 14-1-3　非反相輸入組態

下圖左所示的電路，只有非反相單端輸入，意即 $v_2 = 0$，但是雙端輸出，因此輸出電壓方程式 $v_{out} = A_d(v_1 - v_2)$ 改寫為

$$v_{out} = A_d(v_1 - 0) = A_d v_1$$

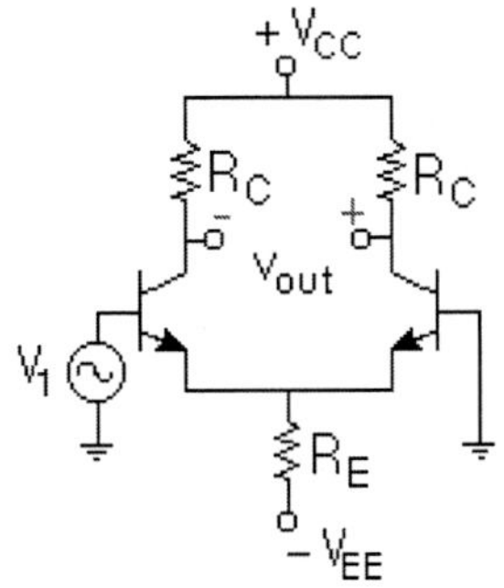

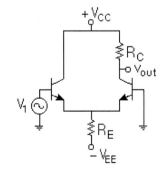

上圖右則是非反相單端輸入，同時單端輸出的電路，因此輸出電壓方程式 $v_{out} = A_d v_1$ 仍然適用，但是其值必須減半。

● 14-1-4 反相輸入組態

類似上述的討論，下圖左所示的電路，只有反相單端輸入，意即 $v_1 = 0$，但是雙端輸出，因此輸出電壓方程式改寫為

$$v_{out} = A_d(0 - v_2) = -A_d v_2$$

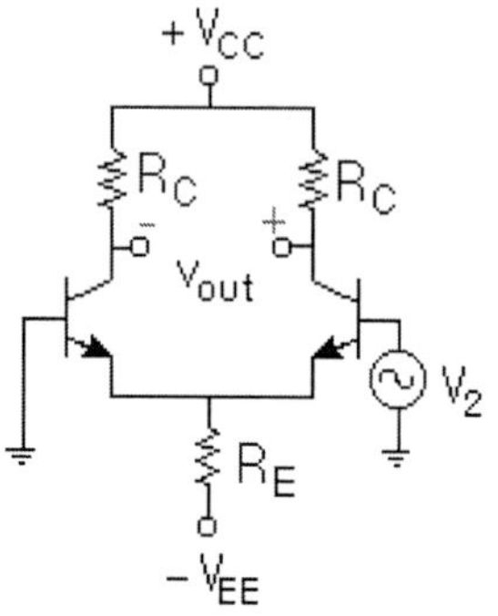

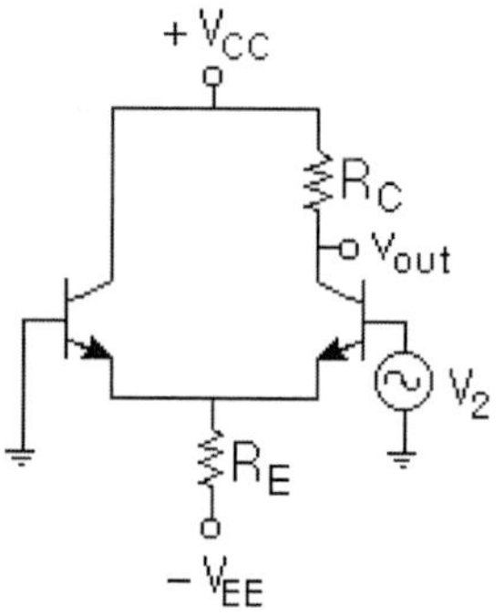

類似非反相組態的情況，上圖右則是反相單端輸入，同時單端輸出的電路，因此輸出電壓方程式 $v_{out} = -A_d v_2$ 仍然適用，但是其值必須減半。

14-2　BJT 差動放大器直流分析※

● 14-2-1 尾端電流

上述的差動放大器，假設元件完全相同，直流分析時，將交流信號源短路，等效電路如下圖所示。

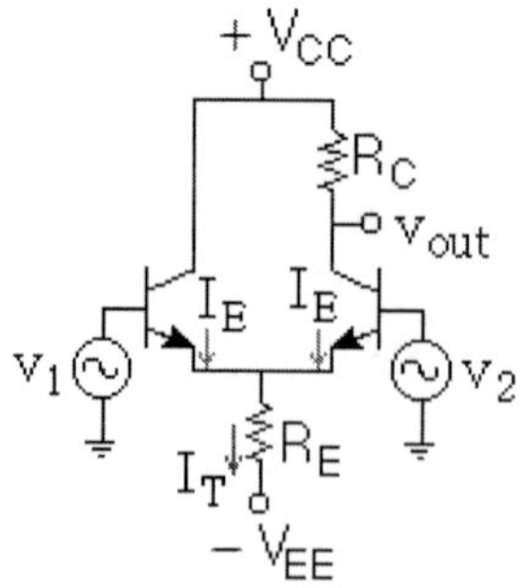

其流經射極電阻 R_E 的電流，稱為**尾端電流**(Tail current) I_T，大小為

$$I_T = \frac{V_{EE} - V_{BE}}{R_E} = \frac{V_{EE} - 0.7}{R_E} = 2I_E$$

上式中 $I_T = 2I_E$ 的關係可以根據 KCL 快速看出，即

$$I_E = \frac{I_T}{2}$$

若是考慮有基極電阻 R_B 的作用，尾端電流 I_T 表示式改寫為

$$I_T = \frac{V_{EE} - V_{BE}}{R_E + \dfrac{R_B}{2(1 + \beta_{DC})}}$$

另外一種基本 **BJT 差動對**(Differential pair)的電路，如下圖所示，其電路架構如同上述的差動放大器，但是偏壓採用固定電流源方式，並且集極可以使用電晶體代替電阻負載。

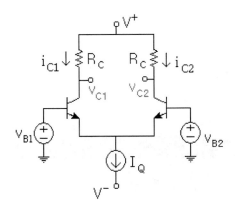

已知 $I_Q = I_{E1} + I_{E2} \cong I_{C1} + I_{C2}$ （上圖中標示為 i_{C1} 與 i_{C2} ）

$$i_{C1} = I_S e^{\frac{V_{BE1}}{V_T}} \qquad , \qquad i_{C2} = I_S e^{\frac{V_{BE2}}{V_T}}$$

將上式代回 $I_Q = i_{C1} + i_{C2}$ ，

$$I_Q = I_S \left[e^{\frac{V_{BE1}}{V_T}} + e^{\frac{V_{BE2}}{V_T}} \right]$$

再將 i_{C1} 除以 I_Q 並且歸一化處理

$$\frac{i_{C1}}{I_Q} = \frac{I_S e^{\frac{V_{BE1}}{V_T}}}{I_S \left[e^{\frac{V_{BE1}}{V_T}} + e^{\frac{V_{BE2}}{V_T}} \right]} = \frac{1}{1 + e^{\frac{V_{BE2} - V_{BE1}}{V_T}}} = \frac{1}{1 + e^{\frac{-v_d}{V_T}}}$$

其中 $V_{BE2} = V_{B2} - V_{E2}$ ， $V_{BE1} = V_{B1} - V_{E1}$ ， $v_d = V_{B1} - V_{B2}$ ，同樣步驟處理 i_{C2} 除以 I_Q 並且歸一化處理，

$$\frac{i_{C2}}{I_Q} = \frac{1}{1 + e^{\frac{v_d}{V_T}}}$$

將上述歸一化的兩集極電流對 v_d 作圖所得到的轉換特性，如下圖所示，

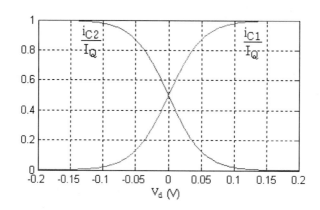

上圖中，當 $v_d = 0$ ， $i_{C1}/I_Q = i_{C2}/I_Q = 0.5$ ； $-V_T \leq v_d \leq V_T$ ，此區域稱為線性區。

1 範例

如圖電路，求(a)尾端電流 I_T (b)射極電流 I_E (c)輸出端直流電壓。

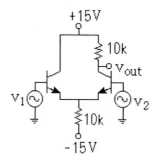

解

(a) $I_T = \dfrac{V_{EE} - 0.7}{R_E} = \dfrac{15 - 0.7}{10k} = 1.43 \, mA$

(b) $I_E = \dfrac{I_T}{2} = 0.715 \, mA$

(c) $V_C = V_{CC} - I_C \times R_C = 15 - 0.715mA \times 10k = 7.85 \, V$

●14-2-2 其餘特性

輸入抵補電流(Input offset current)定義為兩基極電流的差,如下式所示

$$I_{in(off)} = I_{B1} - I_{B2}$$

假設兩個電晶體完全相同,則 $I_{in(off)} = 0$;因此,$I_{in(off)} = 0$ 可以表示兩個電晶體匹配的程度,不過,一般而言,兩電晶體會有些許的不同,例如,$I_{B1} = 90$ nA,$I_{B2} = 70$ nA,由此可知 $I_{in(off)} = 90 - 70 = 20$ nA,此數值似乎不大,但是當有使用很大電阻值的基極電阻時,就會產生嚴重的問題。

輸入偏壓電流(Input bias current)定義為為兩基極電流的平均值,如下式所示

$$I_{in(bias)} = \frac{I_{B1} + I_{B2}}{2}$$

例如 $I_{B1} = 90$ nA,$I_{B2} = 70$ nA,由此可知 $I_{in(bias)} = \frac{90+70}{2} = 80$ nA;通常,使用電晶體者,$I_{in(bias)}$ 為 nA 級,使用場效電晶體者,$I_{in(bias)}$ 為 pA 級

輸入抵補電壓(Input offset voltage)定義為任何偏移如下式所示的靜態電壓值,

$$V_{out} = I_{C2}R_C - I_{C1}R_C$$

理論上,因為電路若完全對稱,輸出電壓應該等於 0,但是,實際的情況是兩電晶體的 V_{BE} 會有些許的不匹配,導致輸出端有所謂的非預期的電壓出現,因此,將此誤差電壓歸零的輸入電壓,亦可稱為輸入抵補電壓 V_{os},如下圖所示。

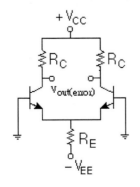
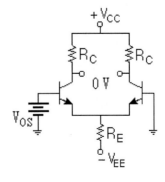

2 範例

如圖電路，若左邊電晶體的 $\beta_1 = 100$，右邊電晶體的 $\beta_2 = 120$，求(a) I_{B1} 與 I_{B2}　(b)輸入抵補電流　(c)輸入偏壓電流。

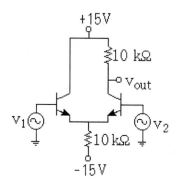

解

(a) $I_E = \dfrac{I_T}{2} = 0.715\,\text{mA}$

$I_{B1} = \dfrac{I_E}{\beta_1 + 1} = \dfrac{0.715\text{mA}}{101} = 7.08\,\mu\text{A}$

$I_{B2} = \dfrac{I_E}{\beta_2 + 1} = \dfrac{0.715\text{mA}}{121} = 5.91\,\mu\text{A}$

(b) $I_{in(off)} = I_{B1} - I_{B2} = 7.08 - 5.91 = 1.17\,\mu\text{A}$

(c) $I_{in(bias)} = \dfrac{I_{B1} + I_{B2}}{2} = \dfrac{7.08 + 5.91}{2} = 6.5\,\mu\text{A}$

練習 1

如圖電路，求(a)尾端電流 I_T　(b)射極電流 I_E　(c)輸出端直流電壓。

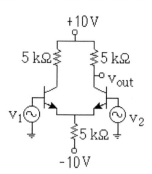

Answer　(a)1.86 mA　(b)0.93 mA　(c)5.35 V

經之前說明與例題後，請參考隨書電子書光碟以程式進行相關例題模擬：

14-2-A　差動放大器直流 Pspice 分析

14-3　BJT 差動放大器交流分析※

● 14-3-1　差模電壓增益

　　如下圖左所示為雙端輸入、單端輸出的差動放大器電路，輸入小信號 v_1 與 v_2 的電壓差必須在電流轉換特性的線性區範圍內，並且電晶體 Q_1 與 Q_2 完全相同。

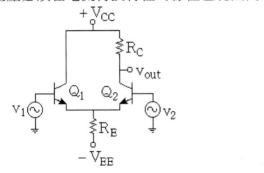
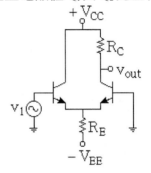

　　使用重疊原理分析電路，首先，當 v_1 電源單獨存在時（如上圖右所示），此時稱為非反相輸入狀態，觀察電路可知 v_{out} 從集極接出，v_{in} 從射極送入，可見是共基 CB 放大器的特性，因此，

$$v_{out1} = i_c R_C$$

v_1 跨在 $(r_e + R_E \| r_e)$ 上，並且使用近似值得 $R_E \| r_e \cong r_e$

$$v_1 = v_{in} = i_e \times (r_e + R_E \| r_e) \cong i_c \times (2r_e)$$

由以上可得**非反相輸入端電壓增益**為

$$\frac{v_{out1}}{v_1} = \frac{R_C}{2r_e}$$

其次，當 v_2 電源單獨存在時，如下圖所示，此時稱為反相輸入狀態

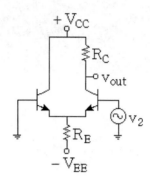

v_{out} 從集極接出，v_{in} 從基極送入，可知為共射 CE 放大器的特性，因此

$$v_{out2} = -i_c R_C$$

v_2 同樣跨在 $(r_e + R_E \parallel r_e)$ 上

$$v_2 = v_{in} = i_e \times (r_e + R_E \parallel r_e) \cong i_c \times (2r_e)$$

由以上可得**反相輸入端電壓增益**為

$$\frac{v_{out2}}{v_2} = -\frac{R_C}{2r_e}$$

綜上分析的結果，可得輸出電壓為

$$v_{out} = v_{out1} + v_{out2} = \frac{R_C}{2r_e}(v_1 - v_2)$$

意即**差模電壓增益 A_d** 為

$$A_d = \frac{R_C}{2r_e}$$

若是如下圖所示的雙端輸出(Two-sided output)差動對，其差模電壓增益 A_d 為

$$A_d = (v_{C2} - v_{C1})/v_d = g_m R_C$$

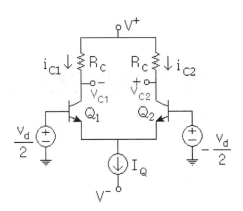

因為電晶體 Q_1 與 Q_2 的集極電流為直流集極電流加上交流集極電流，表示式如下

$$i_{C1} = I_C + g_m v_d / 2$$

$$i_{C2} = I_C - g_m v_d / 2$$

由此計算集極電壓為

$$v_{C1} = (V_{CC} - I_C R_C) - g_m R_C v_d / 2$$

$$v_{C2} = (V_{CC} - I_C R_C) + g_m R_C v_d / 2$$

因此差模電壓增益 A_d 為

$$A_d = (v_{C2} - v_{C1}) / v_d = g_m R_C$$

上式中轉導值 g_m 為

$$g_m = \frac{I_C}{V_T} = \frac{I_Q/2}{V_T} = \frac{I_Q}{2V_T}$$

以上是雙端輸入、單端輸出的情況，連同其餘不同的輸入、輸出，結果表列如下：

輸入	輸出	電壓增益 A_d	v_{out}
雙端	雙端	$\dfrac{R_C}{r_e}$	$A_d(v_1 - v_2)$
雙端	單端	$\dfrac{R_C}{2r_e}$	$A_d(v_1 - v_2)$
單端	雙端	$\dfrac{R_C}{r_e}$	$A_d v_1$ 或 $-A_d v_2$
單端	單端	$\dfrac{R_C}{2r_e}$	$A_d v_1$ 或 $-A_d v_2$

綜合以上分析，基本 BJT 差動對雙端輸入與雙端輸出的交流分析，可以簡化成只看電路的一邊，此時輸入電壓改為 v_d，取消相位反轉，按照過去 BJT 放大器的處理方式，即可快速求得差模電壓增益 A_d。

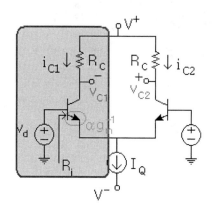

$$A_d = \left(\frac{R_i}{0 + R_i}\right)\left(\frac{\alpha R_C}{\alpha g_m^{-1}}\right) = g_m R_C$$

其中 αg_m^{-1} 就是 r_e，$\alpha = \beta/(1+\beta)$

● 14-3-2　輸入阻抗

針對差動放大器而言，CE 放大器部分的輸入阻抗(Input impedance) R_i 為

$$R_i = (1+\beta)r_e = r_\pi$$

由差動放大器的交流等效電路可知

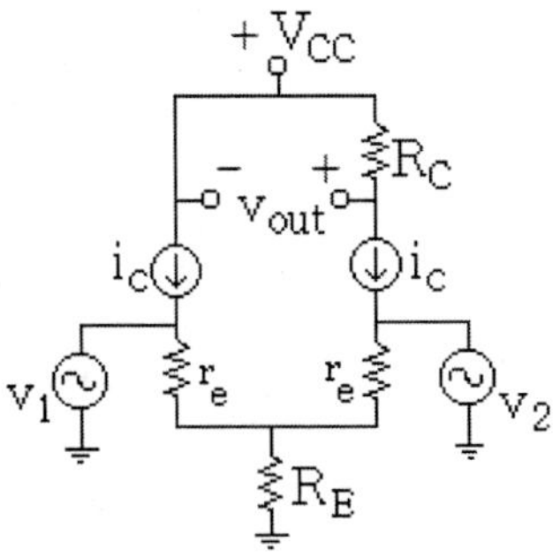

差動放大器的輸入阻抗為

$$R_i = (1+\beta)(r_e + R_E \| r_e) \cong 2(1+\beta)r_e = 2r_\pi$$

上式適用於上表格中所有的組態，驗證留待讀者自行練習。

3　範例

如圖電路，若 $\beta=150$， 求(a)差模電壓增益 A_d　(b)輸入阻抗 R_i。

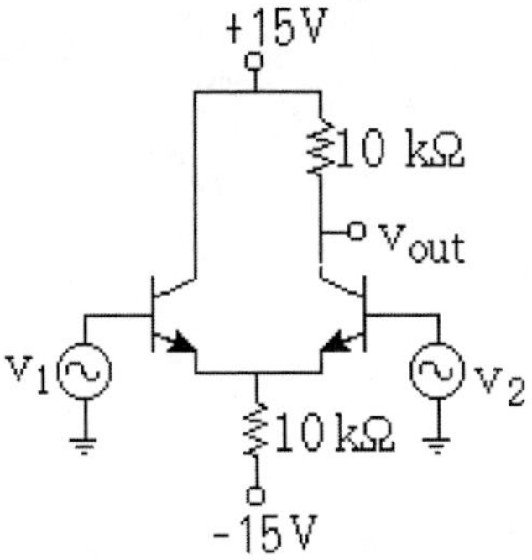

解

(a) $I_T = \dfrac{V_{EE} - 0.7}{R_E} = \dfrac{15 - 0.7}{10k} = 1.43 \text{ mA}$ ， $I_E = \dfrac{I_T}{2} = 0.715 \text{ mA}$

$r_e = \dfrac{25mV}{I_E} = \dfrac{25mV}{0.715mA} = 34.97 \ \Omega$

$A_d = \dfrac{R_C}{2r_e} = \dfrac{10k\Omega}{2 \times 34.97\Omega} = 142.98$

(b) $R_i = 2(1+\beta)r_e = 2 \times 151 \times 34.97\Omega = 10.56 \text{ k}\Omega$

練習 2　如圖電路，若 β=100，求(a)差模電壓增益 A_d　(b)輸入阻抗 R_i。

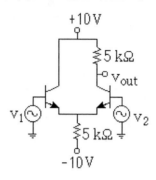

Answer　(a)93　(b)5.38 kΩ

練習 3　如圖電路，若 β=100，求(a)輸出電壓 v_{out}　(b)輸入阻抗 R_i。

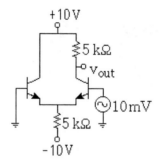

Answer　(a)−930 mV　(b)5.38 kΩ

經之前說明與例題後，請參考隨書電子書光碟以程式進行相關例題模擬：

14-3-A　差動放大器交流 Pspice 分析

14-4 BJT 差動放大器共模增益※

● 14-4-1 共模電壓增益

假若差動放大器是完美對稱（如下圖左所示），並且輸入相同的共模電壓（即 $v_1 = v_2 = v_{in(cm)}$），則輸出 $v_{out} = 0$；下圖右所示的交流等效電路，使用所謂**半電路**(Half circuit)分析方法。

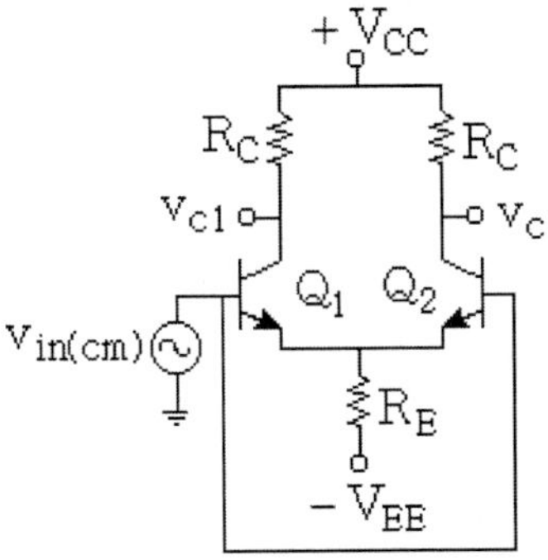

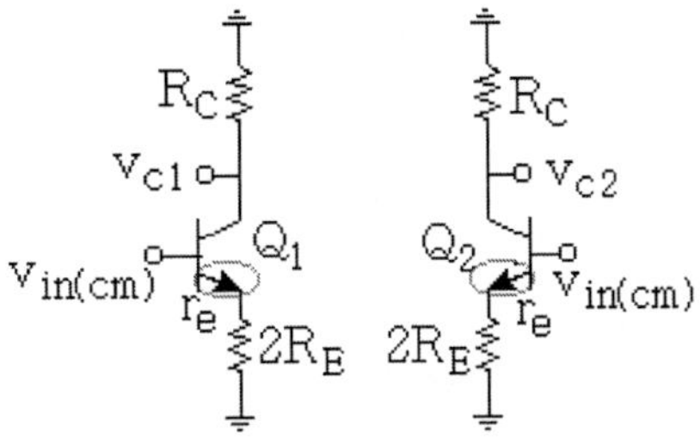

由交流等效電路可知，Q_1 的集極電流 i_c 方向往下，集極電壓 v_{c1} 從 R_c 接出，因此 v_{c1} 與差模電壓增益 A_{d1} 分別為

$$v_{C1} = -i_c R_C = -(\alpha i_e)R_C = -(\alpha \frac{v_{in(cm)}}{r_e + 2R_E})R_C$$

$$A_{d1} = \frac{v_{C1}}{v_{in(cm)}} = -\frac{\alpha R_C}{r_e + 2R_E}$$

同理，Q_2 的集極電壓 v_{C2} 與差模電壓增益 A_{d2} 等於 Q_1 的集極電壓 v_{c1} 與差模電壓增益 A_{d1}，意即共模增益為

$$A_{cm} = \frac{v_{C2} - v_{C1}}{v_{in(cm)}} = 0$$

若是考慮單端輸出，則可得知共模增益為

$$A_{cm} = -\frac{\alpha R_C}{r_e + 2R_E} \cong -\frac{R_C}{r_e + 2R_E}$$

反之，當差動放大器非完美對稱，就會有小信號的輸出，例如下圖左所示：雙端輸入、單端輸出的差動放大器，其反相與非反相輸入端施加相同的共模電壓 $v_{in(cm)}$，

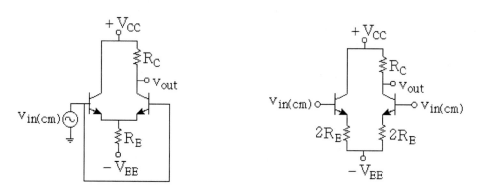

其等效電路如上圖右所示；v_{out} 從集極接出，v_{in} 從射極送入，可知類似 CE 放大器的動作

$$v_{out} = -i_c \times R_C$$

$v_{in(cm)}$ 跨在 $(r_e + 2R_E)$ 上

$$v_1 = v_{in} = i_e \times (r_e + 2R_E) \cong \frac{i_c}{\alpha} \times (r_e + 2R_E)$$

由以上可得共模電壓增益，

$$\frac{v_{out}}{v_{in(cm)}} = -\alpha \frac{R_C}{r_e + 2R_E} \cong -\frac{R_C}{r_e + 2R_E}$$

取近似值，可知共模電壓增益 A_{cm} 為

$$A_{cm} = -\frac{R_C}{r_e + 2R_E}$$

若是如下圖左所示的固定電流源偏壓方式的差動放大器電路，其實現可以透過所謂 BJT 電流鏡 $I_Q = I_{REF}$ 方式（詳細內容，參閱後續章節），如下圖右所示，其中參考電流 I_{REF} 等於

$$I_{REF} = \frac{[5 - (-5)] - 0.7}{18.6k\Omega} = 0.5 \text{ mA}$$

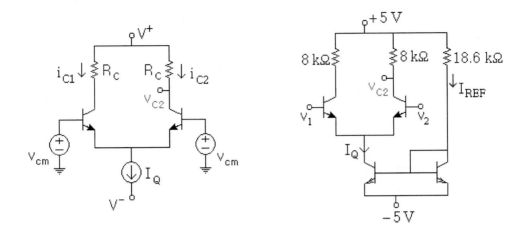

同樣使用所謂**共模半電路**(Common-mode half-circuit)的方法分析，此時電路改為

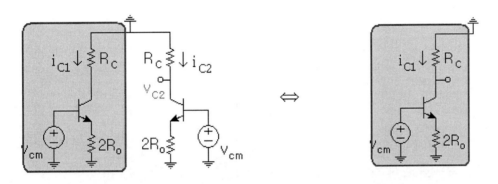

其中 $R_o = V_A / I_Q$ 為電流源的輸出電阻，按照上述方法求共模增益 A_{cm}

$$R_i = (1+\beta)(r_e + 2R_o) = r_\pi + (1+\beta)2R_o$$

$$A_{cm} = -\left(\frac{R_i}{0+R_i}\right)\left(\frac{\alpha R_C}{r_e + 2R_o}\right) = -(1)\left(\frac{\dfrac{\beta}{1+\beta}R_C}{r_e + 2Ro}\right) = \frac{-\beta R_C}{(1+\beta)(r_e + 2R_o)}$$

$$A_{cm} = \frac{-g_m r_\pi R_C}{r_\pi + (1+\beta)2R_o} = \frac{-g_m R_C}{1 + \dfrac{(1+\beta)2R_o}{r_\pi}}$$

當差動放大器電路中有 R_B 電阻時，

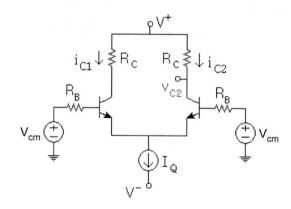

共模電壓增益 A_{cm} 為

$$A_{cm} = \frac{-g_m R_C}{1 + \frac{(1+\beta)2R_o}{r_\pi + R_B}}$$

上式推導過程繁瑣，不再詳列；但可以簡單反向類推，當需要考慮 R_B，只要將上上式中的 r_π 改為 $(r_\pi + R_B)$ 即可。

● 14-4-2 共模拒斥比

定義：差動電壓增益與共模電壓增益的比值，稱為**共模拒斥比**(Common-Mode Rejection Ratio)，簡寫為 **CMRR**，表示式如下。

$$A_{cm} = \frac{-g_m R_C}{1 + \frac{(1+\beta)2R_o}{r_\pi + R_B}}$$

共模拒斥比愈大愈好，值愈大，代表差動放大器放大希望放大的信號，以及排斥相同信號的能力愈強，例如，假設 $A_d = 200$、$A_{cm} = 0.5$，則 $CMRR = 400$；若資料手冊載明分貝值為 52 dB，透過取分貝公式轉換，如下表示式，

$$CMRR' = 20\log_{10} CMRR$$

即 $52 = 20\log_{10} CMRR$，因此，$CMRR = 400$。

4 範例

如圖電路，求(a)共模電壓增益 A_{cm}　　(b) CMRR′　　(c) v_{out}。（假設 $V_T = 25mV$）

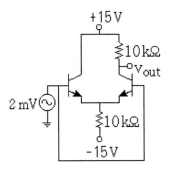

解

(a) 已知 $I_T = \dfrac{V_{EE} - 0.7}{R_E} = \dfrac{15 - 0.7}{10k} = 1.43\,mA$ ， $I_E = \dfrac{I_T}{2} = 0.715\,mA$

$r_e = \dfrac{25mV}{I_E} = \dfrac{25mV}{0.715mA} = 34.97\,\Omega$ ， $A_d = \dfrac{R_C}{2r_e} = \dfrac{10k\Omega}{2 \times 34.97\Omega} = 142.98$

$A_{cm} = \dfrac{-R_C}{r_e + 2R_E} = -\dfrac{10k\Omega}{34.97\Omega + 2 \times 10k\Omega} \cong -0.5$

(b) $CMRR = \dfrac{A_d}{|A_{cm}|} = \dfrac{142.98}{0.5} = 285.96$

$CMRR' = 20\log_{10}(CMRR) = 20\log_{10}(285.96) = 49.13\,dB$

(c) $v_{out} = 0.5 \times (2\,mV) = 1\,mV$

5 範例

假設 741 運算放大器， $A_d = 200000$ ， $CMRR_{dB} = 90\,dB$，要求與共模信號均為 $1\mu V$ ，求(a)共模電壓增益 A_{cm}　　(b) v_{out}。

解

(a) 已知 $CMRR_{dB} = 90\,dB = 20\log_{10} CMRR$ ， $CMRR = 10^{90/20} = 31623$

$CMRR = \dfrac{A_d}{|A_{cm}|} = \dfrac{200000}{|A_{cm}|} = 31623$

$|A_{cm}| = 6.33$

(b) 要求信號的輸出，

$$v_{out} = 200000 \times (1\mu V) = 200\, mV$$

共模信號的輸出，

$$v_{out} = 6.33 \times (1\mu V) = 6.33\, \mu V$$

---

6 範例

如圖電路，$\beta = 100$，$R_o = 100\, k\Omega$，求(a)差模電壓增益 A_d　　(b)共模電壓增益 A_{cm}　　(c)CMRR。（假設熱電壓 $V_T = 26\, mV$）

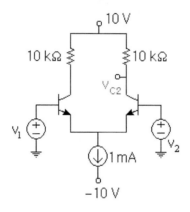

解

$I_Q = 1\, mA$ ：使用 $g_m = \dfrac{I_C}{V_T} = \dfrac{\frac{I_Q}{2}}{V_T} = \dfrac{I_Q}{2V_T}$

$$g_m = \frac{1m}{2(26m)} = 19.2\, mA / V$$

(a) 使用 $A_d = \dfrac{g_m R_C}{2}$

$$A_d = \frac{(19.2m)(10k)}{2} = 96$$

(b) 使用 $A_{cm} = \dfrac{-g_m r_\pi R_C}{r_\pi + (1+\beta)2R_0} = \dfrac{-g_m R_C}{1 + \dfrac{(1+\beta)2R_0}{r_\pi}}$ ，$r_\pi = \dfrac{\beta}{g_m} = \dfrac{100}{19.2m} = 5.12\, k\Omega$

$$A_d = \frac{-(19.2m)(10k)}{1 + \dfrac{(101)2(100k)}{5.21k}} = -0.05$$

(c) 使用 $CMRR = \left| \dfrac{A_d}{A_{cm}} \right|$

$$CMRR = \left| \dfrac{96}{-0.05} \right| = 1920$$

取分貝值，

$$CMRR' = 20\log_{10}(1920) = 65.67\text{dB}$$

 練習 **4**   如圖電路，若 β=100，求(a)共模電壓增益 $|\Lambda_{cm}|$ (b) $CMRR'$。

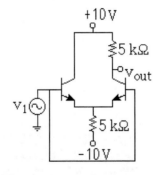

Answer   (a) $\cong 0.5$ (b)45.39 dB

練習 **5**   假設 741 運算放大器，$A_d = 100000$，$CMRR_{dB} = 80$ dB，要求與共模信號均為 $5\,\mu V$，求(a)共模電壓增益 A_{cm} (b) v_{out}。

Answer   (a)10 (b) 0.5 V，$50\,\mu V$

練習 6

如圖電路，$\beta = 100$，$V_A = 100V$，求(a)差模電壓增益 A_d　(b)共模電壓增益 A_{cm}　(c)CMRR。

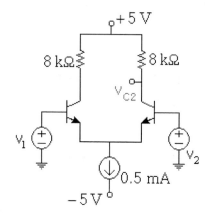

Answer　(a)38.48　(b)−0.02　(c)1924

經之前說明與例題後，請參考隨書電子書光碟以程式進行相關例題模擬：

14-4-A　共模電壓增益 Pspice 分析

14-5 MOSFET 差動放大器

　　基本 **MOSFET 差動對**(Differential pair)電路，如下圖左所示，其 M_1 與 M_2 互相匹配，並且由 MOSFET 電流鏡（參考下圖右所示）所實現的固定電流源電路來偏壓。

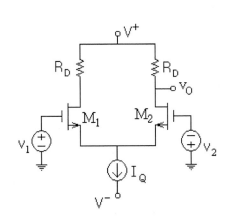
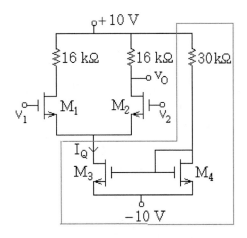

假設 $K_{n3} = k_{n4} = 0.3 \, \text{mA} / V^2$ ， $\lambda = 0$ ， $V_{TN} = 1 \, V$ ，根據電流鏡電路安排可知

$$I_{30k\Omega} = \frac{20 - V_{GS4}}{30k\Omega} = K_{n4}(V_{GS4} - V_{TN})^2$$

代入數值並且化簡

$$\frac{20 - V_{GS4}}{30k\Omega} = (0.3m)(V_{GS4} - 1)^2$$

$$9V_{GS4}^2 - 17V_{GS4} - 11 = 0$$

解出 $V_{GS4} = 2.4 \, V$ ，代回求 M4 的汲極電流為 $0.587 \, \text{mA}$ ，又因為 M3 與 M4 完全相同，意即 $I_{30k\Omega} = I_{D4} = I_{D3} = I_Q = 0.587 \, \text{mA}$ 。

● 14-5-1 直流轉換特性

暫不考慮 M_1 與 M_2 的輸出電阻，已知 $I_Q = i_{D1} + i_{D2}$ ， $v_d = v_{gs1} - v_{gs2}$

$$i_{D1} = K_n(v_{gs1} - V_{TN})^2 \qquad , \qquad i_{D2} = K_n(v_{gs2} - V_{TN})^2$$

$$\sqrt{i_{D1}} = \sqrt{K_n}(v_{gs1} - V_{TN}) \qquad , \qquad \sqrt{i_{D2}} = \sqrt{K_n}(v_{gs2} - V_{TN})$$

$$\sqrt{i_{D1}} - \sqrt{i_{D2}} = \sqrt{i_{D1}} - \sqrt{I_Q - i_{D1}} = \sqrt{K_n}(v_{gs1} - v_{gs2}) = \sqrt{K_n} \, v_d$$

求解 i_{D1} 除以 I_Q 並且歸一化處理，

$$\frac{i_{D1}}{I_Q} = \frac{1}{2} + \sqrt{\frac{K_n}{2I_Q}} \, v_d \sqrt{1 - \left(\frac{K_n}{2I_Q}\right) v_d^2}$$

同樣步驟處理 i_{D2} 除以 I_Q 並且歸一化處理，

$$\frac{i_{D2}}{I_Q} = \frac{1}{2} - \sqrt{\frac{K_n}{2I_Q}}\, v_d \sqrt{1 - \left(\frac{K_n}{2I_Q}\right)v_d^2}$$

將上述歸一化的兩汲極電流 i_D 對 v_d 作圖所得到的轉換特性，如下圖所示。

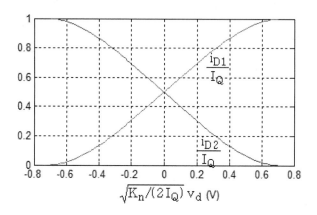

上圖中，當 $v_d = 0$，$i_{D1}/I_Q = i_{D2}/I_Q = 0.5$，此點的最大斜率值稱為最大順向轉導值(Maximum forward transconductance) $g_{f(max)}$，其值為

$$g_{f(max)} = \frac{d\,i_{D1}}{dv_d}\bigg|_{v_d=0} = \sqrt{\frac{K_n I_Q}{2}} = \frac{g_m}{2}$$

● 14-5-2　小信號交流分析

比照 BJT 差動放大器的分析方法，可知單端輸出 MOSFET 差動放大器的差模電壓增益 A_d 為

$$A_d = \frac{R_D}{2g_m^{-1}} = \frac{g_m R_D}{2}$$

上式中 $g_m = 2\sqrt{K_n I_{DQ}} = \sqrt{2K_n I_Q}$，例如 $K_n = 0.5\,\text{mA}/\text{V}^2$，$I_Q = 1\,\text{mA}$，求得 MOSFET 轉導值 $g_m = 1\,\text{mA}/\text{V}$，相較於 BJT 轉導值 $g_m = I_Q/(2V_T) = 1\text{mA}/(2 \times 26\text{mV}) = 19.2\,\text{mA}/\text{V}$，顯見 BJT 的轉導值大於 MOSFET 的轉導值，因而其差模電壓增益也比較大。另外，同樣使用共模半電路的分析方法，求得共模電壓增益 A_{cm} 為

$$A_{cm} = \frac{-R_D}{g_m^{-1} + 2R_o} = \frac{-g_m R_D}{1 + 2g_m R_o}$$

上式中 R_o 為電流源的輸出電阻，數值等於 $(\lambda I_Q)^{-1}$，若是理想的電流源，$R_o = \infty$，可知其共模電壓增益 $A_{cm} = 0$。綜上結果，輸出電壓 v_o 可以表示為

$$v_o = A_d v_d + A_{cm} v_{in(cm)} = \frac{g_m R_D}{2} v_d - \frac{g_m R_D}{1 + 2g_m R_o} v_{in(cm)}$$

最後可知共模拒斥比 CMRR 為

$$CMRR = \left| \frac{A_d}{A_{cm}} \right|$$

7 範例

如圖電路，$\lambda = 0.01 V^{-1}$，$V_{TN} = 1\,V$，$K_n = 1\,mA/V^2$，求(a) A_d (b) A_{cm} (c)CMRR。

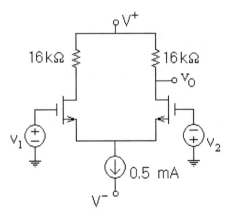

解

$I_Q = 0.5\,mA$：使用 $g_m = 2\sqrt{K_n I_{CQ}} = 2\sqrt{K_n \dfrac{I_Q}{2}} = \sqrt{2K_n I_Q}$

$$g_m = \sqrt{2(1m)(0.5m)} = 1\,mA/V$$

I_Q 之輸出電阻 R_o：使用 $R_o = (\lambda I_Q)^{-1}$

$$R_o = \frac{1}{(0.01)(0.5m)} = 200\,k\Omega$$

(a) 使用 $A_d = \dfrac{R_D}{2g_m^{-1}} = \dfrac{g_m R_D}{2}$

$$A_d = \frac{(1m)(16k)}{2} = 8$$

(b) 使用 $A_{cm} = \dfrac{-R_D}{g_m^{-1} + 2R_o} = \dfrac{-g_m R_D}{1 + 2g_m R_o}$

$$A_{cm} = \frac{-(1m)(16k)}{1 + 2(1m)(200k)} = -0.04$$

(c) 使用 $CMRR = \left| \dfrac{A_d}{A_{cm}} \right|$

$$CMRR = \left| \frac{8}{-0.04} \right| = 200$$

取分貝值： $CMRR' = 20\log_{10}(200) = 46 \text{ dB}$

練習 7

如圖電路， $\lambda_1 = \lambda_2 = 0$ ， $\lambda_3 = 0.01V^{-1}$ ， $V_{TN} = 1\,V$ ， $K_n = 1\,mA/V^2$ ，求
(a) A_d　(b) A_{cm}　(c) CMRR。

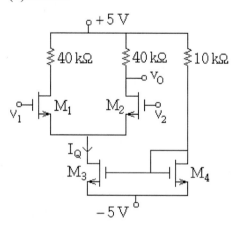

Answer　$V_{GS4} = 1.9\,V$ ， $I_Q = 0.81\,mA$ ， $g_m = 1.273\,mA/V$ ， $R_o = 123.46\,k\Omega$ ，

(a) 25.46　(b) −0.162　(c) 157.16

14-6 電流鏡※*

在積體電路中，使用**電流鏡**(Current mirror)，簡易電路如下所示，可以增加差動放大器的電壓增益與 CMRR 值。

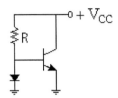

由電路可知，流經電阻 R 的電流為

$$I_R = \frac{V_{CC} - V_{BE}}{R}$$

若補償二極體的 I-V 特性與電晶體射極二極體相同，集極電流將等於流經電阻 R 的電流

$$I_C = I_R$$

意即集極電流有如電阻電流的鏡子反射動作，因此稱呼此種電路為**電流鏡**。

● 14-6-1 電流鏡電流源

前述電晶體**射極偏壓**的差動放大器，**CMRR** 為

$$CMRR = \frac{R_E}{r_e}$$

可知 R_E 值愈大，**CMRR** 值也就愈大，而**電流鏡偏壓**即是獲得高 R_E 值的方法之一，例如，下圖所示的電流鏡電流源電路，使用電流鏡代替電阻 R_E，因為電流鏡關係，可知電流為

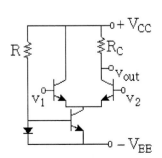

$$I_E \cong I_R = \frac{V_{CC} + V_{EE} - V_{BE}}{R}$$

也就是說,電流鏡電路中的電晶體有如電流源,意即有很高的輸出阻抗,使得 **CMRR** 值有明顯的改善。

● 14-6-2 雙電晶體電流源電流鏡

另外還有一種稱為**雙電晶體電流源**(Two-Transistor current source)設計的電流鏡,是 IC 電流源設計最基本的部分,電路如下圖左所示,

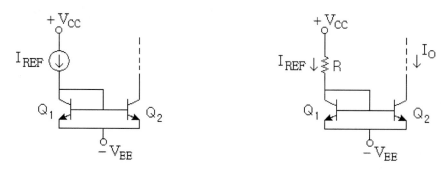

或具有參考電阻的電流鏡電路,如上圖右所示,其電流關係由 Q_1 的 KVL 可以計算 I_{REF},

$$V_{CC} + V_{EE} = I_{REF}R + V_{BE(on)}$$

$$I_{REF} = \frac{V_{CC} + V_{EE} - V_{BE(on)}}{R}$$

由 KCL 可知(參考如下所示的電路)

$$I_{REF} = I_C + I_{B1} + I_{B2}$$

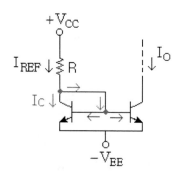

在理想的狀況下,Q_1 與 Q_2 完全相同,$I_{B1} = I_{B2}$,$I_{C1} = I_{C2}$,所以 KCL 方程式化簡為

$$I_{REF} = I_{C2} + 2I_{B2} = I_{C2} + 2\frac{I_{C2}}{\beta} = I_{C2}\left(1 + \frac{2}{\beta}\right)$$

又因為 $I_O = I_C = I_{C2}$ ，即

$$I_O = I_{C2} = \frac{I_{REF}}{1+\dfrac{2}{\beta}}$$

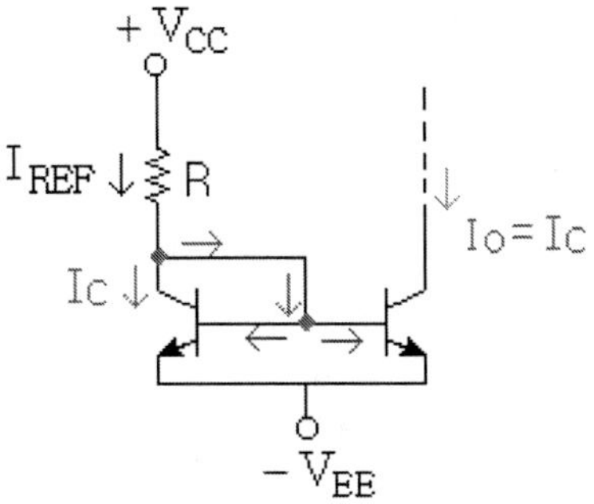

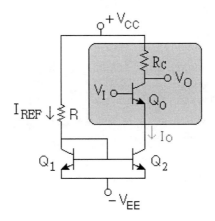

輸出電阻

具有**雙電晶體電流源**的簡易放大器電路，如下圖所示，

已知

$$I_O = I_{C2} = \frac{I_{REF}}{1+\dfrac{2}{\beta}} \qquad , \qquad \frac{I_O}{I_{REF}} = \frac{1}{1+\dfrac{2}{\beta}}$$

這是未考慮歐力效應(Early Effect)的結果，若有歐力效應，上式改寫為

$$\frac{I_O}{I_{REF}} = \frac{1}{1+\dfrac{2}{\beta}}\frac{1+\dfrac{V_{CE2}}{V_A}}{1+\dfrac{V_{CE1}}{V_A}}$$

其中 $V_{CE2} = V_I - V_{BEO} + V_{EE}$ ， $V_{CE1} = V_{BE1}$ ，以 V_{CE2} 對 I_O 微分

$$\frac{dI_O}{dV_{CE2}} = \frac{I_{REF}}{1 + \dfrac{2}{\beta}} \frac{0 + \dfrac{1}{V_A}}{1 + \dfrac{V_{BE}}{V_A}} \cong \frac{I_O}{V_A} = \frac{1}{r_o}$$

即可求得輸出電阻(Output resistance) r_o

$$r_o = \frac{V_A}{I_O}$$

不匹配電晶體

實際的情況， Q_1 與 Q_2 不會完全相同，即所謂**不匹配電晶體**(Mismatched transistor)所組成的**雙電晶體電流源**簡易放大器電路，因此

$$I_{S1} \neq I_{S2}$$

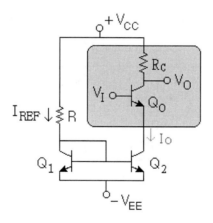

代入上述關係式，可得

$$I_{REF} \cong I_{C1} = I_{S1}e^{\frac{V_{BE}}{V_T}} \qquad , \qquad I_O \cong I_{C2} = I_{S2}e^{\frac{V_{BE}}{V_T}}$$

$$I_O = I_{REF}\left(\frac{I_{S2}}{I_{S1}}\right)$$

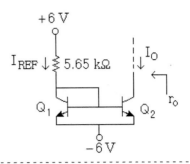

8 範例

如下圖所示的電流鏡電路，假設電晶體 $\beta = 100$ ， $V_A = 100\,V$ ， 求
(a) I_{REF} 　(b) I_O 　(c)輸出電阻 r_o 。

解

因為雙電源的電壓總和為 12 V ，電晶體 Q_1 的 $V_{BE} = 0.7\,V$ ，因此根據 KVL 可知 I_{REF} 與 I_O 為

$$I_{REF} = \frac{12 - 0.7}{5.65\,k\Omega} = 2\ mA$$

$$I_O = \frac{1}{1 + \dfrac{2}{\beta}} I_{REF} = \frac{1}{1 + \dfrac{2}{100}}(2mA) = 1.96\ mA$$

電流鏡輸出電阻 r_o 為

$$r_o = \frac{V_A}{I_O} = \frac{100}{1.96mA} = 51\ k\Omega$$

9 範例

如圖電路， $\beta = 50$ ， $V_{BE(on)} = 0.7\,V$ ， $V_A = 80\,V$ ，求 (a) I_{REF} 　(b) I_O (c) r_o 。

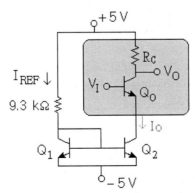

解

(a) 利用 $I_{REF} = \dfrac{V_{CC} + V_{EE} - V_{BE(on)}}{R}$ ，計算電流。

$$I_{REF} = \frac{5 + 5 - 0.7}{9.3} = 1 \text{ mA}$$

(b) 使用 $I_O = I_{C2} = I_{RFE} / (1 + 2/\beta)$

$$I_O = \frac{1 \text{mA}}{1 + \dfrac{2}{50}} = 0.962 \text{ mA}$$

(c) 使用 $r_o = V_A / I_O$

$$r_o = \frac{80\text{V}}{0.962\text{mA}} = 83.16 \text{ k}\Omega$$

練習 **8**　如圖電路，$\beta = 100$，$V_{BE(on)} = 0.7\text{V}$，$I_O = 0.2 \text{ mA}$，求 R。

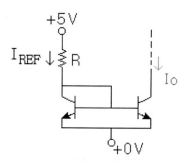

Answer　$I_{REF} = 0.204 \text{ mA}$，$R = 21.08 \text{ k}\Omega$

● 14-6-3　改善式電晶體電流源

三電晶體電流源

　三顆電晶體電流源(Three-Transistor current source)電路，如下左圖所示。

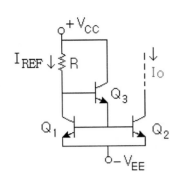 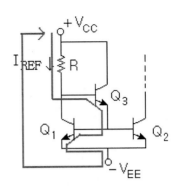

其電流關係可由 KVL 計算 I_{REF}（參考上圖右的封閉環路）

$$V_{CC} + V_{EE} = I_{REF}R + V_{BE3} + V_{BE(on)}$$

因 $V_{BE3} = V_{BE(on)} = 2V_{BE(on)}$

$$I_{REF} = \frac{V_{CC} + V_{EE} - 2V_{BE(on)}}{R}$$

由 KCL 可知（參考下圖的標示）

$$I_{REF} = I_{C1} + I_{B3}$$

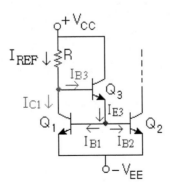

對 Q_3 而言，

$$I_{B3} = \frac{I_{E3}}{1+\beta_3} = \frac{I_{B1} + I_{B2}}{1_{\beta3}}$$

在理想的狀況下，Q_1 與 Q_2 完全相同，

$$I_{B1} = I_{B2} \qquad , \qquad I_{C1} = I_{C2}$$

所以，KCL 方程式 $I_{REF} = I_{C1} + I_{B3}$ 化簡為

$$I_{REF} = I_{C2} + \frac{2I_{B2}}{1+\beta_3} = I_{C2} + \frac{2\frac{I_{C2}}{\beta}}{1+\beta_3} = I_{C2}\left[1 + \frac{2}{\beta(1+\beta_3)}\right]$$

又因為 $I_O = I_{C1} = I_{C2}$，代回上式，可得

$$I_O = \frac{I_{REF}}{\left[1 + \frac{2}{\beta(1+\beta_3)}\right]}$$

上式中的 β 愈大，$\beta(1+\beta_3)$ 的倒數愈小，意即 $I_O \cong I_{REF}$。

10 範例

如下圖所示的電流鏡電路，假設電晶體 $\beta = 100$，$V_A = 100\,V$，求(a) I_{REF} (b) I_O (c)輸出電阻 r_o。

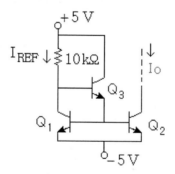

解

因為雙電源的電壓總和為 10V，電晶體 Q_1 與 Q_3 的 $V_{BE} = 0.7\,V$，因此根據 KVL 可知 I_{REF} 與 I_O 為

$$I_{REF} = \frac{10 - 0.7 - 0.7}{10\,k\Omega} = 0.86\,mA$$

$$I_O = \frac{1}{1 + \frac{2}{\beta(1+\beta_3)}}I_{REF} = \frac{1}{1 + \frac{2}{100(1+100)}}(0.86\,mA) = 0.86\,mA$$

電流鏡輸出電阻 r_o 為

$$r_o = \frac{V_A}{I_O} = \frac{100}{0.86mA} = 116.28\,k\Omega$$

疊接電流源

　　雙級疊接電流源電路，如下圖左所示，假設電晶體完全相同，參考電流 I_{REF} 將等於負載電流 I_O；下圖右為小信號等效電路，用來瞭解如何求出從輸出端看入的輸出電阻 R_O，其中 V_X 為測試電壓，I_X 為測試電流。

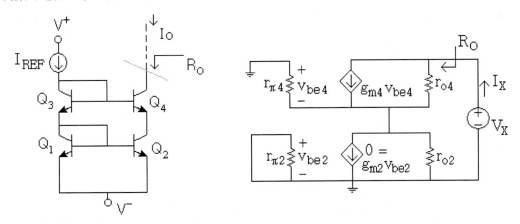

　　因為固定參考電流的緣故，電晶體 Q_4 與 Q_2 的基極電壓為常數，意即交流信號接地，因此可知 $r_{\pi4}$ 一端接地，$r_{\pi2}$ 則是兩端接地，形同短路，導致集極的相依電流源等於 0，綜上分析，重繪等效電路如下所示。

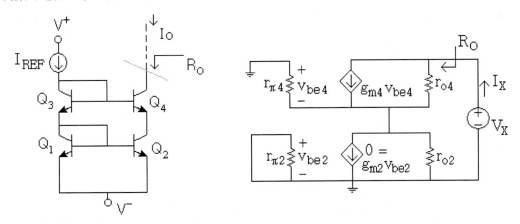

由 KCL 可知

$$I_X = g_{m4}v_{be4} + \frac{V_X - I_X(r_{o2}\|r_{\pi4})}{r_{o4}} = g_{m4}\left[-I_x(r_{o2}\|r_{\pi4})\right] + \frac{V_X - I_X(r_{o2}\|r_{\pi4})}{r_{o4}}$$

求解上式，可得從輸出端看入的輸出電阻 $R_O = V_X / I_X$ 為

$$R_O = r_{o4} + (r_{\pi 4} \| r_{o2})(1 + g_m r_{o4}) \cong r_{o4} + r_{\pi 4}(1 + g_m r_{o4})$$

或近似為

$$R_O \cong r_{o4} + r_{\pi 4} + g_m r_{\pi 4} r_{o4} = r_{\pi 4} + r_{o4}(1 + g_m r_{\pi 4}) = r_{\pi 4} + r_{o4}(1 + \beta)$$

或近似為

$$R_O \cong r_{o4}(1 + \beta) = \beta r_{o4}$$

威爾遜電流源

威爾遜電流源(Wilson current source)電路，如下圖所示，假設電晶體完全相同。

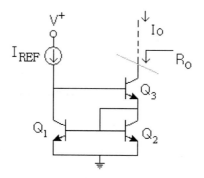

$$I_{REF} = I_{C1} + I_{B3}$$

$$I_{E3} = I_{C2} + I_{B1} + I_{B2} = I_{C2} + 2I_{B2} = I_{C2}\left(1 + \frac{2}{\beta}\right)$$

$$I_{C2} = \frac{I_{E3}}{\left(1 + \dfrac{2}{\beta}\right)} = \frac{1}{\left(1 + \dfrac{2}{\beta}\right)}\frac{1 + \beta}{\beta}I_{C3} = \frac{(1 + \beta)}{(2 + \beta)}I_{C3}$$

代回 $I_{REF} = I_{C1} + I_{B3} = I_{C2} + I_{B3}$

$$I_{REF} = I_{C2} + I_{B3} = \frac{(1 + \beta)}{(2 + \beta)}I_{C3} + \frac{I_{C3}}{\beta} = I_{C3}\left(1 + \frac{2}{\beta(2 + \beta)}\right)$$

$$I_{C3} = I_O = I_{REF}\frac{1}{\left(1 + \dfrac{2}{\beta(2 + \beta)}\right)}$$

上式中的 β 愈大，$\beta(2+\beta)$ 的倒數愈小，意即 $I_O \cong I_{REF}$；例如下圖所示的威爾遜電流源電路，$\beta = 100$，$I_{REF} = 0.5\,mA$，代入上式求輸出電流

$$I_{C3} = I_O = I_{REF} = (0.5mA)\frac{1}{1+\dfrac{2}{100(102)}} = 0.5\,mA$$

由結果顯見電流鏡的效果很好。

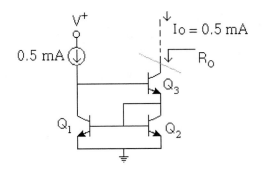

分析威爾遜電流源電路的輸出電阻 R_O，必須透過求解電路的處理：

1. 標示各節點間的電流，如下圖所示。

2. 由電路圖可知，測試電流 i_x 等於 $(2+2/\beta)i$，測試電壓 v_x 等於 $(2+\beta+2/\beta)i\,r_{o3} + (1+1/\beta)i\,r_e$，因此可知輸出阻抗為

$$R_O \equiv \frac{v_x}{i_x} = \frac{\left(2+\beta+\dfrac{2}{\beta}\right)i\,r_{o3} + \left(1+\dfrac{1}{\beta}\right)i\,r_e}{\left(2+\dfrac{2}{\beta}\right)i} = \frac{\left[2\left(1+\dfrac{1}{\beta}\right)+\beta\right]r_{o3}}{2\left(1+\dfrac{1}{\beta}\right)}$$

或者近似為

$$R_O \cong \left(1 + \frac{\beta}{2\left(1+\dfrac{1}{\beta}\right)}\right)r_{o3} \cong \frac{\beta}{2}r_{o3}$$

電子學
Electronics

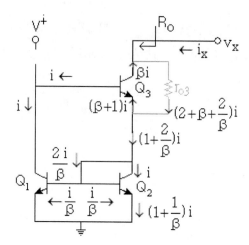

維勒電流源

  維勒電流源(Widlar current source)電路，如下圖所示，假設兩電晶體完全相同。

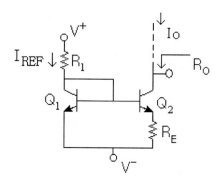

$$I_{REF} \cong I_{C1} = I_S \exp\left(\frac{V_{BE1}}{V_T}\right) \quad , \quad I_O = I_{C2} = I_S \exp\left(\frac{V_{BE2}}{V_T}\right)$$

反求 V_{BE}

$$V_{BE1} = V_T \ln\left(\frac{I_{REF}}{I_S}\right) \quad , \quad V_{BE2} = V_T \ln\left(\frac{I_O}{I_S}\right)$$

計算 $V_{BE1} - V_{BE2}$

$$V_{BE1} - V_{BE2} = V_T \ln\left(\frac{I_{REF}}{I_O}\right)$$

因為 $V_{BE1} - V_{BE2} = I_{E2}R_E \cong I_O R_{E2}$

$$I_O R_E = V_T \ln\left(\frac{I_{REF}}{I_O}\right)$$

從輸出端看入的輸出電阻為

$$R_O = r_{o2} + (r_{\pi2} \| R_E)(1 + g_{m2}r_{o2})$$

11 範例

如下圖所示的維勒電流源電路，假設電晶體匹配，$V_A = 100\,V$，$\beta = 100$，熱電壓 $V_T = 26\,mV$，求 (a) I_{REF}　(b) I_O　(c) R_O。

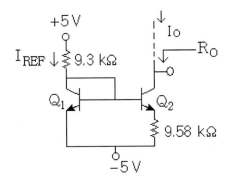

解

(a) 因為雙電源的電壓總和為 $10\,V$，電晶體的 $V_{BE} = 0.7\,V$，因此根據 KVL 可知 I_{REF} 與 I_O 為

$$I_{REF} = \frac{10 - 0.7}{9.3\,k\Omega} = 1\,mA$$

(b) 使用 $I_O R_E = V_T \ln\left(\frac{I_{REF}}{I_O}\right)$

$$I_O(9.58k) = (26m)\ln(\frac{1m}{I_O})$$

上式無法直接解出，必須藉由電腦數值或嘗試錯誤計算，結果為 $I_O = 12\,\mu A$。

(c) 電晶體 Q_2 的相關參數

$$g_{m2} = \frac{I_O}{V_T} = \frac{12\mu A}{26mV} = 0.462 \text{ mA / V}$$

$$r_{o2} = \frac{V_A}{I_O} = \frac{100V}{12\mu A} = 8.33 \text{ M}\Omega$$

$$r_{\pi2} = \frac{\beta}{g_{m2}} = \frac{100}{0.462m} = 216.45 \text{ k}\Omega$$

代入 $R_O = r_{o2} + (r_{\pi2} \| R_E)(1 + g_{m2}r_{o2})$

$$R_O = 8.33M\Omega + (216.45k\Omega \| 9.58k\Omega)(1 + 0.462m \times 8.33M\Omega)$$

$$= 43.65 \text{ M}\Omega$$

多顆電晶體電流源

如下圖所示的 **多顆電晶體電流鏡**(Multitransistor current mirror)電路，假設電晶體完全相同並且 $V_A = \infty$，其中 Q_R 電晶體形同二極體作用。

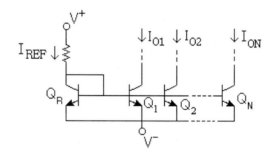

$$I_{O1} = I_{O2} = \cdots = I_{ON} = \frac{I_{REF}}{1 + \dfrac{1 + N}{\beta}}$$

將多重輸出電晶體的集極連接在一起，可以改變負載電流與參考電流的關係，例如右圖所示的電路，因為 $I_{REF} = I_1 = I_2 = I_3$，可知負載電流等於 3 倍參考電流，$I_O = 3I_{REF}$。

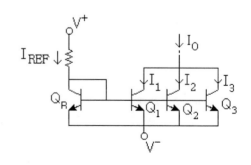

在實際 IC 製造中，並聯連接電晶體的處理將有效增加元件基射間的面積，使得負載電流倍數於參考電流。

另一種稱為 **廣義電流鏡** 電路，如下圖所示，假設電晶體完全相同並且 $V_A = \infty$，其中電路左邊的 pnp 與 npn 電晶體形同二極體作用，

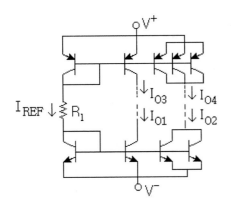 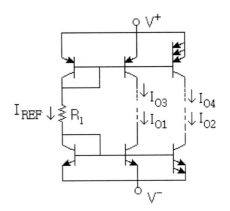

根據 KVL 可知參考電流為

$$I_{REF} = \frac{V^+ - V_{BE(pnp)} - V_{BE(npn)} - V^-}{R_1}$$

觀察電路可知 $I_{O1} = I_{O3} = I_{REF}$，$I_{O2} = 2I_{REF}$，$I_{O4} = 3I_{REF}$

12 範例

如圖電路，$V_{BE(on)} = 0.7V$，求 (a) I_{O1} (b) I_{O2} (c) I_{O3} (d) I_{O4}。

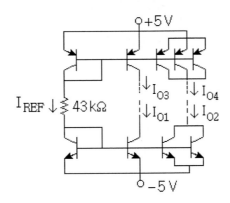

⊛解

(a) 利用 $I_{REF} = \dfrac{V^+ - V_{BE(pnp)} - V_{BE(npn)} - V^-}{R_1}$ ，計算 I_{REF} 電流，

$$I_{REF} = \frac{5 - 0.7 - 0.7 - (-5)}{43k} = 0.2 \text{ mA}$$

$$I_{O1} = I_{REF} = 0.2 \text{ mA}$$

(b) $I_{O2} = 2I_{REF} = 0.4 \text{ mA}$

(c) $I_{O3} = I_{REF} = 0.2 \text{ mA}$

(d) $I_{O4} = 3I_{REF} = 0.6 \text{ mA}$

 練習 9　如下圖所示的電流鏡電路，假設電晶體 $\beta = 100$ ， $V_A = \infty$ ，求 (a) I_{REF} (b) I_O 。

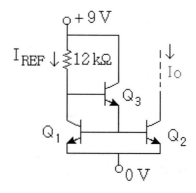

Answer　(a) 0.6333 mA　(b) 0.6332 mA

練習 **10** 如圖電路，$V_{BE(on)}=0.7V$，求 R。

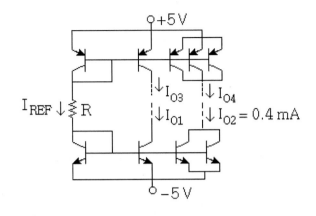

Answer 43 kΩ

● 14-6-4 MOSFET 固定電流源偏壓

差模電壓增益與 R_C 成正比，理論上 R_C 愈大愈好，但是 R_C 值太大會使電晶體截止；改善之道在使用**電流鏡主動負載**(Active load)，如下圖所示，

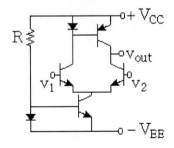

電路中左、下方為前述的電流鏡電流源電路，右、上方為 PNP 電流鏡電路，做為主動負載使用，形同有好幾百 MΩ 的集極電阻。

增強型 NMOS 負載元件

例如右圖所示的增強型 NMOS 電路，可當作**非線性電阻**使用，

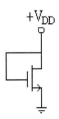

電晶體始終偏壓於飽和區，因為 $V_G = V_D$ ，因此，

$$V_{DS} = V_{GS} > V_{DS(sat)} = V_{GS} - V_{TN}$$

上式 V_{TN} 為 n 通道 MOSFET 建立電子反轉層的臨界電壓，此時電流－電壓特性可以寫成

$$I_D = K_n(V_{GS} - V_{TN})^2 = K_n(V_{DS} - V_{TN})^2$$

例如下圖所示的電路， $V_{TN} = 1\,V$ ， $K_n = 0.05\,mA/V^2$

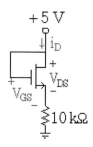

假設 NMOS 偏壓工作在飽和區，其汲極電流為 $I_D = K_n(V_{GS} - V_{TN})^2$ ，洩（汲）－源極電壓為 $V_{DS} = V_{GS} = V_{DD} - I_D R_S = 5 - 10 I_D$ ，聯立上二式

$$I_D = (0.05)[(5 - 10 I_D) - 1]^2 = 0.8 - 4 I_D + 5 I_D^2$$

$$5 I_D^2 - 5 I_D + 0.8 = 0$$

解為

$$I_D = 0.8\,mA \qquad 或 \qquad I_D = 0.2\,mA$$

相對的 V_{DS}

$$V_{DS} = V_{GS} = 5 - 10(0.8) = -3V(不合)$$

或

$$V_{DS} = V_{GS} = 5 - 10(0.2) = 3\,V$$

因為 $V_{DS} > V_{DS(Sat)} = V_{GS} - V_{TN} = 3-1 = 2\ V$，可知 NMOS 確實偏壓在飽和區，與原先的假設相符合。

初步瞭解增強型 NMOS 元件當作非線性電阻的特性後，可以幫助瞭解如右圖所示，使用增強型 NMOS 當做主動負載的電路，其中負載元件工作在飽和區，另一 NMOS 驅動元件工作在何區則視輸入電壓大小決定（代號 L 代表負載，代號 D 代表驅動）。

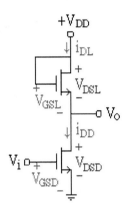

過渡點

所謂**過渡點**(Transition point)，係指非飽和區與飽和區的交點，此時令 $V_i = V_{IT}$，$V_O = V_{OT}$，$V_{OT} = V_{DS(sat)} = V_{GSD} - V_{TND}$，代入方程式 $i_{DD} = i_{DL}$，可得輸入過渡點電壓為

$$V_{IT} = \frac{(V_{DD} - V_{TNL}) + V_{TND}\left(1 + \sqrt{\dfrac{K_{nD}}{K_{nL}}}\right)}{\left(1 + \sqrt{\dfrac{K_{nD}}{K_{nL}}}\right)}$$

例如 $V_{TNL} = V_{TND} = 1\ V$，$K_{nL} = 0.01\ mA/V^2$，$K_{nD} = 0.05\ mA/V^2$，其電壓轉換特性曲線如右圖所示，其中過渡點 $V_i = 2.236\ V$，$V_O = 1.236\ V$。

$$V_{IT} = \frac{(5-1) + 1 \times \left(1 + \sqrt{\dfrac{0.05}{0.01}}\right)}{1 + \sqrt{\dfrac{0.05}{0.01}}} = 2.236V$$

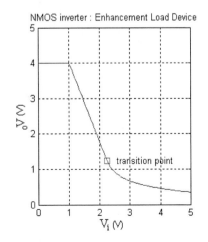

13 範例

如圖電路，$V_{TNL} = V_{TND} = 1\,V$，$K_{nL} = 0.01\,mA/V^2$，$K_{nD} = 0.05\,mA/V^2$，求 V_O，當 $V_i = $ (a) $5\,V$ (b) $1.5\,V$。

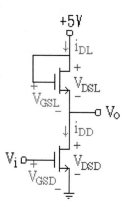

解

已知：$V_{GSD} = V_i$，$V_{DSD} = V_O$，$V_{GSL} = V_{DSL} = V_{DD} - V_O = 5 - V_O$

(a) $V_i = 5\,V$：假設（其實不需要假設，意即可以直接認定，why？）

驅動電路偏壓在非飽和區，$i_{DD} = i_{DL}$

$$K_{nD}\{2(V_{GSD} - V_{TND})V_{DSD} - V_{DSD}^2\} = K_{nL}(V_{GSL} - V_{TNL})^2$$

化簡上式得 $(0.05)\{2(5-1)V_O - V_O^2\} = (0.01)[5 - V_O - 1]^2$

$$3V_O^2 - 24V_O + 8 = 0$$

$$V_O = 7.652V\ （不合）\quad 或 \quad V_O = 0.349V$$

$$I_D = (0.01)(5 - 0.349 - 1)^2 = 0.133\,mA$$

因為 $V_{DSD} = 0.349V < V_{DS(Sat)} = V_{GSD} - V_{TND} = 5 - 1 = 4V$，可知驅動電路偏壓確實在非飽和區，與原先的假設相符合。

(b) $V_i = 1.5\,V$：假設驅動電路偏壓在飽和區，$i_{DD} = i_{DL}$

$$K_{nD}(V_{GSD} - V_{TND})^2 = K_{nL}(V_{GSL} - V_{TNL})^2$$

化簡上式得 $(0.05)(1.5-1)^2 = (0.01)[5 - V_O - 1]^2$

$$(5)(0.5)^2 = (1)[4 - V_O]^2$$

$$\sqrt{5} \times 0.5 = 4 - V_O \quad , \quad V_O = 2.882V$$

$$I_D = (0.01)(5 - 2.882 - 1)^2 = 0.0125 \text{ mA}$$

因為 $V_{DSD} = 2.882\text{V} > V_{DS(Sat)} = V_{GSD} - V_{TND} = 1.5 - 1 = 0.5 \text{ V}$ ，可知驅動電路偏壓確實在飽和區，與原先的假設相符合。

空乏型 NMOS 負載元件

　　如右圖所示使用空乏型 NMOS 當做主動負載的電路，可以應用在放大器，數位電路中的反相器，其中負載元件與驅動 NMOS 電路，均可工作在飽和區或非飽和區，視輸入電壓大小決定。

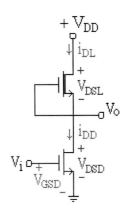

過渡點

　　所謂**過渡點**(Transition point)，係指非飽和區與飽和區的交點，此時令 $V_i = V_{IT}$ ， $V_O = V_{OT}$ ， $V_{OT} = V_{DS(sat)} = V_{GSD} - V_{TND}$ ，代入方程式 $i_{DD} = i_{DL}$ ，可得輸入過渡點電壓為

$$V_{IT} = \frac{V_{TND}\sqrt{\dfrac{K_{nD}}{K_{nL}}} - V_{TNL}}{\sqrt{\dfrac{K_{nD}}{K_{nL}}}}$$

例　如　$V_{TNL} = -2 \text{ V}$ ， $V_{TND} = 1 \text{ V}$ ， $K_{nL} = 0.01 \text{ mA}/\text{V}^2$ ， $K_{nD} = 0.05 \text{ mA}/\text{V}^2$ ，其電壓轉換特性曲線如右圖所示，其中過渡點 $V_i = 1.894 \text{ V}$ ， $V_O = 0.894 \text{ V}$ 。

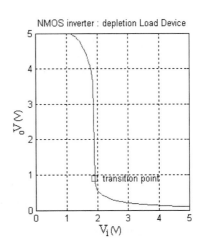

14 範例

如 圖 電 路 ， $V_{TNL} = -2\,V$ ， $K_{nL} = 0.01\,mA/V^2$ ， $V_{TND} = 1\,V$ ，$K_{nD} = 0.05\,mA/V^2$，若 $V_i = 5\,V$，求 I_D。

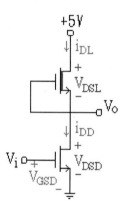

解

已知：$V_{GSD} = V_i$，$V_{DSD} = V_O$，$V_{GSL} = 0$

假設驅動電路偏壓在非飽和區，$i_{DD} = i_{DL}$

$$K_{nD}\{2(V_{GSD} - V_{TND})V_{DSD} - V_{DSD}^2\} = K_{nL}(V_{GSL} - V_{TNL})^2$$

化簡上式得 $(0.05)\{2(5-1)V_O - V_O^2\} = (0.01)[-(-2)]$

$$5V_O^2 - 40V_O + 4 = 0$$

$$V_O = 7.9\,V\ （不合）\quad 或 \quad V_O = 0.1\,V$$

$$I_D = (0.01)(-(-2))^2 = 0.04\,mA$$

因為 $V_{DSD} = V_O = 0.1V < V_{DS(Sat)} = V_{GSD} - V_{TND} = 5 - 1 = 4\,V$，可知驅動電路偏壓確實在非飽和區，與原先的假設相符合；同理 $V_{DSL} = V_{DD} - V_O = 4.9V > V_{DS(Sat)}$ $= V_{GSD} - V_{TND} = 0 - (-2) = 2\,V$，可知負載電路偏壓確實在飽和區，與原先的假設相符合。

MOSFET 固定電流源偏壓

如下圖左所示的 NMOS 電流鏡電路為 **固定電流源偏壓**(Constant-Current source biasing)方式，其中電晶體 M_2 與 M_3 構成電流鏡動作，意即電路左邊的參考電流 I_{REF} 等於電路右邊電流 I_D，就如同鏡子的反射動作。

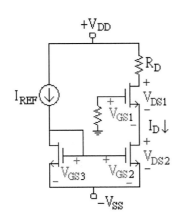
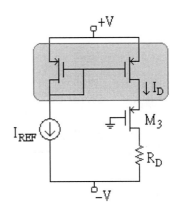

上圖右所示為 PMOS 電流鏡電路，其中陰影部分的 M_1、M_2 電晶體構成電流鏡動作，用來偏壓 M_3 電晶體；例如，$I_{REF} = 0.2\,\text{mA}$，$K_{n1} = 0.25\,\text{mA/V}^2$，$K_{n2} = K_{n3} = 0.15\,\text{mA/V}^2$，$V_{TN1} = V_{TN2} = V_{TN3} = 0.4\,\text{V}$，$R_D = 8\,\text{k}\Omega$，$V_{DD} = -V_{SS} = 2.5\,\text{V}$，求 I_D 的步驟如下：

1. 直接將數值代入 $I_D = K_{n3}(V_{GS3} - V_{TN3})^2$ 計算 V_{GS3}

$$0.2\text{m} = (0.15\text{m})(V_{GS3} - 0.4)^2$$

$$V_{GS3} = 1.56\text{V}$$

2. $V_{GS2} = V_{GS3} = 1.56\,\text{V}$

3. 化簡 $I_D = I_{D2} = K_{n2}(V_{GS2} - V_{TN2})^2 = K_{n2}(V_{GS3} - V_{TN2})^2$

$$I_D = (0.15\text{m})(1.56 - 0.4)^2 = 0.2\,\text{mA}$$

4. 假設 M_1 電晶體偏壓在飽和區，求 V_{GS1}：

$$I_D = 0.2\text{mA} = (0.25\text{m})(V_{GS1} - 0.4)^2$$

$$V_{GS1} = V_{G1} - V_{S1} = 0 - V_{S1} = 1.294\,\text{V}$$

$$V_{S1} = -1.294\,\text{V}$$

5. 求 V_{DS1}：使用 $V_{D1} = V_{DD} - I_D \times R_D$，$V_{DS1} = V_{D1} - V_{S1}$

$$V_{D1} = 2.5 - (0.2\text{m})(8\text{k}) = 0.9\,\text{V}$$

$$V_{DS1} = 0.9 - (-1.294) = 2.194\,\text{V}$$

6. 檢查

$$V_{DS1} = 2.194V > V_{DS(Sat)} = V_{GS1} - V_{TN1} = 1.294 - 0.4 = 0.894\ V$$

可知 M_1 偏壓確實在飽和區，與原先的假設相符合。

又例如下圖所示的電路為固定電流源(Constant-Current source biasing)偏壓，其優點在洩（汲）極電流與電晶體參數無關。

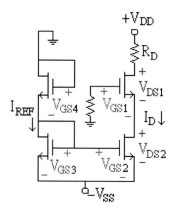

電晶體 M_2、M_3、M_4 組成電流源，M_3、M_4 在飽和區而 M_2 也是先假設在飽和區，已知

M_3、M_4 的參考電流 I_{REF} 相同 ....(1)

$V_{GS4} + V_{GS3} = V_{SS}$ ....(2)

$V_{GS3} = V_{GS2}$ ....(3)

由(1)式可知

$$K_{n3}(V_{GS3} - V_{TN3})^2 = K_{n4}(V_{GS4} - V_{TN4})^2$$

將(2)式代入(1)式 $V_{GS4} = V_{SS} - V_{GS3}$，可得

$$\sqrt{K_{n3}}\,(V_{GS3} - V_{TN3}) = \sqrt{K_{n4}}\,(V_{SS} - V_{GS3} - V_{TN4})$$

$$V_{GS3} = \frac{\sqrt{\dfrac{K_{n4}}{K_{n3}}}\,(V_{SS} - V_{TN4}) + V_{TN3}}{1 + \sqrt{\dfrac{K_{n4}}{K_{n3}}}}$$

最後利用(3)式，求出汲極電流

$$I_D = K_{n2}(V_{GS2} - V_{TN2})^2 = K_{n2}(V_{GS3} - V_{TN2})^2$$

例如 $K_{n1} = K_{n2} = K_{n3} = K_{n4} = 0.1\,mA/V^2$ ， $V_{TN1} = V_{TN2} = V_{TN3} = V_{TN4} = 1\,V$ ，求 I_D 的步驟如下：

1. 直接將數值代入 $K_{n3}(V_{GS3} - V_{TN3})^2 = K_{n4}(V_{GS4} - V_{TN4})^2$ 計算。

$$V_{GS3} = \frac{\sqrt{\dfrac{0.1}{0.1}}(5-1)+1}{1+\sqrt{\dfrac{0.1}{0.1}}} = 2.5\,V$$

2. $V_{GS3} = V_{GS2} = 0.5V_{SS} = 2.5V$ 。

3. 化簡 $I_D = K_{n2}(V_{GS2} - V_{TN2})^2 = K_{n2}(V_{GS3} - V_{TN2})^2$

$$I_D = (0.1)(2.5-1)^2 = 0.225\,mA$$

4. 求 V_{GS1} 。

$$I_D = 0.225mA = (0.1)(V_{GS1}-1)^2$$

$$V_{GS1} = 2.5\,V$$

5. 求 V_{DS2} ：使用 $V_{SS} = V_{DS2} + V_{GS1}$ ， $5 = V_{DS2} + 2.5$ 。

$$V_{DS2} = 2.5\,V$$

6. 檢查。

$$V_{DS2} = 2.5V > V_{DS(Sat)} = V_{GS2} - V_{th2} = 2.5 - 1 = 1.5\,V$$

可知 M_2 偏壓確實在飽和區，與原先的假設相符合。

經之前說明與例題後，請參考隨書電子書光碟以程式進行相關例題模擬：

14-6-A　增強型與空乏型 NMOS 負載元件 Pspice 分析

14-6-B　增強型與空乏型 NMOS 負載元件 MATLAB 分析

14-7 　有負載電阻的差動放大器

　　雙端輸入、雙端輸出的差動放大器，在輸出端加上負載電阻，形成如下圖所示的電路。

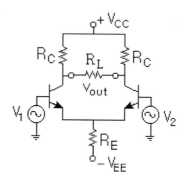

　　此種型式的電路，若是使用 KVL 聯立方程式，並不容易化簡，但是使用戴維寧定理，卻是可以快速求解，其戴維寧等效電路為

若是單端輸出，其戴維寧等效電路改為

很明顯的，以上兩者的差別在戴維寧等效電阻，以及 v_{out}。

15 範例

如圖電路，若 β = 150，　求負載電阻電壓。

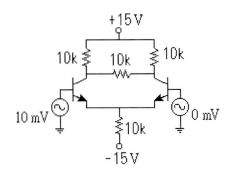

解

$$I_T = \frac{V_{EE} - 07}{R_E} = \frac{15 - 0.7}{10k} = 1.45\,\text{mA} \qquad , \qquad I_E = \frac{I_T}{2} = 0.715\,\text{mA}$$

$$r_e = \frac{25mV}{I_E} = \frac{25mV}{0.715mA} = 34.97\,\Omega \qquad , \qquad A_d = \frac{R_C}{r_e} = \frac{10k\Omega}{34.97\,\Omega} = 285.96$$

$$v_{out} = A_d(v_1 - v_2) = 285.93(10 - 0) = 2.86\,\text{V}$$

戴維寧等效電路為

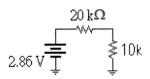

使用分壓定理，求負載電壓值為

$$V_{R_L} = 2.86 \times \frac{10}{20 + 10} = 0.953\,\text{V}$$

14-8 　有主動負載的電晶體放大器

　　對 BJT 放大器而言，例如共射放大器，其電壓增益正比於 $g_m R_C$，g_m 又正比於 I_{CQ}，但是 I_{CQ} 卻反比於 R_C，換言之，電壓增益是受限制的，因此為了提高電壓增益值，就必須考慮使用主動負載。

● 14-8-1　BJT 主動負載放大器

　　具有**主動負載**的電晶體放大器，如下圖左所示，電路中電晶體 Q_2 為驅動電晶體 Q_3 的主動負載元件，電晶體 Q_1、Q_2，以及電阻 R_1 所構成的電流鏡如框線所示，

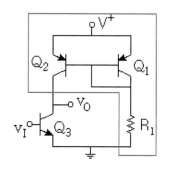 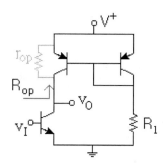

由上圖右所示的輸出端向上看，所得等效電阻為 $R_{op} = r_{op}$，由輸出端向下看，所得等效電阻為 $R_{on} = r_{on}$。

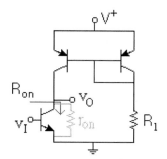

因此，從輸出端看入時，等效電阻為 $R_{th} = r_{op} \| r_{on}$，電壓增益為

$$A_t = \frac{-(r_{op} \| r_{on})}{g_m^{-1}} = -g_m(r_{op} \| r_{on})$$

其中並聯項可以改寫為倒數相加再倒數，即

$$A_t = \frac{-g_m}{\dfrac{1}{r_{op}} + \dfrac{1}{r_{on}}} = \frac{-\dfrac{I_C}{V_T}}{\dfrac{I_C}{V_{Ap}} + \dfrac{I_C}{V_{An}}} = \frac{-\dfrac{1}{V_T}}{\dfrac{1}{V_{Ap}} + \dfrac{1}{V_{An}}}$$

例如 $V_{Ap} = V_{An} = 80\,V$，$V_T = 26\,mV$，放大器電壓增益為 -1539；若輸出端有負載電阻，如下圖所示，

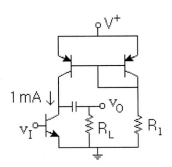

則電壓增益改寫為

$$A_t = -g_m(r_{op} \parallel r_{on} \parallel R_L)$$

或

$$A_t = \frac{-g_m}{\dfrac{1}{r_{op}} + \dfrac{1}{r_{on}} + \dfrac{1}{R_L}} = \frac{-\dfrac{I_C}{V_T}}{\dfrac{I_C}{V_{Ap}} + \dfrac{I_C}{V_{An}} + \dfrac{1}{R_L}}$$

提醒注意： 以上有關 BJT 主動負載放大器的分析，跳過直流部分而直接交流處理，但是必須確定電晶體 Q_2 與 Q_3 同時工作在主動區；一般而言，符合 Q_2 與 Q_3 同時工作在主動區的範圍很窄。

16 範例

如 圖 電 路 ， $V_{An} = 100\,V$ ， $V_{Ap} = 100\,V$ ， $V_T = 0.026\,V$ ，求 A_t ，若 $R_L = $ (a) ∞ (b) $100\,k\Omega$ 。

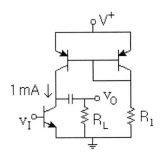

解

$r_{op} = V_{Ap} / I_C = 100V / 1mA = 100\,k\Omega$ ， $r_{on} = V_{An} / I_C = 100V / 1mA = 100\,k\Omega$ ，

$g_m = I_C / V_T = 1mA / 26mA = 38.5\,mA / V$

(a) $R_L = \infty$ ： $A_t = -g_m(r_{op} \| r_{on})$

$$A_t = -(38.5m)(100k \| 100k) = -1923$$

(b) $R_L = 100\,K\Omega$ ： $A_t = -g_m(r_{op} \| r_{on} \| R_L)$

$$A_t = -(38.5m)(100k \| 100k \| 100k) = -1282$$

由以上計算得知，負載電阻愈小，電壓增益愈小；通常電晶體 BJT 的轉導值比 MOSFET 的轉導值大，故 BJT 主動負載放大器比 MOSFET 主動負載放大器有更大的電壓增益值。

● 14-8-2　MOSFET 主動負載放大器

電流鏡

如下圖所示的基本 MOSFET 電流源電路，稱為**電流鏡**(Current mirror)，電路的核心在 M_3，設計安排的重點在其汲閘極之間短路，迫使 M_3 工作在飽和區。

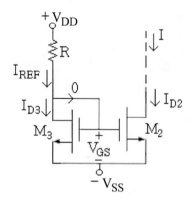

根據 KCL，電流鏡電路中的參考電流 I_{REF} 等於 M_3 的汲極電流 I_{D3}，即

$$I_{REF} = \frac{V_{DD} + V_{SS} - V_{GS}}{R} = I_{D3} = \frac{k_n'}{2}\left(\frac{W}{L}\right)_3 (V_{GS} - V_T)^2$$

並且 $I = I_{D2}$，即

$$I = \frac{k_n'}{2}\left(\frac{W}{L}\right)_2 (V_{GS} - V_T)^2$$

上述兩電流方程式相比值

$$I = I_{REF}\frac{(W/L)_2}{(W/L)_3}$$

可見電流鏡電路兩邊電流相似比值由各自半導體元件的寬長比所決定，換言之，若 M_3 與 M_2 完全相同，則 $I_{REF} = I_{D2} = I$。

　　本節所謂主動負載係指使用 NMOS 所構成電流鏡的偏壓電路，因此先介紹 NMOS 電流鏡的電路結構與特性，待瞭解電流鏡的特性後，就不難瞭解與分析具有電流鏡主動負載的 NMOS 放大器。如下圖左所示的 NMOS 電流鏡，由 M_3 與 M_2 所組成，以及下圖右所示的 PMOS 電流鏡，因為電路左邊的參考電流 I_{REF} 等於電路右邊的電流 I_Q，如同對照鏡子一般，故稱為電流鏡。

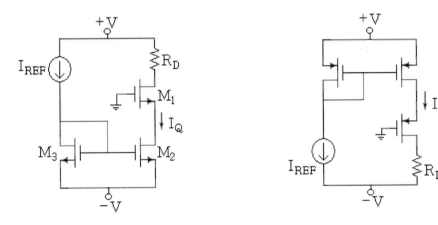

　　以 NMOS 電流鏡做說明：觀察電路可知參考電流 I_{REF} 等於 M_3 的汲極電流 I_{D3}，M_3 偏壓在飽和區，所以代入飽和區電流方程式 $I_{D3} = K_{n3}(V_{GS3} - V_{TN3})^2$，求出 V_{GS3}。

$$V_{GS3} = \sqrt{\frac{I_{D3}}{K_{n3}}} + V_{TN3}$$

　　由 M_3 與 M_2 所圍成的封閉環路可知 $V_{GS3} = V_{GS2}$，已知 V_{GS2}，就可以計算 $I_{D2} = I_Q = I_{D1}$，假設 M_1 偏壓在飽和區，代入飽和區電流方程式 $I_{D1} = K_{n1}(V_{GS1} - V_{TN1})^2$，求出 V_{GS1}

$$V_{GS1} = \sqrt{\frac{I_Q}{K_{n1}}} + V_{TN1}$$

最後計算出 V_{DS1}，檢查是否偏壓在飽和區；舉實例驗證 NMOS 電流鏡動作，假設 NMOS 的參數為 $K_{n1} = 0.25\,\text{mA}/\text{V}^2$，$K_{n2} = K_{n3} = 0.15\,\text{mA}/\text{V}^2$，$V_{TN1} = V_{TN2} = V_{TN3} = 0.4\,\text{V}$，$K_{nL} = 0.2\,\text{mA}/\text{V}^2$，$\lambda_D = \lambda_L = 0.01\,\text{V}^{-1}$，其餘電路條件如下所示。

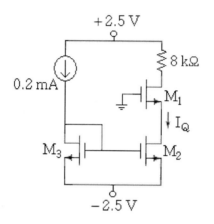

已知 $I_{REF} = I_{D3} = 0.2\,\text{mA}$，代入飽和區電流方程式 $I_{D3} = K_{n3}(V_{GS3} - V_{TN3})^2$，求出 V_{GS3}

$$0.2\text{m} = (0.15\text{m})(V_{GS3} - 0.4)^2$$

$$V_{GS3} = \sqrt{\frac{0.2}{0.15}} + 0.4 = 1.56\,\text{V}$$

因為 $V_{GS3} = V_{GS2} = 1.56\,\text{V}$，計算 $I_{D2} = I_Q = I_{D1}$ 為

$$I_{D2} = I_Q = I_{D1} = (0.15\text{m})(1.56 - 0.4)^2 = 0.2\,\text{mA}$$

可見 M_3 與 M_2 完全一樣，即可得到電流鏡的特性；最後假設 M_1 偏壓在飽和區，代入飽和區電流方程式 $I_{D1} = K_{n1}(V_{GS1} - V_{TN1})^2$，求出 V_{GS1}，

$$0.2\text{m} = (0.25\text{m})(V_{GS1} - 0.4)^2$$

$$V_{GS1} = V_{G1} - V_{S1} = 0 - V_{S1} = \sqrt{\frac{0.2}{0.25}} + 0.4 = 1.294\,\text{V}$$

即 $V_{S1} = -1.294\ V$ ，而 $V_{D1} = V_{DD} - I_Q \times R_D$

$$V_{D1} = 2.5 - (0.2m)(8k) = 0.9\ V$$

求得 V_{DS1} 為

$$V_{DS1} = V_{D1} - V_{S1} = 0.9 - (-1.294) = 2.194\ V$$

　　檢查 M_1 是否偏壓在飽和區：比較臨界條件 $V_{DS1(sat)} =$ $V_{GS1} - V_{TN1} = 1.294 - (0.4) = 0.894\ V$ ，小於 $V_{DS1} = 2.194\ V$ ，可知 M_1 確實偏壓在飽和區。

CMOS 共源放大器

　　如下圖左所示的 CMOS 共源放大器，其中 M_1 為增強型 NMOS 驅動級，M_2 與 M_3 為完全匹配的增強型 PMOS 主動負載，M_2 與 M_3 兩者構成電流鏡，使得電路左邊的參考電流 I_{REF} 等於電路右邊 M_2 的汲極電流 I_{D2}，其 I–V 特性關係如下圖右所示，圖中過渡點以字母 A 標示，非飽和區與飽和區分別在以*為記號曲線的左、右兩邊。

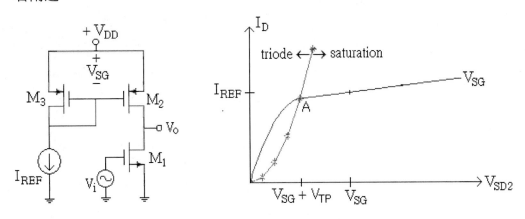

　　觀察電路可知 $I_{D1} = I_{D2} = I_{REF}$ ，若一併考慮 M_1 與 M_2 的 I–V 特性關係，如下圖所示，其中 M_1 與過渡點以字母 B 標示，靜態工作點位在 M_1 與 M_2 過渡點之間。

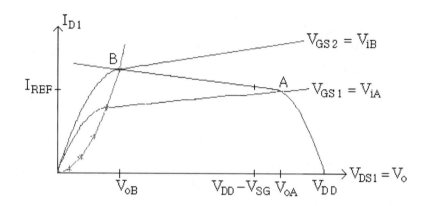

將 M_1 的 I–V 特性關係，轉換為輸出電壓 V_o 與輸入電壓的 VTC 關係圖，如下所示，圖中兩過渡點 A、B 之間的距離很窄，但是為了清楚顯示區間特性關係，其間的距離已經被放大處理；根據之前直流的分析得知：

1. $V_i \leq V_{TN}$ ：M_1 截止區，M_2 非飽和區。

2. $V_{TN} \leq V_i \leq V_{iA}$ ：M_1 飽和區，M_2 非飽和區。

3. $V_{iA} \leq V_i \leq V_{iB}$ ：M_1 飽和區，M_2 飽和區。

4. $V_i \geq V_{iB}$ ：M_1 非飽和區，M_2 飽和區。

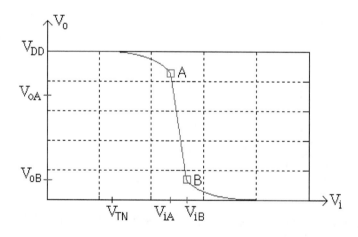

同樣使用前述轉導放大器的處理方式，先直接在電路上標示轉導值倒數 g_{mn}^{-1} 與輸出電阻 r_{on} 與 r_{op}，其中下標字 n 代表 NMOS，p 代表 PMOS，如下圖所示。

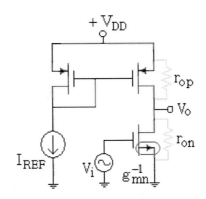

從上圖可以清楚看到，輸入信號橫跨在 g_{mn}^{-1} 參數上，輸出信號則相關於 $(r_{on} \| r_{op})$，由此求得總電壓增益為

$$A_t = -\frac{(r_{on} \| r_{op})}{g_{mn}^{-1}} = -g_{mn}(r_{on} \| r_{op})$$

其中並聯項可以改寫為倒數相加再倒數，即

$$A_t = \frac{-g_{mn}}{\dfrac{1}{r_{op}} + \dfrac{1}{r_{on}}} = \frac{-\dfrac{I_{REF}}{V_T}}{\lambda_p I_{REF} + \lambda_n I_{REF}} = \frac{-\dfrac{1}{V_T}}{\lambda_p + \lambda_n}$$

若輸出端有負載電阻，則電壓增益改寫為

$$A_t = -g_{mn}(r_{op} \| r_{on} \| R_L)$$

或

$$A_t = \frac{-g_{mn}}{\dfrac{1}{r_{op}} + \dfrac{1}{r_{on}} + \dfrac{1}{R_L}} = \frac{-\dfrac{I_{REF}}{V_T}}{\lambda_p I_{REF} + \lambda_n I_{REF} + \dfrac{1}{R_L}}$$

提醒注意：以上有關 MOSFET 主動負載放大器的分析，跳過直流部分而直接交流處理，但是必須確定電晶體 M_1 與 M_2 同時工作在飽和區。

另外，CS 組態放大器可以簡化為如下所示的電路，其中下圖左使用 PMOS 元件當作電流源負載，稱為 NMOS 共源放大器，下圖右則 NMOS 與 PMOS 角色互換，使用 NMOS 元件當作電流源負載，稱為 PMOS 共源放大器。

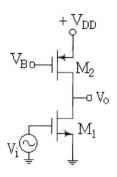

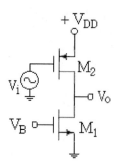

上圖所示 CS 放大器的總電壓增益，如同前述電流鏡主動負載方式處理，可以表示為

$$A_t = -g_m(r_{o1} \| r_{o2})$$

上式中若是針對 NMOS 共源放大器，轉導值等於 g_{m1}，同理若是針對 PMOS 共源放大器，轉導值等於 g_{m2}。

17 範例

如圖電路，CMOS 的參數為 $K_n = 0.6\,\text{mA}/\text{V}^2$ ，$V_{TN} = 0.8\,\text{V}$ ，$K_p = 0.6\,\text{mA}/\text{V}^2$ ，$V_{TP} = -0.8\,\text{V}$ ，$\lambda_n = \lambda_p = 0.01\,\text{V}^{-1}$，求總電壓增益 A_t 。

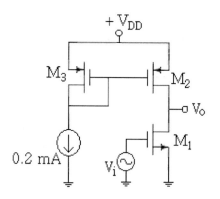

解

已知 $I_{REF} = I_{D2} = I_{D1} = 0.2\,\text{mA}$ ，代入 $g_m = 2\sqrt{K_n I_{DQ}}$ 求轉導值，

$$g_{mn} = 2\sqrt{(0.6\text{m})(0.2\text{m})} = 0.693\,\text{mA}/\text{V}$$

求輸出電阻 $r_o = (\lambda I_{DQ})^{-1}$

$$r_{on} = r_{op} = (0.01 \times 0.2m)^{-1} = 500\,k\Omega$$

代入 $A_t = -g_{mn}(r_{on} \| r_{op})$，可得總電壓增益為

$$A_t = -(0.693m)(500k \| 500k) = -173.25$$

從上式結果可知，具有空乏型主動負載的 NMOS 放大器的總電壓增益遠大於增強型主動負載的 NMOS 放大器。

練習 11　如圖電路，$V_{An} = 100\,V$ ，$V_{Ap} = 100\,V$ ，$V_T = 0.026\,V$ ，求 A_t ，若 $R_L = $ (a) ∞ 　(b) $100\,k\Omega$ 。

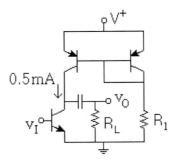

Answer　(a) -1923 　(b) -961.54

練習 12　如圖電路，$\lambda_n = \lambda_p = 0.01V^{-1}$ ，$V_{TN} = 1\,V$ ，$K_n = 1\,mA/V^2$ ，求 A_t ，$R_L = $ (a) ∞ (b) $100\,k\Omega$ 。

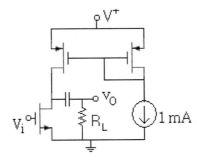

Answer　(a) -100 　(b) -66.67

14-9　主動負載疊接放大器

前述主動負載 BJT 與 MOSFET 放大器電路，主要是使用最簡單的雙電晶體電流鏡，即可得到比一般放大器還高的電壓增益；本節內容將探討進階的電流鏡，因為此類電流鏡具有更高輸出阻抗，所以可以提高放大器的電壓增益。

● 14-9-1　BJT 疊接放大器

如下圖左所示為 IC BJT 的疊接電路(Cascode circuit)，輸入端 Q_1 為共射 CE 放大器組態，輸出端 Q_2 為具有電流源主動負載的共基 CB 放大器組態，直流偏壓 V_{BIAS} 從 Q_2 閘極接入，確保 Q_1 與 Q_2 工作在動作區；下圖右所示為疊接電路的交流等效電路，其中顯示輸入與輸出阻抗的相關位置，電阻 R_L 為包括主動負載電流源與任何外加負載電阻。

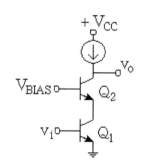 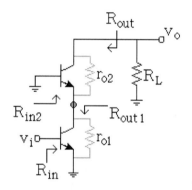

由前述的內容類推，可知

$$R_{in2} \cong r_{e2} \frac{r_{o2} + R_L}{r_{o2} + \dfrac{R_L}{(1+\beta_2)}}$$

$R_{in} \cong r_{\pi1}$ ， $R_{out} \cong r_{o1}$

$$R_{out} = r_{o2} + (1 + g_{m2}r_{o2})(r_{\pi2} \| r_{o1})$$

因為 r_{o1} 遠大於 $r_{\pi2}$ ，即 $r_{\pi2} \| r_{o1} \cong r_{\pi2}$ ，因此上式改寫為

$$R_{out} = r_{o2} + (1 + g_{m2}r_{o2})r_{\pi2} = r_{o2} + (r_{\pi2} + g_{m2}r_{\pi2}r_{o2}) \cong \beta_2 r_{o2}$$

若 Q_1 與 Q_2 完全相同，各參數改寫為 $R_{out} \cong \beta r_o$；觀察電路，輸入橫跨在參數 $r_e = \alpha / g_m \cong 1/gm$ 上，輸出則有等效電阻 R_{out} 並聯 R_L，因此可得放大器總電壓增益為

$$A_t = -g_m \frac{\beta r_o R_L}{\beta r_o + R_L}$$

● 14-9-2 MOSFET 疊接放大器

如下圖左所示為 IC MOS 的疊接電路(Cascode circuit)，輸入端 M_1 為共源 CS 放大器組態，輸出端 M_2 為具有電流源主動負載的共閘 CG 放大器組態，直流偏壓 V_{BIAS} 從 M_2 閘極接入，確保 M_1 與 M_2 工作在飽和區；下圖右所示為疊接電路的交流等效電路，其中顯示輸入與輸出阻抗的相關位置。

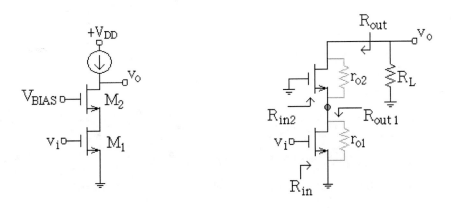

由 12-10-1 小節的內容類推，可知 $R_{in2} = (r_{o2} + R_L)/(1 + g_{m2}r_{o2})$，$R_{in} = \infty$，$R_{out1} = r_{o1}$，$R_{out} = r_{o2} + (1 + g_{m2}r_{o2})r_{o1} \cong (g_{m2}r_{o2})r_{o1}$，若 M_1 與 M_2 完全相同，各參數改寫為 $R_{in2} = (r_o + R_L)/(1 + g_m r_o) = (r_o + R_L)/(1 + A_0)$，$R_{out1} = r_o$，$R_{out} = r_o + (1 + g_m r_o)r_o \cong A_0 r_o$；觀察電路，輸入橫跨在參數 g_m 上，輸出則有等效電阻 R_{out} 並聯 R_L，因此可得放大器總電壓增益為

$$A_t = -g_m \frac{A_0 r_o \times R_L}{A_0 r_o + R_L} = -A_0^2 \frac{R_L}{A_0 r_o + R_L}$$

如下圖左所示為 IC MOS 的雙疊接電路(Double cascode circuit)，輸入端 M_1 為共源 CS 放大器組態，M_2 與輸出端 M_3 為具有電流源主動負載的共閘 CG 放大器組態，直流偏壓 V_{BIAS2} 從 M_2 閘極接入，V_{BIAS3} 從 M_3 閘極接入，確保 M_2 與 M_3 工

作在飽和區；下圖右所示為雙疊接電路的輸出阻抗的相關位置，電阻 R_L 為包括主動負載電流源與任何外加負載電阻。

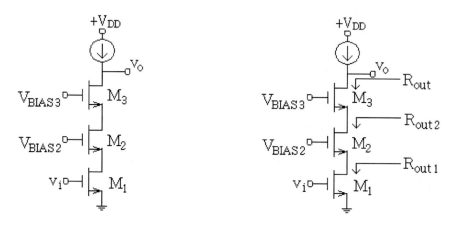

由前述討論類推可知 $R_{out1} = r_{o1}$，$R_{out2} = r_{o2} + (1 + g_{m2}r_{o2})r_{o1} \cong (g_{m2}r_{o2})r_{o1} = A_{02}r_{o1}$，$R_{out} \cong (g_{m3}r_{o3})A_{02}r_{o1} \cong A_{02}A_{03}r_{o1}$，若 MOS 完全相同，上述各參數改寫為

$$R_{out1} = r_o$$

$$R_{out2} = A_0 r_o$$

$$R_{out} = A_0^2 r_o$$

具有疊接主動負載的 MOSFET 疊接放大器，如下圖所示，電路中所有 MOSFET 皆工作在飽和區。假設所有相關 MOSFET 的 g_m 皆相同。

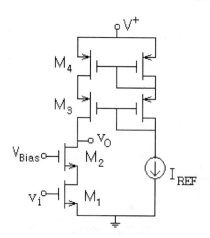

由輸出端向上看，所得等效電阻為 R_{34}

$$R_{34} = r_{o3} + r_{o4}(1 + g_m r_{o3}) \cong g_m r_{o3} r_{o4}$$

由輸出端向下看，所得等效電阻為 R_{12}

$$R_{12} = r_{o2} + r_{o1}(1 + g_m r_{o2}) \cong g_m r_{o1} r_{o2}$$

因此，從輸出端看入時，等效電阻為

$$R_{th} = R_{34} \| R_{12} = (g_m r_{o3} r_{o4}) \| (g_m r_{o1} r_{o2})$$

放大器總電壓增益為

$$A_t = -g_m^2 (r_{o3} r_{o4} \| r_{o1} r_{o2})$$

其中並聯項可以改寫為 $r_{o3} r_{o4} \| r_{o1} r_{o2} = \left(\dfrac{1}{r_{o3} r_{o4}} + \dfrac{1}{r_{o1} r_{o2}} \right)^{-1}$，即

$$A_t = \dfrac{-g_m^2}{\dfrac{1}{r_{o3} r_{o4}} + \dfrac{1}{r_{o1} r_{o2}}}$$

18 範例

如圖電路，$\lambda_n = \lambda_p = 0.01 V^{-1}$，$V_{TN} = 1\,V$，$K_n = 1\,mA/V^2$，求總電壓增益 A_t。

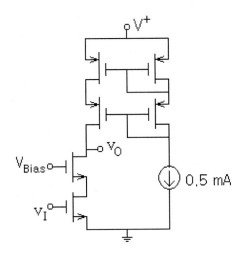

解

$$I_{REF} = 0.5\,mA \quad : \text{使用 } g_m = 2\sqrt{K_n I_{REF}}$$

$$g_m = 2\sqrt{(1)(0.5)} = 1.41\,mA\,/\,V$$

$$r_{op} = \frac{1}{\lambda_p I_{REF}} = \frac{1}{(0.01)(0.5m)} = 200\,k\Omega$$

$$r_{on} = \frac{1}{\lambda_n I_{REF}} = \frac{1}{(0.01)(0.5m)} = 200\,k\Omega$$

$$\text{使用 } A_t = \frac{-(g_m r_{o3} r_{o4})\,\|\,(g_m r_{o1} r_{o2})}{g_m^{-1}} = -g_m^2 (r_{o3} r_{o4}\,\|\,r_{o1} r_{o2})$$

$$A_t = -(1.41m)^2 (200k \times 200k\,\|\,200k \times 200k) = -39762$$

雖然如此高的理想電壓增益值，在實際的疊接主動負載放大器中是不可能達成，但卻清楚顯示疊接主動負載放大器的電壓增益確實遠大於一般主動負載放大器的電壓增益。

● 14-9-3 BiCMOS 疊接放大器

如下圖左所示為 IC BJT 與 MOS 的疊接電路(Double cascode circuit)，稱為 BiCMOS 疊接放大器，輸入端 M_1 為共源 CS 放大器組態，Q_2 為具有電流源主動負載的共基 CB 放大器組態，直流偏壓 V_{BIAS} 從 Q_2 基極接入，確保 Q_2 工作在動作區；下圖右所示為 BiCMOS 雙疊接電路，輸入端 Q_1 為共射 CE 放大器組態，Q_2 與 M_3 為具有電流源主動負載的共基 CB 與共閘 CG 放大器組態，直流偏壓 V_{BIAS2} 從 Q_2 基極接入，直流偏壓 V_{BIAS3} 從 M_3 閘極接入，確保 Q_2 與 M_3 有線性放大的動作。

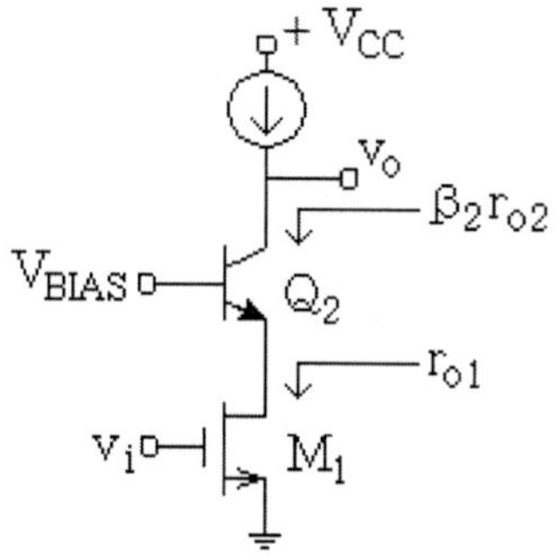

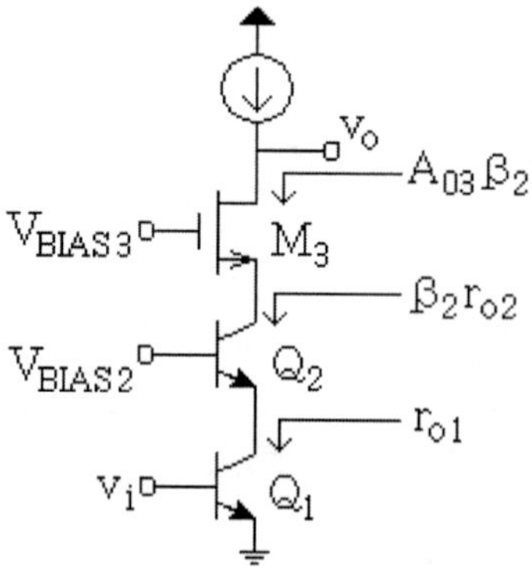

由前述討論類推可知 $R_{out1} = r_{o1}$， $R_{out2} = r_{o2} + (1 + g_{m2}r_{o2})r_{\pi2} = r_{o2} + (r_{\pi2} + g_{m2}r_{\pi2}r_{o2})$ $\cong \beta_2 r_{o2}$， $R_{out} \cong (g_{m3}r_{o3})\beta_2 r_{o2} \cong A_{03}\beta_2 r_{o2}$，若 MOS 完全相同，上述各參數改寫為

$$R_{out1} = r_o$$

$$R_{out2} = \beta r_o$$

$$R_{out} = A_0 \beta r_o$$

14-10 有主動負載的差動放大器

前述的主動負載放大器，係將主動負載連接在一般的放大器上，比照這樣的處理，同樣可以連接在差動放大器上，以增加差模增益。

14-10-1 BJT 主動負載差動放大器

如下圖所示，具有主動負載之差動放大器電路中，電晶體 Q_1、 Q_2 構成由固定電流源 I_Q 偏壓的差動對，電晶體 Q_3、 Q_4 為主動負載。

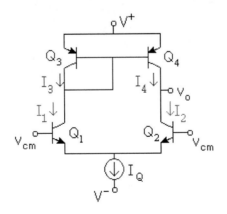

假設所有電晶體皆匹配，忽略基極電流，可知

$$I_1 = I_2 = I_3 = I_4 = \frac{I_Q}{2}$$

具有三電晶體主動負載之差動放大器電路，如下圖所示，

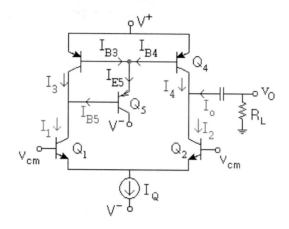

觀察電晶體 Q_5 的射極，由 KCL 可知

$$I_{E5} = I_{B3} + I_{B4} = \frac{I_3}{\beta} + \frac{I_4}{\beta}$$

因此，

$$I_{B5} = \frac{I_{E5}}{1+\beta} = \frac{I_3 + I_4}{\beta(1+\beta)}$$

$$I_3 + I_4 \cong I_Q$$

即

$$I_{B5} = \frac{I_Q}{\beta(1+\beta)}$$

又因為電路平衡，$I_1 = I_2$，$I_3 = I_4$，可知

$$I_o = I_{B5} = \frac{I_Q}{\beta(1+\beta)}$$

小信號分析

具有三電晶體主動負載之差動放大器電路與其交流等效電路，如下圖所示，

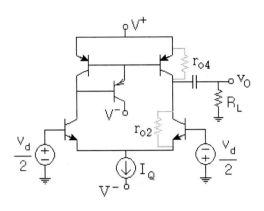 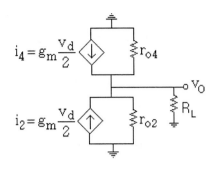

可見其**小信號差模增益**(Differential-mode voltage gain)為

$$A_d = g_m(r_{o2} \| r_{o4} \| R_L)$$

或者表示成

$$A_d = \cfrac{g_m}{\left(\cfrac{1}{r_{o2}} + \cfrac{1}{r_{o4}} + \cfrac{1}{R_L}\right)} = \cfrac{g_m}{(g_{m2} + g_{m4} + G_L)}$$

亦可代入 $g_m = I_{CQ}/V_T$ ， $r_o = V_A/I_{CQ} = 2V_A/I_Q$ ，上式改寫為

$$A_d = \cfrac{\cfrac{I_Q}{2V_T}}{\left(\cfrac{I_Q}{2V_{A2}} + \cfrac{I_Q}{2V_{A4}} + \cfrac{1}{R_L}\right)}$$

19 範例

如圖電路， $V_{An} = V_{Ap} = 100\,V$ ， $V_T = 0.026\,V$ ，求差模電壓增益 A_d ，若 $R_L = $ (a) ∞ (b) $100\,k\Omega$ 。

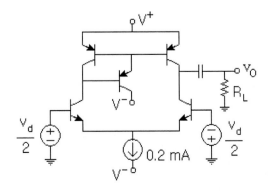

解

$I_Q = 0.2\,mA$ ， 使 用 $r_o = V_A / I_{CQ} = 2V_A / I_Q$ ， $g_m = I_{CQ} / V_T = I_Q / (2V_T)$ ：

$r_{op} = 200V / 0.2mA = 1\,M\Omega$ ， $g_m = 0.2mA / 52mV = 3.846\,mA / V$

(a) $A_d = g_m (r_{o2} \| r_{o4} \| R_L)$ ： $R_L = \infty$

$$A_d = (3.846m)(1000k \| 1000k) = 1923$$

(b) $R_L = 100\,k\Omega$

$$A_d = (3.846m)(1000k \| 1000k \| 1000k) = 320.5$$

由以上結果得知，具有主動負載的開路差動放大器，其差模增益很大，並且有很嚴重的負載效應。

14-10-2 MOSFET 主動負載差動放大器

基本 **MOSFET 差動放大器**(Differential amplifier)電路，如下圖所示，其中電晶體 M_1 與 M_2 為 n 通道 MOSFET，所組成的差動對由電流源 I_Q 偏壓，電晶體 M_3 與 M_4 為 p 通道 MOSFET，所組成的主動負載連接成電流鏡組態。

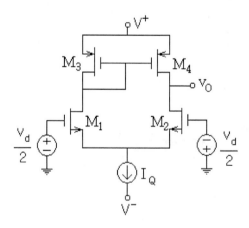

觀察電路，因為 M_1 與 M_3 串聯，可得

$$i_{D1} = \frac{I_Q}{2} + i_d = \frac{I_Q}{2} + g_m \frac{v_d}{2} = i_{D3}$$

$$i_{D2} = \frac{I_Q}{2} - i_d = \frac{I_Q}{2} - g_m \frac{v_d}{2}$$

再者 M_4 與 M_3 為是電流鏡，因此 $i_{D4}=i_{D3}$，將以上關係代入交流等效電路，結果顯示如下

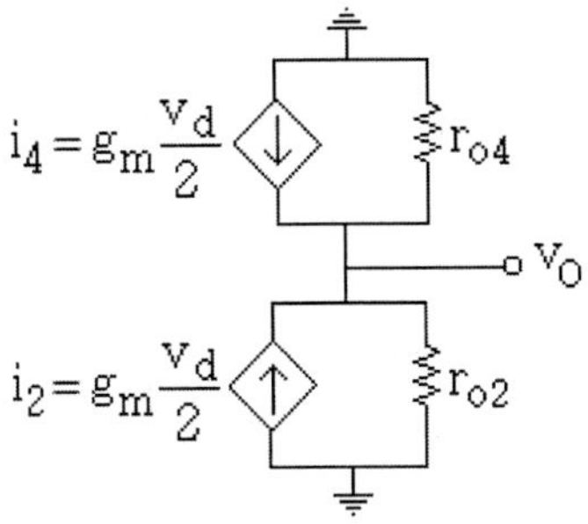

$$i_4 = g_m \frac{v_d}{2}$$ ⊗ ⬙ r_{o4}

v_O

$$i_2 = g_m \frac{v_d}{2}$$ ⬙ ⊗ r_{o2}

由前述差動放大器的討論得知，雙端輸入單端輸出的差模增益為 $g_m R_O/2$，但因電流鏡的緣故，貢獻另一半的電流 $g_m v_d/2$，兩電流源合成後為 $g_m v_d$，效果如同雙端輸入雙端輸出的差模放大器；由交流等效電路可知其小信號差模增益為

$$A_d = g_m (r_{o2} \parallel r_{o4})$$

或者表示成

$$A_d = \frac{g_m}{\left(\dfrac{1}{r_{o2}} + \dfrac{1}{r_{o4}} \right)} = \frac{g_m}{(g_{m2} + g_{m4})}$$

● 14-10-3　MOSFET 疊接主動負載差動放大器

　　差模電壓增益正比於由輸出端看入的主動負載輸出電阻，因此，如果的主動負載的輸出電阻可以增加，即可提高差模電壓增益，為了達到此目的，通常是使用主動負載疊接組態，如右圖所示。

　　回想以前的處理方式，可知

$$R_{o4} = r_{o4} + r_{o6}(1 + g_m r_{o4}) \cong g_m r_{o4} r_{o6}$$

同理

$$R_{o2} = r_{o2}$$

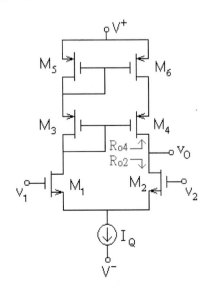

其**小信號差模增益**為

$$A_d = g_m (R_{o4} \| R_{o2})$$

除了上述主動負載疊接組態外，MOSFET 差動對同樣可以疊接組態構成，如下圖所示，

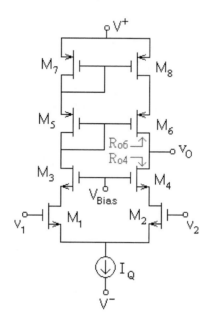

其**小信號差模增益**為

$$R_{o6} = r_{o6} + r_{o8}(1 + g_m r_{o6}) \cong g_m r_{o6} r_{o8}$$

$$R_{o4} = r_{o4} + r_{o2}(1 + g_m r_{o4}) \cong g_m r_{o2} r_{o4}$$

$$A_d = g_m (R_{o6} \| R_{o4})$$

20 範例

如圖電路，$\lambda=0.01V^{-1}$，$K_n=0.2mA/V^2$，求差模電壓增益 A_d。

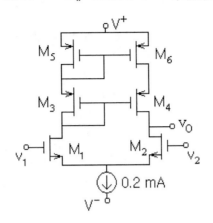

解

$I_Q = 0.2\,mA$ ：使用 $g_m = 2\sqrt{K_n I_{CQ}} = 2\sqrt{K_n \dfrac{I_Q}{2}} = \sqrt{2K_n I_Q}$，

$r_o = 1/(\lambda I_{CQ}) = 2/(\lambda I_Q)$

$$g_m = \sqrt{2(0.2m)(0.2m)} = 0.283\,mA/V$$

$$r_o = \frac{1}{(0.01)(0.1m)} = 1000\,k\Omega$$

使用 $A_d \cong g_m(g_m r_{o4} r_{o6} \| r_{o2})$：每一 MOSFET 的 g_m 皆相同。

$$g_m r_{o4} r_{o6} = (0.283m)(1000k \times 1000k) = 283\,M\Omega$$

$$A_d \cong (0.283m)(283M \| 1000k) = 282$$

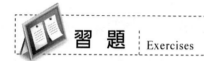

習 題 Exercises

14- 1 如下圖所示電路，求(a)尾端電流 I_T　(b)射極電流 I_E　(c)輸出端直流電壓。

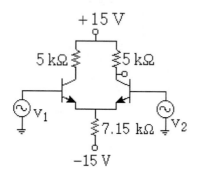

14- 2 如下圖所示電路，若 $\beta = 300$，求(a)差動電壓增益 A_d　(b)輸入阻抗 Z_{in}。

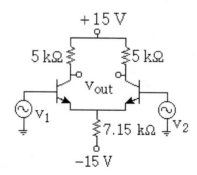

14- 3 如下圖所示電路，若 $\beta = 300$，求(a)輸出電壓 v_{out}　(b)輸入阻抗 Z_{in}。

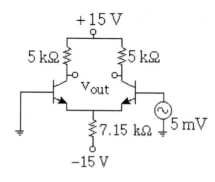

14-4 如下圖所示電路，若 $\beta = 100$ ，求 (a)共模電壓增益 $|A_{cm}|$　(b) CMRR′
(c) V_{out} 。

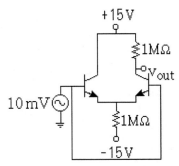

14-5 資料手冊載明運算放大器， $A_d = 150000$ ， $CMRR_{dB} = 85dB$ ，求共模電壓增益
A_{cm} 。

14-6 如圖電路， $\beta = 100$ ， $V_A = 100\,V$ ，求 (a)差模電壓增益 A_d　(b)共模電壓增
益 A_{cm}　(c)CMRR。

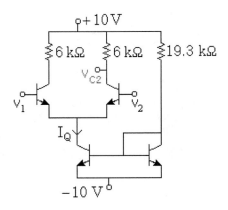

14-7 如圖電路， $\lambda_1 = \lambda_2 = 0$ ， $\lambda_3 = 0.01V^{-1}$ ， $V_{TN} = 1\,V$ ， $K_n = 1\,mA/V^2$ ，求(a) A_d
(b) A_{cm}　(c)CMRR。

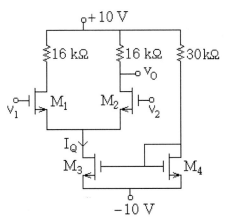

14-8 如圖所示的電流鏡電路，假設電晶體 $\beta = 100$ ，$V_A = 100\text{ V}$ ，求 (a) I_{REF} (b) I_O　(c)輸出電阻 r_o 。

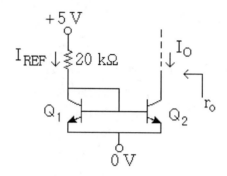

14-9 如圖所示的電流鏡電路，假設電晶體 $\beta = 100$ ，$V_A = 100\text{ V}$ ，$I_O = 2\text{ mA}$ ，求 R。

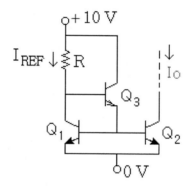

14-10 如圖電路 $\beta = 100$ ，$V_A = 100\text{ V}$ ，$V_{BE(on)} = 0.7\text{ V}$ ，求 (a) I_O　(b) R_O 。

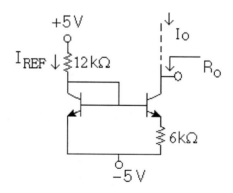

14-11 如圖電路，$\beta = \infty$，$V_A = 100\text{ V}$，$V_{BE(on)} = 0.7\text{ V}$，求(a)$I_{O1}$ (b)I_{O2} (c)I_{O3}。

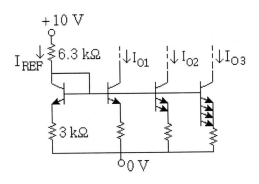

14-12 如圖電路，若$\beta = 150$，求負載電阻電壓。

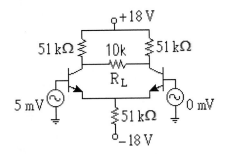

14-13 如圖電路，$V_{An} = 120\text{ V}$，$V_{Ap} = 80\text{ V}$，$V_T = 0.026\text{ V}$，求A_t。

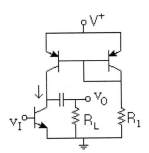

14-14 如圖電路，$\lambda_n = \lambda_p = 0.01\text{V}^{-1}$，$V_{TN} = 1\text{ V}$，$K_n = 1\text{ mA/V}^2$，$R_L = \infty$，求$A_t$。

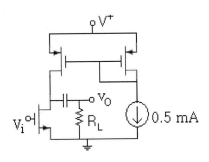

14-15 如圖電路，$V_{An} = 120\ V$，$V_{Ap} = 80\ V$，$\beta = 80$，求小信號電壓增益。

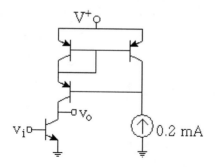

14-16 如圖電路，$\lambda_n = \lambda_p = 0.02 V^{-1}$，$V_{TN} = -V_{TP} = 0.8\ V$，$K_{n1} = K_{n2} = 1\ mA/V^2$，$K_{n3} = K_{n4} = K_{n5} = K_{n6} = 0.8\ mA/V^2$，求總電壓增益 A_t。

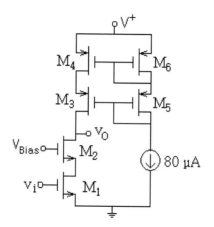

14-17 如圖電路，$V_{An} = 125\ V$，$V_{Ap} = 85\ V$，$V_T = 0.026\ V$，求差模電壓增益 A_d，若 $R_L = (a)\infty$　(b)$100k\Omega$。

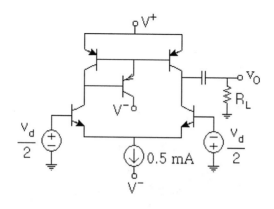

14-18 圖電路，$K_n = 0.1\,\text{mA}/V$，$K_p = 0.08\,\text{mA}/V$，$\lambda_n = 0.01V^{-1}$，$\lambda_p = 0.015V^{-1}$，$V_{TN} = -V_{TP} = 1\,V$，求差模電壓增益 A_d。

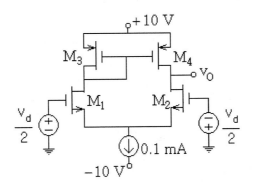

14-19 如圖電路，$\lambda = 0.02V^{-1}$，$K_n = 0.4\,\text{mA}/V^2$，求差模電壓增益 A_d。

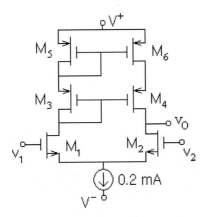

14-20 如圖電路，$V_{TN} = 0.8\,V$，$k_n' = 30\,\mu A/V^2$，(a) $\left(\dfrac{W}{L}\right)_1 = \left(\dfrac{W}{L}\right)_2 = 40$，求 V_{GS1}，V_{GS2}，V_O，I_D　(b)重覆(a)所求，當 $\left(\dfrac{W}{L}\right)_1 = 40$，$\left(\dfrac{W}{L}\right)_2 = 15$。

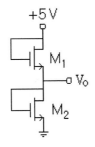

14-21 如圖電路，$V_{TN} = 1V$，$k_n' = 50\,\mu A / V^2$，求 $\left(\dfrac{W}{L}\right)_1$、$\left(\dfrac{W}{L}\right)_2$、$\left(\dfrac{W}{L}\right)_3$。

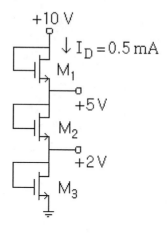

15 Chapter

運算放大器

研究完本章，將學會

- 運算放大器簡介
- 非反相放大器
- 反相放大器
- 阻抗之影響
- 回授電路
- 特殊回授電路
- 習題

15-1 運算放大器簡介※

運算放大器（Operation amplifier，簡稱 OPA）的簡易方塊圖，如下圖所示，其中第 1 級為上一章所討論的差動放大器。

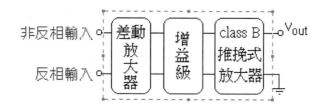

OPA 的簡易符號，如下圖左所示，其輸入端有兩個，標示＋者為**非反相輸入端**(Noninverting input)，標示－者為**反相輸入端**(Inverting input)，輸出端則有一個。

通常，OPA 工作需要兩直流偏壓電壓，一正一負，標示如上圖右所示，不過，一般的習慣並不畫出。

● 15-1-1 理想運算放大器

理想運算放大器的特性結構，顯示如下圖

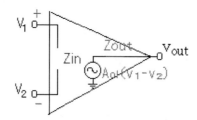

其理想特性有：

1. A_{ol}：**開環路電壓增益**(Open loop voltage gain)無窮大

2. Z_{in}：輸入阻抗(Input impedance)無窮大

3. Z_{out}：輸出阻抗(Output impedance)近似為零

4. CMRR：共模拒斥比(Common-Mode Rejection Ratio)無窮大

5. $I_{in(bias)}$：輸入偏壓電流(Input bias current)等於零

6. $I_{in(off)}$：輸入抵補電流(Input offset current)等於零

7. $V_{in(off)}$：輸入抵補電壓(Input offset voltage)等於零

8. f_{unity}：單位增益頻率(Unity-Gain frequency)無窮大

　　根據上述特性，由圖可知因為輸入阻抗 Z_{in} 無窮大，所以可以全部接收輸入端的電壓差 $(V_1 - V_2)$，放大 A_{ol} 倍後，又因為輸出阻抗 Z_{out} 幾乎為零，再將100%的將放大信號輸送到輸出端。

●15-1-2　實際運算放大器

　　元件的理想特性，讓電子電路容易瞭解與分析，但是理想的元件不可能存在，即使是 OPA 也不例外；舉 741C 為例，其特性典型值為 $Z_{in} = 2\,M\Omega$，$A_{ol} = 200000$，$Z_{out} = 75\,\Omega$，$CMRR = 90\,dB$，$f_{unity} = 1\,MHz$，$I_{in(bias)} = 80\,nA$，$I_{in(off)} = 20\,nA$，$V_{in(off)} = 2\,mV$，簡言之，典型的 OPA 具有高 Z_{in}，高 A_{ol} 值與低 Z_{out}，圖示如右，

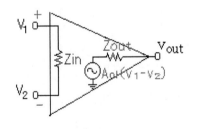

當然，OPA 的電壓與電流同樣受到限制，例如，輸出的峰對峰電壓，會被限制在比輸入直流偏壓電壓小 $1\sim3$ 伏特。

　　OPA 未接**回授元件**時，稱為**開環路**（Open loop，簡寫 ol），其小信號的頻率響應為

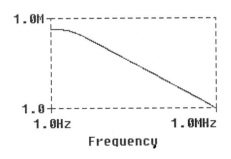

由上圖可知

1. A_{ol} 很高，其值為 200000

2. $f_{c(ol)}$ 等於 10 Hz

3. 低通濾波器特性，衰減斜率為 –20 dB /十倍

4. 單位增益頻率 $f_{unity} = 1\,MHz$

若是有接回授元件，則叫作**閉環路**（Close loop，簡寫 cl）；例如，**負回授**就是最常用的應用電路。

由於**開環路** OPA 的 A_{ol} 值很大，使得輸入的信號再小，還是會造成輸出信號截波失真，例如下圖所示為 Pspice 所執行的結果。

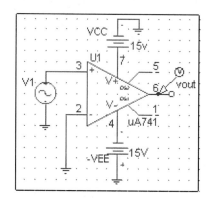
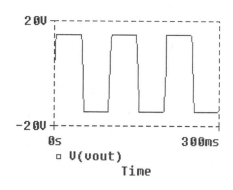

因此，最理想的狀況是 $PP = V_{CC} + V_{EE}$，實際上，大約少 1V ~ 3V 之間。

將一步級輸入加在 OPA 的非反相放大端，輸出電壓的最大變化率稱為**轉換率**（Slew rate，簡稱 S_R）；例如，v_{in} 為峰值 10 V 的方波，結果如下，

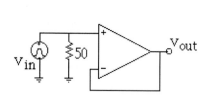

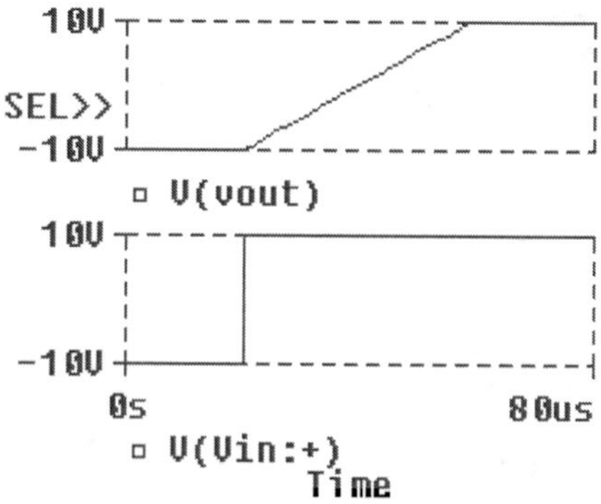

$$S_R = \frac{\Delta V_{out}}{\Delta t}$$

其中 $\Delta V_{out} = V_{max} - V_{min}$ ，Δt 為輸出由最小值 V_{min} 昇至最大值 V_{max} 所需的時間，由輸出結果判斷，可得 $\Delta V_{out} = 20\,V$ ，$\Delta t = 40\,\mu s$ ，代入 $S_R = \dfrac{\Delta V_{out}}{\Delta t}$ ，

$$S_R = \frac{20\,V}{40\,\mu s} = 0.5\,V/\mu s$$

意即輸出電壓的最大變化不會 1 微秒內快過 0.5 V 。

延續上述的觀念，若正弦波的峰值為 V_P ，其轉換率失真開始於起始斜率等於 OPA 的轉換率，可知最大不失真頻率 f_{max} 為

$$f_{max} = \frac{S_R}{2\pi V_P}$$

● 15-1-3　運算放大器增益級與輸出級

運算放大器通常由三個放大器所構成，並且採用不使用耦合電容與旁路電容的直接交連方式處理，如下圖所示，其中第一級使用 Q_3、Q_4、Q_5 三電晶體主動負載差動放大器當做輸入級，配合使用 Q_9、Q_{10}、R_2 的 Wildlar 電流鏡提供偏壓，電壓增益範圍在 $10^2 \sim 10^3$ 之間；第二級的輸出端串接一達靈頓對(Darlington pair)，此為增益級，其 Q_7 達靈頓對偏壓電流也是 Q_9、Q_{11}、R_3 的 Wildlar 電流鏡所提供，電壓增益範圍在 $10^2 \sim 10^3$ 之間；第三級 Q_8、R_4 射極隨耦器當做輸出級，此級亦可使用推挽式射極隨耦器，電壓增益接近於 1 。

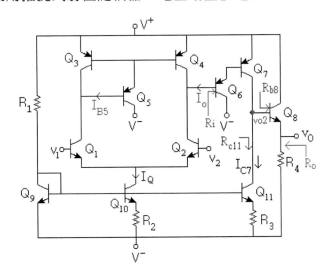

已知

$$I_o = I_{B5} = \frac{I_Q}{\beta(1+\beta)}$$

由電路可知

$$I_o = \frac{I_{E6}}{(1+\beta)} = \frac{I_{C7}}{\beta(1+\beta)}$$

為了能夠 $I_o = I_{B5}$ ，需要 $I_{C7} = I_Q$ ，意即 $R_2 = R_3$

輸入阻抗

$$R_i = (1+\beta)(r_{e6} + (1+\beta)r_{e7}) = (1+\beta)(r_{e6} + r_{\pi 7}) = r_{\pi 6} + (1+\beta)r_{\pi 7}$$

其中

$$r_{\pi 6} = \frac{\beta}{g_m} = \frac{\beta V_T}{I_{C6}} = \frac{\beta V_T}{\dfrac{I_{C7}}{1+\beta}} = \frac{\beta(1+\beta)V_T}{I_Q}$$

$$r_{\pi 7} = \frac{\beta}{g_m} = \frac{\beta V_T}{I_{C7}} = \frac{\beta V_T}{I_Q}$$

將上兩式代入 R_i

$$R_i = \frac{\beta(1+\beta)V_T}{I_Q} + (1+\beta)\frac{\beta V_T}{I_Q} = \frac{2\beta(1+\beta)V_T}{I_Q}$$

電壓增益

達靈頓對的電壓增益 $A_v = v_{o2}/v_{b6}$ 為

$$A_v = \frac{v_{o2}}{v_{b6}} = \frac{i_{c7}R_{L7}}{i_{b6}R_i} = \frac{\beta(1+\beta)i_{b6}R_{L7}}{i_{b6}R_i} = \frac{\beta(1+\beta)R_{L7}}{R_i}$$

將 R_i 代入

$$A_v = \frac{\beta(1+\beta)R_{L7}}{\dfrac{2\beta(1+\beta)V_T}{I_Q}} = \frac{I_Q R_{L7}}{2V_T}$$

輸出阻抗

達靈頓對的 $R_{L7} = R_{b8} \| R_{c11}$ 為

$$R_{b8} = (1+\beta)(r_{e8} + R_4) = r_{\pi8} + (1+\beta)R_4$$

$$R_{c11} = r_{o11} + (r_{\pi11} \| R_3)(1 + g_{m11}r_{o11}) \cong r_{o11}\left[1 + g_{m11}(r_{\pi11} \| R_3)\right]$$

另外，**射極隨耦器**的輸出阻抗 R_o 為

$$R_o = R_4 \| (r_{e8} + \frac{R_{C7} \| R_{C11}}{(1+\beta)} = R_4 \| \left(\frac{r_{\pi8} + R_{C7} \| R_{C11}}{(1+\beta)}\right)$$

舉例說明：如下圖所示圖電路，$\beta = 100$，Q_{11} 的 $V_A = 100\,V$，求達靈頓對的電壓增益 A_v。

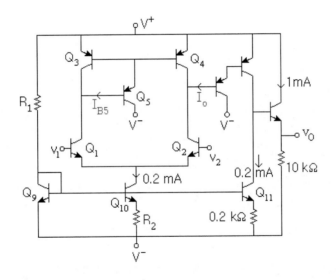

已知 $I_Q = 0.2\,mA$ ：使用 $R_i = \dfrac{2\beta(1+\beta)V_T}{I_Q}$

$$R_i = \frac{2(100)(101)(26\,m)}{0.2\,m} = 2.63\,M\Omega$$

計算 $R_{b8} = (1+\beta)(r_{e8} + R_4) = r_{\pi8} + (1+\beta)R_4$

$$g_{m8} = \frac{I_{C8}}{V_T} = \frac{1\,m}{26\,m} = 38.5\,mA\,/\,V$$

$$r_{\pi 8} = \frac{\beta}{g_{m8}} = \frac{100}{38.5\ m} = 2.6\ k\Omega$$

$$R_{b8} = 2.6\ k + (101)(10k) = 1.01\ M\Omega$$

計算 $R_{c11} = r_{o11} + (r_{\pi 11} \parallel R_3)(1 + g_{m11}r_{o11}) \cong r_{o11}\left[1 + g_{m11}(r_{\pi 11} \parallel R_3)\right]$

$$g_{m11} = \frac{I_{C7}}{V_T} = \frac{0.2\ m}{26\ m} = 7.7\ mA/V$$

$$r_{o11} = \frac{V_A}{I_{C7}} = \frac{100}{0.2\ m} = 500\ k\Omega$$

$$r_{\pi 11} = \frac{\beta}{g_{m11}} = \frac{100}{7.7\ m} = 13\ k\Omega$$

$$R_{c11} \cong (500\ k)\left[1 + (7.7\ m)(13\ k \parallel 0.2\ k)\right] = 1.26\ M\Omega$$

計算 $R_{L7} = R_{b8} \parallel R_{c11}$

$$R_{L7} = \frac{1.01\ M \times 1.26\ M}{1.01\ M + 1.26\ M} = 0.561\ M\Omega$$

計算 $A_v = \frac{I_Q R_{L7}}{2V_T}$

$$A_v = \frac{(0.2\ m)(0.561\ M)}{2(26\ m)} = 2158$$

1 範例

如圖電路，若 OPA 為理想元件， $A_{ol} = 10^5$ ，輸出 PP 實際上大約少 3 V，求最大的輸入電壓 V_2 。

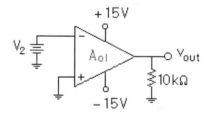

解

根據題意輸出 PP = 27 V ，V_2 在反相輸入端，可知負飽和電壓為 −13.5 V ，因此最大的輸入電壓 V_2 為

$$V_2 = \frac{13.5}{10^5} = 135 \text{ μV}$$

2　範例

如圖的 OPA 電路，求轉換率 S_R 。

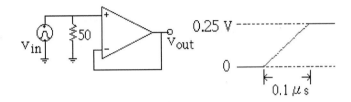

解

$\Delta V_{out} = 0.25 \text{ V}$ ， $\Delta t = 0.1 \text{ μS}$ ，代入 $S_R = \dfrac{\Delta V_{out}}{\Delta t}$ ，

$$S_R = \frac{0.25 \text{ V}}{0.1 \text{ μs}} = 2.5 \text{ V}\!\!\Big/\!\!_{\text{μs}}$$

3　範例

若 OPA 的轉換率 $S_R = 4\pi \text{ V/μs}$ ，若正弦波的峰值為 10 V ，求最大不失真頻率 f_{max} 。

解

代入 $f_{max} = \dfrac{S_R}{2\pi V_P}$ ，

$$f_{max} = \frac{4\pi \text{ V/μs}}{2\pi(10 \text{ V})} = 200 \text{ kHz}$$

練習 1 如圖電路，若 OPA 為理想元件，$A_{ol} = 2 \times 10^5$，輸出 PP 實際上大約少 2 V，求最大的輸入電壓 V_2。

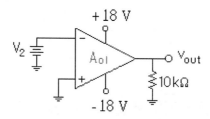

Answer 85 μV

練習 2 如圖的 OPA 輸出，求轉換率。

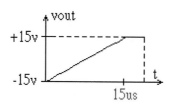

Answer $2 \dfrac{V}{\mu s}$

練習 3 若 OPA 的轉換率 $S_R = 8\,V/\mu s$，若正弦波的峰值為 6 V，求最大不失真頻率 f_{max}。

Answer $f_{max} = 212.21\ kHz$

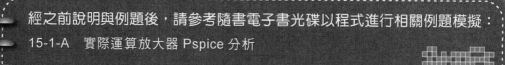

經之前說明與例題後，請參考隨書電子書光碟以程式進行相關例題模擬：

15-1-A 實際運算放大器 Pspice 分析

15-2　非反相放大器※

● 15-2-1　閉環路電壓增益

　　負回授(Negative feedback)係指放大器的輸出電壓，以相位相反方式，部分回傳到輸入端的過程，這種步驟在電子學中，是非常重要的觀念，尤其是針對運算放大器；輸入訊號接在**非反相輸入端＋**，回授則自輸出 v_{out} 端經 R_f 與 R_i 送回**反相輸入端－**，如下圖所示的電路稱為**非反相放大器**(Noninverting amplifier)，

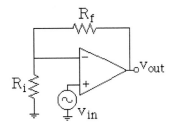

其電壓增益命名為**閉環路電壓增益**(Closed-Loop voltage gain)，大小為

$$A_{cl(NI)} = \frac{A_{ol}}{1 + A_{ol}\,B} \cong \frac{1}{B}$$

上式 $A_{cl(NI)}$：閉環路電壓增益，下標 NI 代表非反相，A_{ol}：開環路電壓增益，
B：回授比例，其值為 $B = R_i /(R_i + R_f)$

證明：

$$v_{out} = A_{ol}(v_{in} - V_f)$$

將 $V_f = v_{out} \times \dfrac{R_i}{R_i + R_f} = B v_{out}$ 代入上式

$$v_{out} = A_{ol}v_{in} - A_{ol}V_f = A_{ol}v_{in} - A_{ol}B v_{out}$$

$$v_{out} + A_{ol}\,B v_{out} = A_{ol}v_{in} \qquad , \qquad v_{out}(1 + A_{ol}\,B) = A_{ol}v_{in}$$

$$\frac{v_{out}}{v_{in}} = \frac{A_{ol}}{1 + A_{ol}\,B} \qquad , \qquad A_{cl(NI)} = \frac{A_{ol}}{1 + A_{ol}\,B} \cong \frac{1}{B}$$

　　由上式明顯得知，閉環路電壓增益由外加電阻控制，與 OPA 電路特性無關，並且只要精確控制電阻，即可得到穩定的電壓增益。

● 15-2-2 虛短路

理想 OPA 的輸入阻抗無窮大，因此，＋－兩端可以視為斷路，意即沒有電流流入，並且開環路電壓增益無窮大，導致 $v_+ = v_-$，示意圖如下所示，

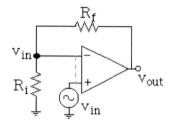

事實是 $v_+ \neq v_-$，卻可以視為宛如短路，以致於 $v_+ = v_-$，此種不是真的短路卻可以視為宛如短路，稱為**虛短路**(Virtual short)，根據虛短路的概念，非反相放大器的閉環路電壓增益可以快速得知；由 KCL，可知

$$\frac{v_{out} - v_{in}}{R_f} = \frac{v_{in} - 0}{R_i}$$

$$\frac{v_{out}}{R_f} = v_{in}\left(\frac{1}{R_i} + \frac{1}{R_f}\right) = v_{in}\frac{R_i + R_f}{R_i R_f}$$

$$A_{cl(NI)} = \frac{v_{out}}{v_{in}} = \frac{R_i + R_f}{R_i} = 1 + \frac{R_f}{R_i}$$

根據上式可知，非反相放大器的閉環路電壓增益大小由外接電阻決定，與放大器本身的參數無關。

當開環路增益 $A = A_{ol}$ 是有限值時， $v_2 = v_{in}$ ，代入

$$v_{out} = A(v_2 - v_1) = Av_{in} - Av_1$$

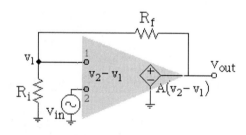

即 $v_1 = v_{in} - v_{out}/A$ ，在端點 1 的位置，根據 KCL：

$$\frac{\left(v_{in} - \dfrac{v_{out}}{A}\right) - 0}{R_i} + \frac{\left(v_{in} - \dfrac{v_{out}}{A}\right) - v_{out}}{R_f} = 0$$

化簡

$$\frac{R_f}{R_i} v_{in} - \frac{R_f}{R_i} \frac{v_{out}}{A} + v_{in} - \frac{v_{out}}{A} - v_{out} = 0$$

$$v_{in}(1 + \frac{R_f}{R_i}) = v_{out}(1 + \frac{1}{A} + \frac{R_f}{R_i}\frac{1}{A}) = v_{out}(1 + \frac{1 + \dfrac{R_f}{R_i}}{A})$$

已知 $A_{cl(NI)} = \dfrac{v_{out}}{v_{in}}$ ，上式改寫為

$$A_{cl(NI)} = \frac{1 + \dfrac{R_f}{R_i}}{1 + \dfrac{1 + \dfrac{R_f}{R_i}}{A}}$$

由上式可知，當 $A \to \infty$

$$A_{cl(NI)} = 1 + \frac{R_f}{R_i}$$

● 15-2-3　電壓隨耦器

　　電壓隨耦器（Voltage follower，簡稱 VF）電路如下圖右所示，下圖左電路則顯示非反相放大器演變為電壓隨耦器時外接電阻的設定，其中令 $R_i = \infty$（斷路），$R_f = 0$（短路），

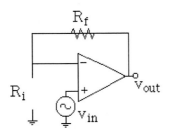
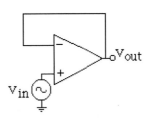

換言之，這是非反相放大器特例，可見回授比例與電壓隨耦的閉環路電壓增益分別為

$$B = 1 \quad , \quad A_{cl(NI)} = 1$$

這樣的結果如同 CC 類放大器一般，意即電壓隨耦器有高輸入阻抗與低輸出阻抗的特性，是極佳的緩衝器。

4 範例

如圖電路，若開環路電壓增益 $A_{ol} = 10^5$，求閉環路電壓增益。

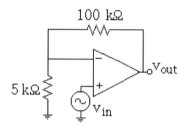

解

v_{in} 從 + 端送入，判斷是非反相放大器，回授比例 $B = \dfrac{5\,k}{5\,k + 100\,k}$

$= 0.0476$

$$A_{cl(NI)} = \frac{A_{ol}}{1 + A_{ol}B} = \frac{10^5}{1 + 10^5 \times 0.0476} = 21$$

或代入 $A_{cl(NI)} \cong \dfrac{1}{B} = 1 + \dfrac{R_f}{R_i}$

$$A_{cl(NI)} = 1 + \frac{100\,k}{5\,k} = 21$$

另一種解法： 使用虛短路觀念與 KCL（參考下圖）

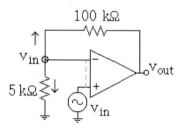

$$\frac{v_{in}-0}{5k\Omega}+\frac{v_{in}-v_{out}}{100k\Omega}=0 \qquad , \qquad \frac{v_{in}-0}{1}+\frac{v_{in}-v_{out}}{20}=0$$

$$20v_{in}+v_{in}-v_{out}=0 \qquad , \qquad 21v_{in}=v_{out}$$

$$A_{cl(NI)}=\frac{v_{out}}{v_{in}}=21$$

5　範例

如圖電路，若開環路電壓增益 $A_{ol}=10^5$，求閉環路電壓增益。

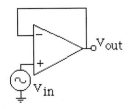

- -

解

v_{in} 從＋端送入，判斷是非反相放大器，回授比例 $B=\dfrac{\infty}{\infty+0}=1$

$$A_{cl(NI)}=\frac{1}{B}=1$$

另一種解法：使用虛短路觀念（參考下圖）

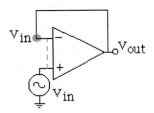

$$v_{in}=v_{out} \qquad , \qquad A_{cl(NI)}=\frac{v_{out}}{v_{in}}=1$$

練習 **4** 如圖電路，若開環路電壓增益 $A_{ol} = 10^5$，求 v_{out}。

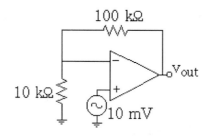

Answer 110 mV

練習 **5** 如圖電路，若開環路電壓增益 $A_{ol} = 10^5$，求 v_{out}。

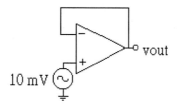

Answer 10 mV

經之前說明與例題後，請參考隨書電子書光碟以程式進行相關例題模擬：

15-2-A 非反相放大器 Pspice 分析

15-3　反相放大器※

● 15-3-1　閉環路電壓增益

反相放大器(Inverting amplifier)的輸入訊號接在反相輸入端，回授則自輸出 v_{out} 端經 R_f 與 R_i 送回反相輸入端，＋端接地，如右圖所示，

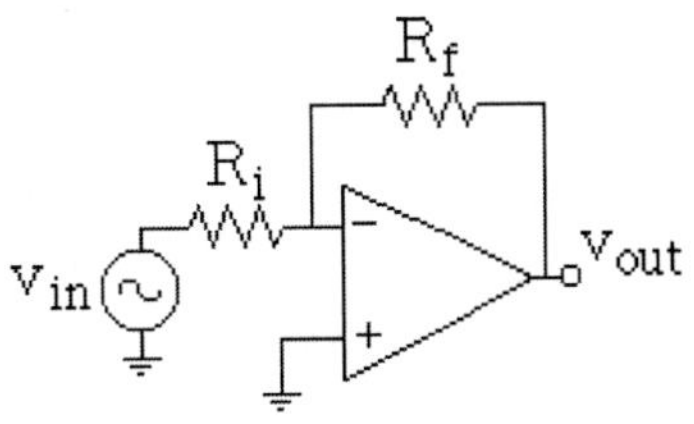

其電壓增益同樣命名為**閉環路電壓增益**(Closed-Loop voltage gain)，大小為

$$A_{cl(I)} = -\frac{R_f}{R_i}$$

上式 $A_{cl(I)}$：反相放大器閉環路電壓增益，下標 I 代表反相

證明：理想 OPA 放大器，Z_{in} 無窮大，意謂流經的電流也是零，因為＋端接地是 0 V，使得非反相與反相輸入端之間的壓降為 0 V，此現象稱為**虛接地**(Virtual ground)

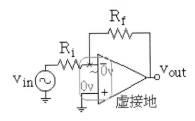

根據 **KCL**：流進節點的電流代數和等於零

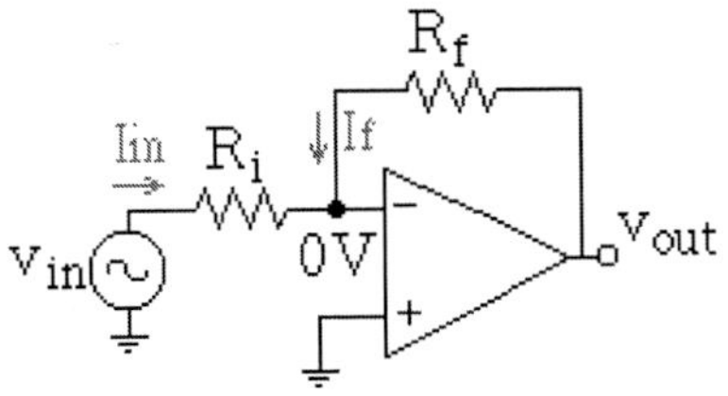

$$I_{in} + I_f = 0 \qquad , \qquad \frac{v_{in}}{R_i} = -\frac{v_{out}}{R_f}$$

$$A_{cl(I)} = \frac{v_{out}}{v_{in}} = -\frac{R_f}{R_i}$$

由以上結果可知，反相放大器的閉環路電壓增益同樣只跟 R_i 與 R_f 有關，與放大器本身的參數無關。

當開環路增益 $A = A_{ol}$ 是有限值時，$v_2 = 0$，代入

$$v_{out} = A(v_2 - v_1) = -Av_1$$

即

$$v_1 = -\frac{v_{out}}{A}$$

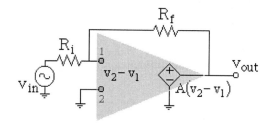

在端點 1 的位置，根據 KCL：

$$\frac{v_{in} - \left(-\dfrac{v_{out}}{A}\right)}{R_i} + \frac{v_{out} - \left(-\dfrac{v_{out}}{A}\right)}{R_f} = 0$$

化簡

$$\frac{v_{in} + \dfrac{v_{out}}{A}}{R_i} = -\frac{v_{out} + \dfrac{v_{out}}{A}}{R_f} = -\frac{v_{out}\left(1 + \dfrac{1}{A}\right)}{R_f}$$

$$\frac{R_f}{R_i}\left(v_{in} + \frac{v_{out}}{A}\right) = -v_{out}\left(1 + \frac{1}{A}\right)$$

$$\frac{R_f}{R_i}v_{in} = -v_{out}\left(1 + \frac{1}{A}\right) - \frac{R_f}{R_i}\frac{v_{out}}{A} = -v_{out}\left(1 + \frac{1}{A} + \frac{\dfrac{R_f}{R_i}}{A}\right)$$

已知 $A_{cl(I)} \equiv \dfrac{v_{out}}{v_{in}}$ ，上式改寫為

$$A_{cl(I)} = \cfrac{-\dfrac{R_f}{R_i}}{\left(1+\cfrac{1+\dfrac{R_f}{R_i}}{A}\right)}$$

由上式可知，當 $A \to \infty$

$$A_{cl(I)} = -\frac{R_f}{R_i}$$

● 15-3-2　具有 T 型網路之反相放大器

　　如下圖所示具有 T 型網路的 OPA 反相放大器，比照前述分析方式求解其閉環路電壓增益 $A_{cl(I)}$

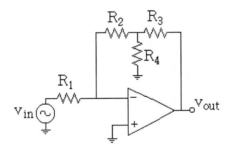

配合虛接地與虛短路的概念於電路中標示各參考電流與電壓，如下圖所示

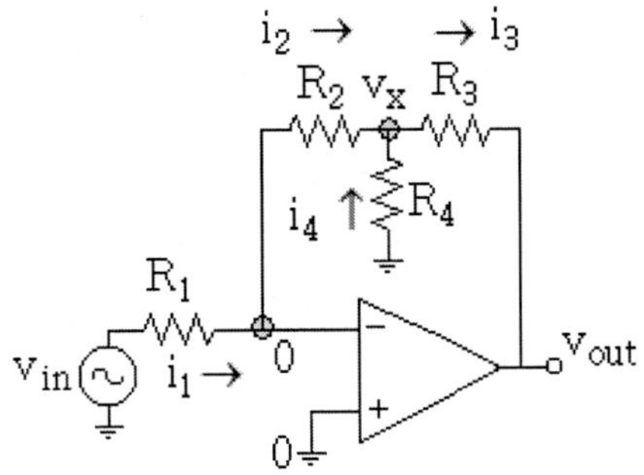

$$i_1 = \frac{v_{in}}{R_1} = i_2 = \frac{0-v_x}{R_2} \qquad , \qquad v_x = -\frac{R_2}{R_1}v_{in}$$

根據 KCL，電壓 v_x 的節點滿足 $i_2 + i_4 = i_3$，即

$$\frac{0 - v_x}{R_2} + \frac{0 - v_x}{R_4} = \frac{v_x - v_{out}}{R_3}$$

$$v_x \left(\frac{1}{R_2} + \frac{1}{R_3} + \frac{1}{R_4} \right) = \frac{v_{out}}{R_3}$$

將 $v_x = -\dfrac{R_2}{R_1} v_{in}$ 代入上式

$$-\frac{R_2}{R_1} v_{in} \left(\frac{1}{R_2} + \frac{1}{R_3} + \frac{1}{R_4} \right) = \frac{v_{out}}{R_3}$$

由此可得閉環路電壓增益 $A_{cl(I)}$ 為

$$A_{cl(I)} = -\frac{R_2}{R_1} \left(1 + \frac{R_3}{R_2} + \frac{R_3}{R_4} \right)$$

當 R_4 斷路 open，R_3 短路 short 時，電路變為反相放大器，上式轉換為

$$\frac{v_{out}}{v_{in}} = -\frac{R_2}{R_1} \left[1 + \frac{0}{R_2} + \frac{0}{\infty} \right] = -\frac{R_2}{R_1}$$

當 $R_1 = R_2 = R_3 = R_4$，此時電路電壓增益為

$$\frac{v_{out}}{v_{in}} = -1 \left[1 + 1 + 1 \right] = -3$$

為什麼要使用 T 型網路，理由如下：假設 $R_1 = 50\ k\Omega$，$R_2 = R_3 = 400\ k\Omega$，$R_4 = 40\ k\Omega$，此條件下具有 T 型網路 OPA 反相放大器的閉環路電壓增益 $A_{cl(I)}$ 為 -96 倍，同樣的電壓增益倍數，若不使用 T 型網路，回授電阻 R_2 必須等於 $96 \times 50\ k\Omega = 4.8\ M\Omega$，意即必須使用很大數值的電阻，兩相比較，顯見具有 T 型網路的 OPA 反相放大器，只要使用合理大小的電阻即可達到所需的放大倍數。

6 範例

如圖電路，若開環路電壓增益 $A_{ol}=10^5$，求閉環路電壓增益。

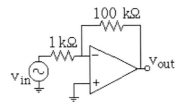

解

v_{in} 從負端送入，判斷是反相放大器

$$A_{cl(I)}=-\frac{R_f}{R_i}=-\frac{100\,k}{1\,k}=-100$$

另一種解法：使用虛接地觀念與 KCL（參考下圖）

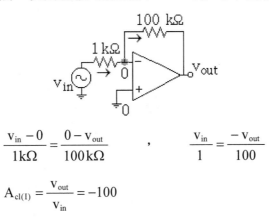

$$\frac{v_{in}-0}{1k\Omega}=\frac{0-v_{out}}{100k\Omega}\qquad,\qquad \frac{v_{in}}{1}=\frac{-v_{out}}{100}$$

$$A_{cl(I)}=\frac{v_{out}}{v_{in}}=-100$$

● 15-3-3　差動放大器

如右圖所示的電路，稱為使用 OPA 的差動放大器，因為當電阻條件符合 $R_2/R_1=R_4/R_3$ 時，輸出電壓 v_{out} 可以表示成兩輸入電壓差 (v_2-v_1) 乘上放大倍數，此放大倍數就是所謂的差動電壓增益 A_d，其值等於 R_2/R_1。

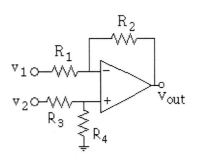

證明： 使用重疊原理，(a)當 v_1 單獨存在時，電路為反相放大器。

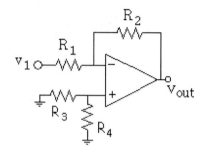

根據本節的內容得知輸出電壓為

$$v_{out1} = -\frac{R_2}{R_1}v_1$$

(b)當 v_2 單獨存在時，電路為非反相放大器。

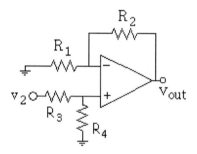

根據上一節的內容得知輸出電壓為

$$v_{out2} = \left(1+\frac{R_2}{R_1}\right)v_+ = \left(1+\frac{R_2}{R_1}\right)\left(v_2 \times \frac{R_4}{R_3 + R_4}\right)$$

合成(a)(b)結果

$$v_{out} = -\frac{R_2}{R_1}v_1 + \left(1+\frac{R_2}{R_1}\right)\left(v_2 \times \frac{R_4}{R_3 + R_4}\right)$$

$$v_{out} = -\frac{R_2}{R_1}v_1 + \left(1+\frac{R_2}{R_1}\right)\left(v_2 \times \frac{\dfrac{R_4}{R_3}}{\dfrac{R_3}{R_3} + \dfrac{R_4}{R_3}}\right)$$

代入 $\dfrac{R_2}{R_1} = \dfrac{R_4}{R_3}$ 等式

$$v_{out} = -\frac{R_2}{R_1}v_1 + \left(1 + \frac{R_2}{R_1}\right)\left(v_2 \times \frac{\dfrac{R_2}{R_1}}{1 + \dfrac{R_2}{R_1}}\right) = -\frac{R_2}{R_1}v_1 + \frac{R_2}{R_1}v_2$$

$$v_{out} = \frac{R_2}{R_1}\left(v_2 - v_1\right)$$

即差動電壓增益

$$A_d \equiv \frac{v_{out}}{v_2 - v_1} = \frac{R_2}{R_1}$$

上述差動放大器的輸入阻抗，參考如下圖所示的電路即可快速求出。

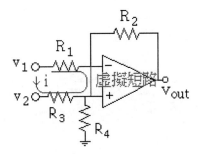

假設 $R_1 = R_3$，$R_2 = R_4$，因為**虛擬短路**(Virtual short)，由 KVL 可知

$$v_2 + iR_1 + iR_1 - v_1 = 0$$

$$R_{in} \equiv \frac{v_2 - v_1}{i} = 2R_1$$

7 範例

如圖電路，求(a) v_{out}　(b)輸入電阻。

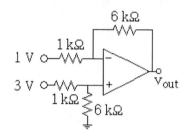

- -

解

(a) 使用 $v_{out} = \dfrac{R_2}{R_1}(v_2 - v_1)$

$$v_{out} = \frac{6k\Omega}{1k\Omega}(3-1) = 12\,V$$

直接代入公式，固然方便，但不鼓勵這樣處理問題，可以比照重疊原理嘗試求解；當 1 V 單獨存在時，$v_{out1} = 1V \times (-6k\Omega/1k\Omega)$ $= -6\,V$，當 3 V 單獨存在時，先求出 V+ 處的輸入電壓為 $V+ = 3V \times 6k\Omega/(1+6)k\Omega = 18/7\,V$，$v_{out2} = 18/7V \times (1+6k\Omega/1k\Omega) = 18\,V$，綜合兩輸出電壓可得 $v_{out} = v_{out1} + v_{out2} = -6 + 18 = 12\,V$。

(b) 使用 $R_{in} = 2R_1$

$$R_{in} = 2 \times 1k = 2\,k\Omega$$

或者使用虛短路觀念求解：$V_+ = V_- = \dfrac{18}{7}V$，針對 V_ 處的節點，列出 KCL 方程式。

如圖電路，若閉環路電壓增益 $A_{cl(I)} = -8$，求 R_f。

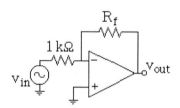

Answer　8 kΩ

練習 **7**　如圖電路，求閉環路電壓增益。

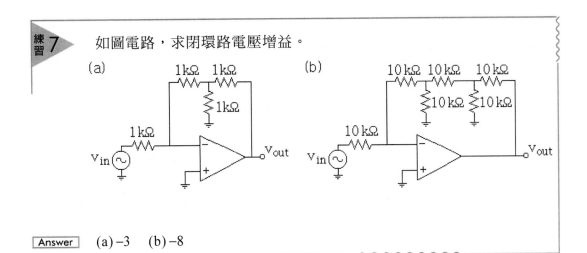

Answer　(a) −3　(b) −8

練習 **8**　如圖電路，若輸入電阻為 10 kΩ，電壓增益為 100，求
(a) $R_1 = R_3 = ?$　(b) $R_3 = R_4 = ?$

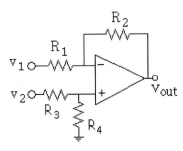

Answer　(a) 5 kΩ　(b) 500 kΩ

經之前說明與例題後，請參考隨書電子書光碟以程式進行相關例題模擬：

15-3-A　反相放大器 Pspice 分析

15-4 阻抗之影響

● 15-4-1 輸入阻抗

如下圖所示的非反相放大器

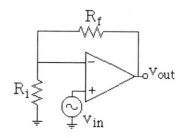

其輸入阻抗為

$$Z_{in(NI)} = (1 + A_{ol} B) Z_{in}$$

上式中 Z_{in} 為開環路輸入阻抗， $Z_{in(NI)}$ 為非反相閉環路輸入阻抗，B 為回授比例。

證明： 已知 $Z_{in} = \dfrac{V_d}{I_{in}}$ ， $Z_{in(NI)} = \dfrac{V_{in}}{I_{in}}$ ，因為 $V_d = V_{in} - V_f$

$$V_{in} = V_d + V_f = V_d + Bv_{out} = V_d + A_{ol}B\,V_d$$

$$V_{in} = V_d(1 + A_{ol}B) = I_{in}Z_{in}(1 + A_{ol}B)$$

$$Z_{in(NI)} = \frac{V_{in}}{I_{in}} = (1 + A_{ol}B)Z_{in}$$

若是電壓隨耦器，其輸入阻抗為

$$Z_{in(NI)} = (1 + A_{ol})Z_{in}$$

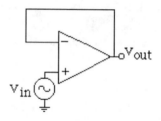

若是反相放大器，其輸入阻抗為

$$Z_{in(NI)} \cong R_i$$

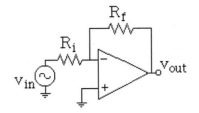

證明：由密勒定理可以化簡回授電阻 R_f。

$$Z_{in(m)} = \frac{R_f}{(1 + A_{ol})} \qquad Z_{out(m)} = \frac{A_{ol}\,R_f}{(1 + A_{ol})}$$

∵ A_{ol} 值很大，所以，可將上式近似成

$$Z_{in(m)} \cong 0 \qquad Z_{out(m)} \cong R_f$$

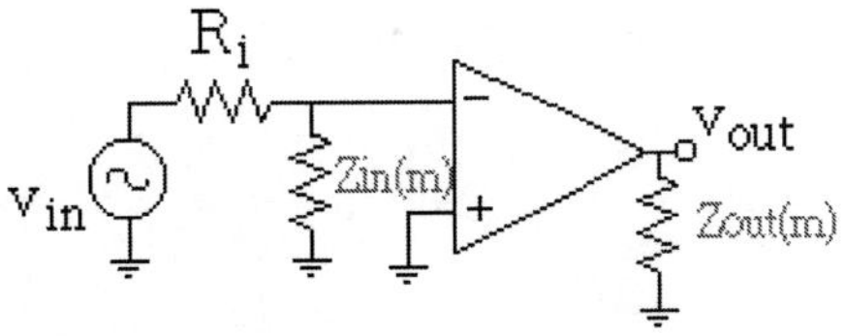

由上圖可知分流效果就是並聯效果。

$$Z_{in(NI)} = R_i + Z_{in(m)} \| Z_{in} \cong R_i$$

●15-4-2　輸出阻抗

非反相放大器，電壓隨耦器與反相放大器的輸出阻抗分別表示為

$$Z_{out(NI)} = \frac{Z_{out}}{(1 + A_{ol}\,B)}$$

$$Z_{out(VF)} = \frac{Z_{out}}{(1 + A_{ol})}$$

$$Z_{out(I)} \cong Z_{out}$$

證明：由輸出端往左邊看，可知

$$Z_{out(I)} = Z_{out} \| Z_{out(m)} = Z_{out} \| R_f \cong Z_{out}$$

8 範例

如圖電路，若開環路電壓增益 $A_{ol} = 10^5$，$Z_{in} = 2\,M\Omega$，$Z_{out} = 75\,\Omega$，求 (a)閉環路電壓增益　(b)閉環路輸入與輸出阻抗。

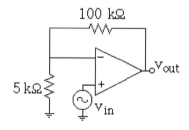

解

v_{in} 從 $+$ 端送入，判斷是非反相放大器，回授比例 $B = \dfrac{5k}{5k+100k} = 0.0476$

$$(1 + A_{ol}B) = 1 + 10^5 \times 0.0476 = 4761$$

(a) 閉環路電壓增益

$$A_{cl(NI)} = \frac{A_{ol}}{1 + A_{ol}B} = \frac{10^5}{1 + 10^5 \times 0.0476} = 21$$

(b) $Z_{in(NI)} = (1 + A_{ol}B)Z_{in} = 4761 \times 2M\Omega = 9522\,M\Omega$

$$Z_{out(NI)} = \frac{Z_{out}}{1 + A_{ol}B} = \frac{75}{4761} = 0.0158\,\Omega$$

9 範例

如圖電路，若開環路電壓增益 $A_{ol} = 10^5$，$Z_{in} = 2\,M\Omega$，$Z_{out} = 75\,\Omega$，求(a)閉環路電壓增益　(b)閉環路輸入與輸出阻抗。

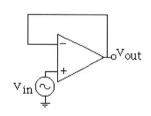

解

v_{in} 從 + 端送入，判斷是非反相放大器，回授比例 $B = \dfrac{\infty}{\infty + 0} = 1$

$$(1 + A_{ol}B) = 1 + 10^5 \times 1 \approx 10^5$$

(a) 閉環路電壓增益

$$A_{cl(NI)} = \frac{1}{B} = 1$$

(b) $Z_{in(NI)} = (1 + A_{ol}B)Z_{in} = 10^5 \times 2M\Omega = 2 \times 10^5 \ M\Omega$

$$Z_{out(NI)} = \frac{Z_{out}}{1 + A_{ol}B} = \frac{75}{10^5} = 7.5 \times 10^{-4} \ \Omega$$

---

10 範例

如圖電路，若開環路電壓增益 $A_{ol} = 10^5$，$Z_{in} = 2 \ M\Omega$，$Z_{out} = 75 \ \Omega$，求(a) 閉環路電壓增益　(b)閉環路輸入與輸出阻抗。

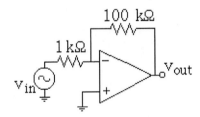

- -

解

v_{in} 從負端送入，判斷是反相放大器，(a) 閉環路電壓增益

$$A_{cl(I)} = -\frac{R_f}{R_i} = -\frac{100k}{1k} = -100$$

(b) $Z_{in(I)} \cong R_i = 1 \ k\Omega$，$Z_{out(I)} \cong Z_{out} = 75 \ \Omega$

練習 9

如圖電路，若 $A_{ol} = 10^5$，$Z_{in} = 1\,M\Omega$，$Z_{out} = 100\,\Omega$，求閉環路輸入與輸出阻抗。

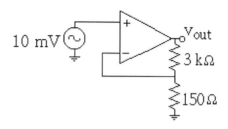

Answer

$Z_{in(NI)} = 4763\,M\Omega$，$Z_{out(NI)} = 0.021\,\Omega$

練習 10

如圖電路，若 $A_{ol} = 10^5$，$Z_{in} = 1\,M\Omega$，$Z_{out} = 100\,\Omega$，求閉環路輸入與輸出阻抗。

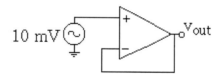

Answer

$Z_{in(NI)} = 10^5\,M\Omega$，$Z_{out(NI)} = 10^{-4}\,\Omega$

練習 11

如圖電路，若 $A_{ol} = 10^5$，$Z_{in} = 1\,M\Omega$，$Z_{out} = 100\,\Omega$，求閉環路輸入與輸出阻抗。

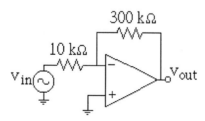

Answer

$Z_{in(I)} = 10\,k\Omega$，$Z_{out(I)} = 100\,\Omega$

15-5　回授電路

回授可以是負回授或正回授，前者動作為輸入信號減去部分的輸出信號，主要應用在對抗抵消電晶體參數，電源供應，與溫度的變化，使放大器仍然能維持固定的電壓增益，而後者動作為輸入信號加上部分的輸出信號，主要應用在振盪器。

回授電路組態有下列四種

1. **串並回授**(Series-shunt feedback)：輸入是電壓，輸出也是電壓，可判斷為**電壓放大器**，其中回授網路的 β 就是前述回授比例 B，取其字型近似，但是又與電流增益 β 相同符號，因此電流增益改用 h_{FE} 表示。

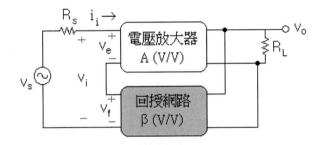

例如下圖所示的電路，係以 OPA 實作串並回授組態。

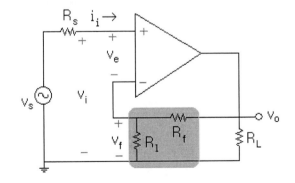

2. **串串回授**(Series-series feedback)：輸入是電壓，輸出是電流，電流除以電壓是電導特性，因此可判斷為**轉導放大器**。

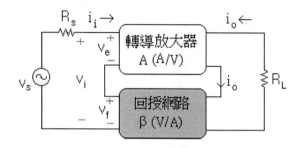

例如下圖所示的電路，係以 OPA 實作串串回授組態。

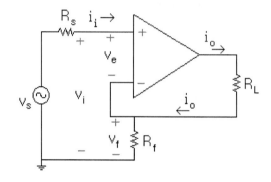

3. **並並回授**(Shunt-shunt feedback)：輸入是電流，輸出是電壓，電壓除以電流是電阻特性，因此可判斷為**轉阻放大器**。

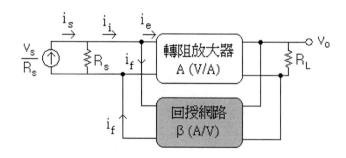

例如下圖所示的電路，係以 OPA 實作並並回授組態。

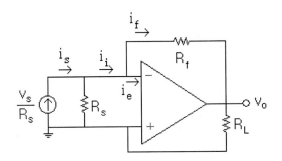

4. **並串回授**(Shunt-series feedback)：輸入是電流，輸出是電流，可判斷為**電流放大器**。

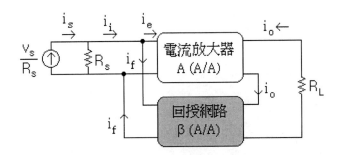

例如下圖所示的電路，係以 OPA 實作 Shunt-series 回授組態。

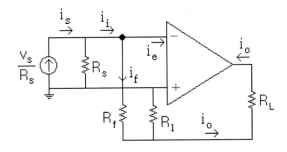

　　回授關係在探討回授對增益，輸入阻抗，以及輸出阻抗的影響，結果表列如下（此處的 β 為回授比例，並非是共射組態電流增益 β）。

	增益	輸入阻抗	輸出阻抗
無回授	A	R_i	R_o
串並回授 A (V/V) β (V/V)	$A_f = \dfrac{A}{1+A\beta}$	$R_{if} = R_i(1+A\beta)$	$R_{of} = \dfrac{R_o}{(1+A\beta)}$
串串回授 A (A/V或Ω^{-1}) β (V/A或Ω)	$A_f = \dfrac{A}{1+A\beta}$	$R_{if} = R_i(1+A\beta)$	$R_{of} = R_o(1+A\beta)$
並並回授 A (V/A或Ω) β (A/V或Ω^{-1})	$A_f = \dfrac{A}{1+A\beta}$	$R_{if} = \dfrac{R_i}{(1+A\beta)}$	$R_{of} = \dfrac{R_o}{(1+A\beta)}$
並串回授 A (A/A) β (A/A)	$A_f = \dfrac{A}{1+A\beta}$	$R_{if} = \dfrac{R_i}{(1+A\beta)}$	$R_{of} = R_o(1+A\beta)$

回授放大器分析步驟條列如下：

1. 確定回授放大器。

2. 確定輸入輸出端回授型態。

3. 考慮開路增益 A 的回授電路效應。
   (1) 將並聯回授端短路，使回授電路無電壓訊號。
   (2) 將串聯回授端斷路，使回授電路無電流訊號。

4. 分類使用。
   (1) 電壓放大器(Voltage amplifier)：使用串-並(series-shunt)回授電路。
   (2) 轉導放大器(Transconductance amplifier)：使用串-串(series-series)回授電路。
   (3) 轉阻放大器(Transresistance amplifier)：使用並-並(shunt-shunt)回授電路。
   (4) 電流放大器(Current amplifier)：使用並-串(shunt-series)回授電路。

5. 放大器的輸出即為回授放大器的輸入：求 β。

6. 計算回授的輸入電阻。
   (1) $R_{if} = R_i(1+A\beta)$：**串-並**與**串-串**回授電路。
   (2) $R_{if} = \dfrac{R_i}{(1+A\beta)}$：**並-串**與**並-並**回授電路。

7. 計算回授的輸出電阻。

(1) $R_{of} = R_o(1 + A\beta)$：**並-串**與**串-串**回授電路。

(2) $R_{of} = \dfrac{R_o}{(1 + A\beta)}$：**串-並**與**並-並**回授電路。

8. 計算閉路增益 A_f。

$$A_f = \frac{A}{1 + A\beta}$$

● 15-5-1　串並回授電路

　　串並回授放大器組態如下所示，電路中包括一具有輸入阻抗 R_i，電壓增益 A，以及輸出組抗 R_o 的基本電壓放大器，回授電路並聯取樣輸出電壓 V_f，回授至輸入端與信號源串聯。

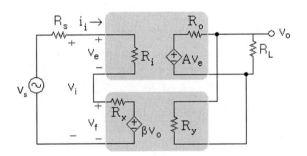

其中回授電路的三個參數，計算方式如下，

$$R_x = \frac{v_f}{i_f}\bigg|_{v_o = 0} \quad （輸出端短路） \qquad , \qquad R_y = \frac{v_o}{i_y}\bigg|_{i_f = 0} \quad （輸入端斷路）$$

$$\beta = \frac{v_f}{v_o}\bigg|_{i_f = 0} \quad （輸入端斷路）$$

以上所示，i_f 為輸入端流入回授電路的電流，i_y 為輸出端流入回授電路的電流。例如，如下圖所示的回授放大器，$A = 2 \times 10^5$，$R_1 = 10\,k\Omega$，$R_f = 90\,k\Omega$

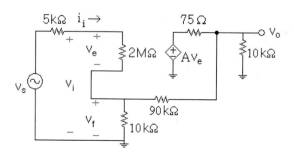

一、 確定回授放大器：輸出電壓以分壓器分壓回授。

二、 確定輸入輸出端回授型態：此為串-並回授電路。

三、 考慮開路增益 A 的回授電路效應。

1. 將**並聯回授端短路**，使回授電路無電壓訊號。

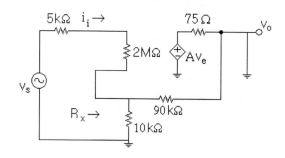

$$R_x = 10k \parallel 90k = \frac{10 \times 90}{10 + 90} = 9 \text{ k}\Omega$$

2. 將**串聯回授端斷路**，使回授電路無電流訊號。

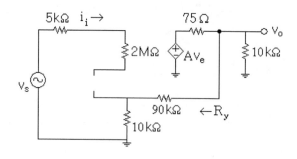

$$R_y = 10k + 90k = 100 \text{ k}\Omega$$

四、分類使用：

1. **電壓放大器**：使用串-並回授電路。

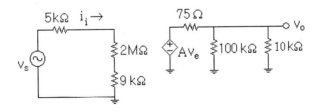

2. 求等效電路的輸入電阻：串即是串聯處理。

$$R_{ie} = 5k + 2000k + 9k = 2014\,k\Omega$$

3. 求等效電路的輸出電阻：並即是並聯處理。

$$R_{oe} = 75 \| 100k \| 10k = 74.4\,\Omega$$

4. 求等效電路的電壓增益。

$$(100k) \| (10k) = \frac{100 \times 10}{100 + 10} = 9.09\,k\Omega$$

$$A_e = \left(\frac{2000k}{2014k}\right)\left(2 \times 10^5\right)\left(\frac{9090}{75 + 9090}\right) = 1.97 \times 10^5$$

五、 放大器的輸出即為回授放大器的輸入：求 β。

$$\beta = \frac{R_1}{R_1 + R_f} = \frac{10}{10 + 90} = 0.1$$

六、 計算回授的輸入電阻：串即是乘上環路增益 $(1 + A_e\beta)$。

$$R_{if} = R_{ie}(1 + A_e\beta) = (2014k)(1 + 1.97 \times 10^5 \times 0.1) = 39.68 \, G\Omega$$

七、 計算回授的輸出電阻：並即是除以環路增益 $(1 + A_e\beta)$。

$$R_{of} = \frac{R_{oe}}{(1 + A_e\beta)} = \frac{74.4}{(1 + 1.97 \times 10^5 \times 0.1)} = 3.8 \, m\Omega$$

八、 計算閉路增益 A_f

$$A_f = \frac{A_e}{1 + A_e\beta} = \frac{1.97 \times 10^5}{(1 + 1.97 \times 10^5 \times 0.1)} = 9.999 \cong 10$$

如下圖所示的理想串並回授放大器組態，就是將回授電路的輸入阻抗 R_y 斷路，輸出阻抗 R_x 短路。

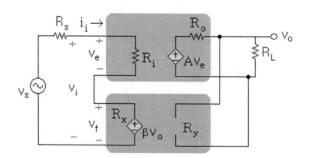

根據電路安排，可知輸出電壓為

$$V_o = AV_e = A_v V_e$$

回授電壓為

$$V_f = \beta V_o = \beta_v V_o$$

電壓回授轉換函數參數 β_v 的下標字 v，代表電壓特性；假設不考慮 R_S 的壓降，誤差電壓為

$$V_e = V_i - V_f$$

整合併化簡上述各式，

$$V_o = A_v V_e = A_v(V_i - V_f) = A_v(V_i - \beta_v V_o) = A_v V_i - A_v \beta_v V_o$$

$$(1 + A_v \beta_v)V_o = A_v V_i$$

$$A_f = A_{vf} = V_o / V_i = A_v / (1 + A_v \beta_v)$$

　　上式 A_f 稱為回授放大器的閉環路電壓增益(Closed-loop voltage gain)，雖然其值遠小於開環路電壓增益 A_v，卻有降低電晶體參數影響的優點；類似步驟推導閉環路輸入阻抗 $R_{if} = V_i / i_i$，由電路可知

$$V_i = V_e + V_f = V_e + \beta_v V_o = V_e + \beta_v(A_v V_e) = (1 + A_v \beta_v)V_e = (1 + A_v \beta_v)(i_i R_i)$$

$$R_{if} = V_i / i_i = (1 + A_v \beta_v)R_i$$

　　上式 R_{if} 為開環路輸入阻抗 R_i 的 $(1 + A_v \beta_v)$ 倍，這是典型電壓放大器對輸入阻抗的要求，因為大數值的輸入阻抗，才能降低輸入端信號源的負載效應(Loading effect)；最後推導閉環路輸出阻抗 $R_{of} = V_x / i_x$，由等效電路的輸入端封閉迴路可知

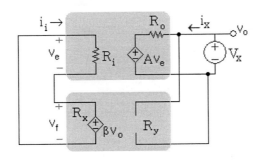

$$V_e + V_f = 0 = V_e + \beta_v V_o$$

$$V_e = -\beta_v V_o$$

測試電流 i_x 由右至左流經電阻 R_o，使用節點分析法，並且代入 $V_o = V_x$

$$i_x = \frac{V_x - A_v V_e}{R_o} = \frac{V_x - A_v(-\beta_v V_x)}{R_o} = \frac{V_x(1 + A_v \beta_v)}{R_o}$$

$$R_{of} = \frac{V_x}{i_x} = \frac{R_o}{1 + A_v \beta_v}$$

上式 R_{of} 為開環路輸出阻抗 R_o 除以 $(1 + A_v \beta_v)$，其值遠小於 R_o，這也是典型電壓放大器對輸出阻抗的要求，因為輸出阻抗愈小，愈能降低輸出端的負載效應 (Loading effect)。

綜合上述討論的結果可知，使用理想回授放大器組態的分析比較簡易並且不失精確度的要求，因此範例將以理想回授放大器組態為主。

11 範例

如圖電路，若開環路電壓增益 $A_v = 10^4$，$R_i = 100\ k\Omega$，$R_o = 100\ \Omega$，求閉環路(a)電壓增益　(b)輸入阻抗　(c)輸出阻抗。

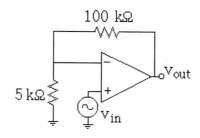

$\textbf{解}$

這是電壓放大器（串並回授組態），回授轉換函數 β_v 為

$$\beta_v = \frac{5}{100 + 5} = \frac{1}{21}$$

(a) 環路增益為 $1 + A_v \beta_v = 1 + 10^4 / 21 \cong 477.191$，閉環路電壓增益為

$$A_{vf} = \frac{A_v}{1 + A_v \beta_v} = \frac{10^4}{477.191} = 20.956$$

(b) 閉環路輸入阻抗為

$$R_{if} = (1 + A_v \beta_v) R_i = 477.191 \times 100\ k\Omega = 47.719\ M\Omega$$

對輸入電壓源而言，回授輸入阻抗 R_{if} 當然愈大愈好，這樣才能分壓到最大的電壓，亦即希望能夠送入所有的電壓，沒有任何損耗。

(c) 閉環路輸出阻抗為

$$R_{of} = \frac{R_o}{1+A_v\beta_v} = \frac{100 \ \Omega}{477.191} = 0.21 \ \Omega$$

對輸出電壓源而言，回授輸出阻抗 R_{of} 當然愈小愈好，這樣負載才能分壓到最大的電壓，達到理想電壓放大器的最大電壓增益的目標。

練習 12

如圖電路，若開環路電壓增益 $A_v = 10^4$，$R_i = 10 \ k\Omega$，$R_o = 100 \ \Omega$，求閉環路(a)電壓增益 A_{vf}　(b)輸入阻抗 R_{if}　(c)輸出阻抗 R_{of}。

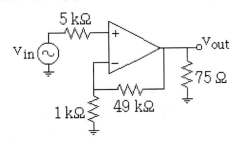

Answer　(a) 49.751　(b) 2.01 MΩ　(c) 0.498 Ω

練習 13

如圖電路，假設 $r_e = 50 \ \Omega$，$\beta = 99$，求閉環路(a)電壓增益 A_{vf}　(b)輸入阻抗 R_{if}　(c)輸出阻抗 R_{of}。

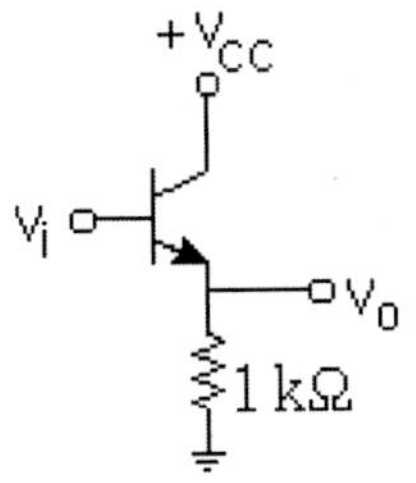

Answer　(a) 0.9524　(b) 105 kΩ　(c) 47.619 Ω

● 15-5-2　串串回授電路

串串回授放大器組態如下所示，其回授電路串聯取樣部分輸出電流並轉換為電壓 V_f，A_g 為放大倍數，下標 g 代表電導特性，回授至輸入端與電壓信號源串聯，$\beta = \beta_z$ 為回授轉換函數，下標 z 代表電阻特性，因此回授電路又稱為電壓至電流放大器(Voltage-to-current amplifier)。

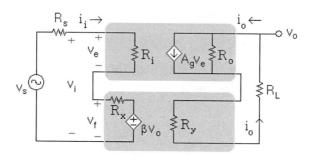

回授電路的三個參數，計算方式如下：v_y 為回授電路輸出端電壓

$$R_x = \left.\frac{v_f}{i_f}\right|_{i_o = 0} \quad （輸出端斷路） \qquad , \qquad R_y = \left.\frac{v_y}{i_o}\right|_{i_f = 0} \quad （輸入端斷路）$$

$$\beta = \left.\frac{v_f}{i_o}\right|_{i_f = 0} \quad （輸入端斷路）$$

提醒注意：轉導放大器的輸出端，屬於諾頓電路型態，其相對的戴維寧電路換算為

$$A_g V_e R_o = A_v V_e$$

$$A_g R_o = A_v$$

例如，如下圖所示的回授放大器，$A = 2 \times 10^5$

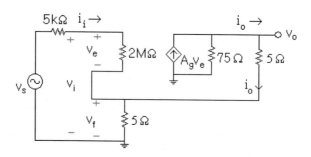

1. 確定回授放大器：$R_f = 5\,\Omega$ 構成回授。

2. 確定輸入輸出端回授型態：此為串-串回授電路。

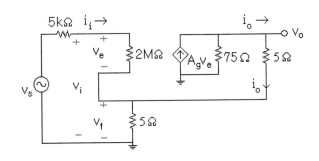

$$A_g = \frac{A}{R_o} = \frac{2 \times 10^5}{75} = 2.67\ \text{kA}/\text{V}$$

比較前述的串-並回授電路。

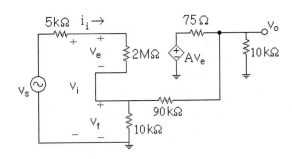

3. 考慮開路增益 A 的回授電路效應。

   (1) 將**串聯回授端斷路**，使回授電路無電流訊號。

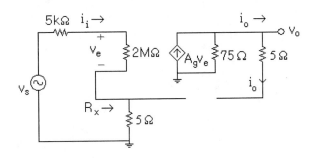

$$R_x = 5\,\Omega$$

(2) 將**串聯回授端斷路**，使回授電路無電流訊號。

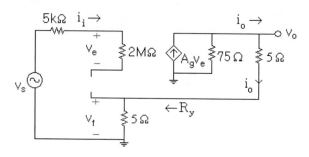

$$R_y = 5\,\Omega$$

4. 分類使用。

轉導放大器：使用串-串回授電路。

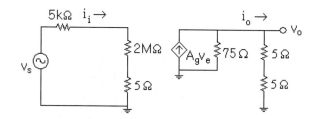

求等效電路的輸入電阻：串即是串聯處理。

$$R_{ie} = 5k + 2000k + 5 = 2005\,k\Omega$$

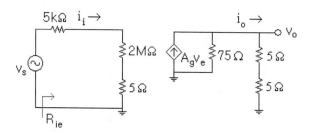

求等效電路的輸出電阻：串即是串聯處理。

$$R_{oe} = 75 + 5 + 5 = 85\,\Omega$$

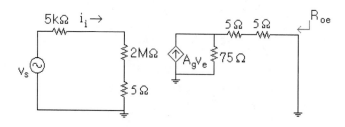

求等效電路的電壓增益：其中 75/85 為 i_o 的分流比例。

$$A_e = \left(\frac{2000k}{2005k}\right)(2.67\,k)\left(\frac{75}{85}\right) = 2350\ A/V$$

5. 放大器的輸出即為回授放大器的輸入：求 β。

$$\beta = \beta_z = R_f = 5\,\Omega$$

6. 計算回授的輸入電阻：串即是乘上環路增益 $(1 + A_e\beta)$。

$$R_{if} = R_{ie}(1 + A_e\beta) = (2005k)(1 + 2350\times 5) = 23.56\,G\Omega$$

7. 計算回授的輸出電阻：串即是乘上環路增益 $(1 + A_e\beta)$。

$$R_{of} = R_{oe}(1 + A_e\beta) = (85)(1 + 2350\times 5) = 998.84\,k\Omega$$

8. 計算閉路增益 A_f。

$$A_f = \frac{A_e}{1 + A_e\beta} = \frac{2350}{(1 + 2350\times 5)} = 0.2\ A/V$$

9. 計算輸出電壓 v_o： $A_f = \dfrac{i_o}{v_s}$ ， $i_o = A_f v_s$ ，即

$$v_o = i_o R_L = A_f v_s R_L = (A_f R_L) v_s$$

理想串串回授放大器組態，就是將回授電路的輸入阻抗 R_y 短路，輸出阻抗 R_x 短路，此部分的推導留作練習，請比照前述串並回授放大器的作法自行習作。

12 範例

如圖電路，若開環路電壓增益 $A_v = 10^4$ ， $R_i = 10\,k\Omega$ ， $R_o = 100\,\Omega$ ，求閉環路(a)電壓增益　(b)輸入阻抗　(c)輸出阻抗。

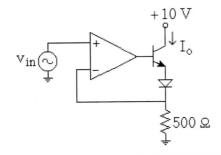

解

輸出電流，輸入電壓，可視為轉導放大器（串串回授組態），省略 I_B 值，使用虛短路觀念，可知 $v_{in} = I_o R$

$$A_{gf} = \frac{I_o}{v_{in}} = \frac{1}{R}$$

比較上兩式因此可知回授轉換函數 $\beta_z = 500\ \Omega$ ；已知回授轉導增益可以寫成 $A_{gf} = A_g / (1 + A_g \beta_z)$ ，並且 $A_v = A_g R_o$ ，代入數值可得

$$A_g = \frac{A_v}{R_o} = \frac{10^4}{100} = 100$$

(a) 環路增益為 $1 + A_g \beta_z = 1 + 10^2 \times 500 \cong 5 \times 10^4$ ，閉環路電壓增益為

$$A_{gf} = \frac{A_g}{1 + A_g \beta_z} = \frac{100}{1 + (100)(500)} = 2\,\text{mS}$$

(b) 閉環路輸入阻抗為

$$R_{if} = (1 + A_g \beta_z) R_i = 5 \times 10^4 \times 10\ \text{k}\Omega = 500\ \text{M}\Omega$$

(c) 閉環路輸出阻抗為

$$R_{of} = (1 + A_g \beta_z) R_o = 5 \times 10^4 \times 100\ \Omega = 5\ \text{M}\Omega$$

---

13 範例

如圖電路，$h_{FE} = 100$ ，$V_T = 26\ \text{mV}$ ，求(a)轉導增益 A_{gf} 　(b)總電壓增益 A_t 。

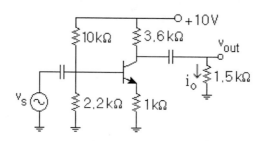

解

輸出電流，輸入電壓，可視為轉導放大器（串串回授組態），可知

$$v_{in} = I_o R$$

$$A_{gf} = \frac{i_o}{v_{in}} = \frac{\frac{v_o}{R_L}}{v_{in}} = \frac{v_o}{v_{in}} \frac{1}{R_L} = -\frac{\alpha(R_C \| R_L)}{r_e + R_E} \frac{1}{R_L}$$

上式除以 r_e 並且處理並聯電阻。

$$A_{gf} = -\frac{g_m}{1 + \frac{R_E}{r_e}} \frac{R_C}{R_C + R_L}$$

根據直流分析可知 $I_E = 1.08 \text{ mA}$ ， $I_C = 1.07 \text{ mA}$ ， $g_m = \frac{I_C}{V_T} =$

$\frac{1.07 \text{ mA}}{26 \text{mV}} = 41.2 \text{ mA} / \text{V}$ ， $\alpha = \frac{h_{FE}}{(1 + h_{FE})} = 0.99$ ， $r_e = \frac{\alpha}{g_m} = \frac{0.99}{41.2\text{m}} = 24.059 \ \Omega$ 。

(a) 閉環路電壓增益為

$$A_{gf} = -\frac{41.2\text{m}}{1 + \frac{1000}{24.059}} \frac{3.6\text{k}}{3.6\text{k} + 1.5\text{k}} = -0.683 \text{ mA} / \text{V}$$

(b) 總電壓增益 A_t 為

$$A_t = A_{gf} \times R_L = (-0.683 \text{ mA} / \text{V})(1.5 \text{ k}) = -1.024$$

 練習 14　如圖電路， $h_{FE} = 100$ ， $V_T = 26 \text{ mV}$ ，求 (a) 轉導增益 A_{gf} (b) 總電壓增益 A_t 。

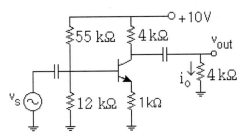

Answer $I_{CQ} = 0.984 \text{ mA}$ ， (a) $-0.482 \text{ mA} / \text{V}$ (b) -1.93

練習 **15**　如圖電路，$K_n = 1.5 \text{ mA/V}^2$，$V_{TN} = 2 \text{ V}$，求(a)轉導增益 A_{gf}　(b)總電壓增益 A_t。

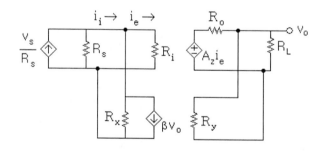

Answer　$I_{DQ} = 2.066 \text{ mA}$ ，(a) -0.731 mA/V　(b) -1.462

15-5-3　並並回授電路

　　並並回授放大器組態如下所示，其回授電路並聯取樣部分輸出電壓，A_z 為放大倍數，下標 z 代表電阻特性，回授轉換為電流至輸入端與信號電流源並聯，$\beta = \beta_g$ 為回授轉換函數，下標 g 代表電導特性，因此回授電路又稱為電流至電壓放大器(Current -to-voltage amplifier)。

其中回授電路的三個參數，計算方式如下，

$$R_x = \left.\frac{v_f}{i_f}\right|_{v_o = 0} \quad (\text{輸出端短路}) \qquad , \qquad R_y = \left.\frac{v_o}{i_y}\right|_{v_f = 0} \quad (\text{輸入端短路})$$

$$\beta = \left.\frac{i_f}{v_o}\right|_{v_f = 0} \quad (\text{輸入端短路})$$

例如，如下圖所示的回授放大器， $A = 2 \times 10^5$

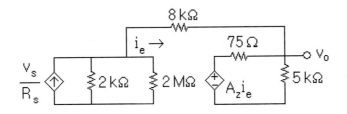

1. 確定回授放大器： $R_f = 8 \, k\Omega$ 構成回授。

2. 確定輸入輸出端回授型態：此為並-並回授電路 $v_o = -A \, v_e = -A \, R_i \, i_e = -A_z \, i_e$

$$A_z = -AR_i = -(2 \times 10^5)(2 \times 10^6) = -4 \times 10^{11} \, V / A$$

3. 考慮開路增益 A 的回授電路效應：

   (1) 將**並聯回授端短路**， $v_f = 0$

   $$R_x = R_f = 8 \, k\Omega$$

   (2) 將**並聯回授端短路**， $v_f = 0$

   $$R_y = R_f = 8 \, k\Omega$$

4. 分類使用。

   轉阻放大器：使用並-並回授電路。

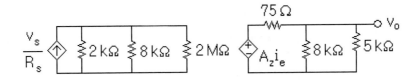

   求等效電路的輸入電阻：並即是並聯處理。

   $$R_{ie} = (2k) \| (2000k) \| (8k) = 1.6 \, k\Omega$$

   求等效電路的輸出電阻：並即是並聯處理。

   $$R_{oe} = (75) \| (8k) \| (5k) = 73.22 \, \Omega$$

求等效電路的電壓增益：$A_e = \left(\dfrac{R_f}{R_f + R_i}\right)(A)\left(\dfrac{R_f \parallel R_L}{(R_f \parallel R_L) + R_o}\right)$。

$$R_f \parallel R_L = (8k) \parallel (5k) = 3.077\ k\Omega$$

$$A_e = \left(\dfrac{8}{8 + 2000}\right)\left(-4 \times 10^{11}\right)\left(\dfrac{3077}{3077 + 75}\right) = -1.56\ G\Omega$$

5. 放大器的輸出即為回授放大器的輸入：求 β。

$$\beta = \beta_g = -\dfrac{1}{R_F} = -125\ \mu\Omega^{-1}$$

6. 計算回授的輸入電阻：並即是除以環路增益 $(1 + A_e\beta)$。

$$R_{if} = \dfrac{R_{ie}}{(1 + A_e\beta)} = \dfrac{1600}{(1 + 1.56\ G \times 125\ \mu)} = 8.2\ m\Omega$$

7. 計算回授的輸出電阻：並即是除以環路增益 $(1 + A_e\beta)$。

$$R_{of} = \dfrac{R_{oe}}{(1 + A_e\beta)} = \dfrac{73.22}{(1 + 1.56\ G \times 125\ \mu)} = 0.38\ m\Omega$$

8. 計算閉路增益 A_f。

$$A_f = \dfrac{A_e}{1 + A_e\beta} = \dfrac{-1.56\ G}{(1 + 1.56\ G \times 125\ \mu)} = -8\ k\Omega$$

9. 計算輸出電壓 v_o： $v_o = \left(\dfrac{v_o}{v_s}\right)v_s = \left(\dfrac{v_o}{i_s}\right)\left(\dfrac{i_s}{v_s}\right)v_s = \left(\dfrac{A_f}{R_s}\right)v_s$

$$v_o = \left(\dfrac{-8\ k}{2\ k}\right)v_s = -4\ v_s$$

理想並並回授放大器組態，就是將回授電路的輸入阻抗 R_y 斷路，輸出阻抗 R_x 斷路，此部分的推導留作練習，請比照前述串並回授放大器的作法自行習作。

14 範例

如圖電路，若開環路電壓增益 $A_{ol} = 10^5$，求閉環路(a)轉阻增益 A_{zf} (b)電壓增益 A_{vf}。

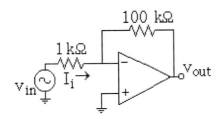

解

根據電路，可知虛短路，即 $v_{out} = -I_i(100\ k\Omega) = -(v_{in}/1\ k\Omega)(100\ k\Omega)$

(a) 回授轉阻增益 $A_{zf} = v_{out}/I_i$

$$A_{zf} = -100\ k\Omega$$

(b) 回授電壓增益 $A_{vf} = v_{out}/v_{in}$

$$A_{vf} = -(100\ k\Omega/1\ k\Omega) = -100$$

15 範例

如圖電路，$h_{FE} = 100$，求閉環路(a)電壓增益 A_{vf} (b)轉阻增益 A_{zf}。

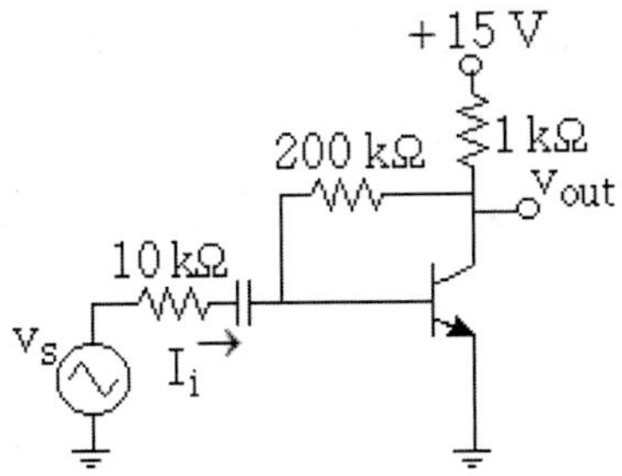

解

根據電路，可知交流等效電路如下圖所示，寫出輸入端節點 KCL 方程式，

$$\frac{v_s - v_\pi}{R_S} = \frac{v_\pi - v_{out}}{R_F} + \frac{v_\pi}{r_\pi} \quad , \quad \frac{v_s}{R_S} + \frac{v_{out}}{R_F} = v_\pi\left(\frac{1}{R_S} + \frac{1}{R_F} + \frac{1}{r_\pi}\right)$$

輸出端節點 KCL 方程式，

$$g_m v_\pi + \frac{v_{out}}{R_C} + \frac{v_{out} - v_\pi}{R_F} = 0 \quad , \quad v_\pi\left(g_m - \frac{1}{R_F}\right) + v_{out}\left(\frac{1}{R_C} + \frac{1}{R_F}\right) = 0$$

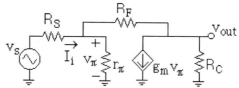

解上列聯立方程組，結果為

$$A_{vf} = \frac{v_{out}}{v_s} = \frac{-\dfrac{1}{R_S}\left(g_m - \dfrac{1}{R_F}\right)}{\left(\dfrac{1}{R_C} + \dfrac{1}{R_F}\right)\left(\dfrac{1}{R_F} + \dfrac{1}{r_\pi} + \dfrac{1}{R_S}\right) + \dfrac{1}{R_F}\left(g_m - \dfrac{1}{R_F}\right)}$$

當 $R_F \to \infty$，上式簡化為

$$A_{vf} = \frac{-\dfrac{1}{R_S}g_m}{\dfrac{1}{R_C}\left(\dfrac{1}{R_S} + \dfrac{1}{r_\pi}\right)} = \frac{r_\pi}{R_S + r_\pi}(-g_m R_C)$$

由 A_{vf} 轉換為 A_{zf}

$$A_{zf} = \frac{v_o}{I_i} = \frac{v_o}{\dfrac{(v_s - v_\pi)}{R_S}}$$

v_s 與 v_π 的關係可由輸入端節點 KCL 方程式求得

$$\frac{v_s}{R_S} + \frac{v_{out}}{R_F} = \frac{v_s}{R_S} + \frac{A_{vf} v_s}{R_F} = v_\pi\left(\frac{1}{R_S} + \frac{1}{R_F} + \frac{1}{r_\pi}\right)$$

$$v_\pi = \frac{v_s\left(\dfrac{1}{R_S} + \dfrac{A_{vf}}{R_F}\right)}{\left(\dfrac{1}{R_S} + \dfrac{1}{R_F} + \dfrac{1}{r_\pi}\right)} \quad , \quad v_s - v_\pi = v_s\left[1 - \frac{\left(\dfrac{1}{R_S} + \dfrac{A_{vf}}{R_F}\right)}{\left(\dfrac{1}{R_S} + \dfrac{1}{R_F} + \dfrac{1}{r_\pi}\right)}\right]$$

$$A_{zf} = \frac{A_{vf}}{1 - \dfrac{\left(\dfrac{1}{R_S} + \dfrac{A_{vf}}{R_F}\right)}{\left(\dfrac{1}{R_S} + \dfrac{1}{R_F} + \dfrac{1}{r_\pi}\right)}} R_S$$

由直流分析可知，$I_{CQ} = 4.75\,\text{mA}$

$$g_m = \frac{I_{CQ}}{V_T} = \frac{4.75\,\text{m}}{26\,\text{m}} = 182.7\,\text{mA}/\text{V}$$

$$r_\pi = \frac{h_{FE}}{g_m} = \frac{100}{182.7\,\text{m}} = 0.547\,\text{k}\Omega$$

(a) 回授電壓增益 $A_{vf} = v_{out}/v_s$；將所有數值代入 A_{vf} 方程式

$$A_{vf} = -(63.989\,\text{k}\Omega/10\,\text{k}\Omega) = -6.399$$

(b) 回授轉阻增益 $A_{zf} = v_{out}/I_i$；將所有數值代入 A_{zf} 方程式

$$v_\pi = \frac{v_s\left(\dfrac{1}{10} + \dfrac{-6.399}{200}\right)}{\left(\dfrac{1}{10} + \dfrac{1}{200} + \dfrac{1}{0.547}\right)} = 0.0352 v_s$$

$$A_{zf} = -66.323\,\text{k}\Omega$$

---

16 範例

如圖電路，$K_n = 1\,\text{mA}/\text{V}^2$，$V_{TN} = 1.5\,\text{V}$，求閉環路 (a)電壓增益 A_{vf} (b)轉阻增益 A_{zf}。

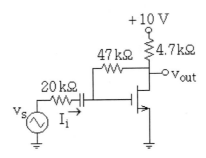

解

比照範例 15 化簡，結果為

$$A_{vf} = \frac{v_{out}}{v_s} = \frac{-\dfrac{1}{R_S}\left(g_m - \dfrac{1}{R_F}\right)}{\left(\dfrac{1}{R_D} + \dfrac{1}{R_F}\right)\left(\dfrac{1}{R_F} + \dfrac{1}{R_S}\right) + \dfrac{1}{R_F}\left(g_m - \dfrac{1}{R_F}\right)}$$

$$A_{zf} = \cfrac{A_{vf}}{1 - \cfrac{\left(\cfrac{1}{R_S} + \cfrac{A_{vf}}{R_F}\right)}{\left(\cfrac{1}{R_S} + \cfrac{1}{R_F}\right)}} R_S$$

由直流分析可知，聯立兩方程式 $I_D = K_n(V_{GS} - V_{TN})^2 = K_n(V_{DS} - V_{TN})^2$，$V_{DS} = V_{DD} - I_D R_D$，解出 $I_{DQ} = 1.544$ mA，以及轉導值為

$$g_m = 2\sqrt{K_n I_{DQ}} = 2\sqrt{(1m)(1.544m)} = 2.485 \ mA/V$$

(a) 回授電壓增益 $A_{vf} = v_{out}/v_s$；將所有數值代入 A_{vf} 方程式

$$A_{vf} = -(35.654 \ k\Omega/20 \ k\Omega) = -1.783$$

(b) 回授轉阻增益 $A_{zf} = v_{out}/I_i$

$$A_{zf} = -43.923 \ k\Omega$$

練習 16　如圖電路，$h_{FE} = 100$，求閉環路(a)電壓增益 A_{vf}　(b)轉阻增益 A_{zf}。

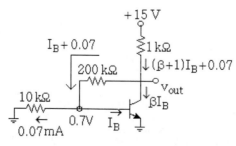

Answer　$I_{CQ} = 0.0764$ mA，$g_m = 2.939 \ mA/V$，(a) $-1.959 \ V/V$

(b) $-59.595 \ kV/A$

Hint：

練習 17

如圖電路，$K_n = 1\,mA/V^2$，$V_{TN} = 1.5\,V$，求閉環路(a)電壓增益 A_{vf} (b)轉阻增益 A_{zf}。

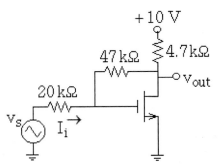

Answer　$I_{DQ} = 0.466\,mA$，$g_m = 1.365\,mA/V$，(a) $-1.484\,V/V$　(b) $-40.029\,kV/A$

Hint： $V_{GS} = V_o \times 20\,k\Omega / (47\,k\Omega + 20\,k\Omega)$，$I_D = K_n(V_{GS} - V_{TN})^2$，

$(10 - V_o)/4.7\,k\Omega = I_D + V_o/67\,k\Omega$

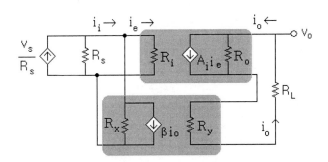

●15-5-4　並串回授電路

並串回授放大器組態如下所示，電路中包括一具有輸入阻抗 R_i，開路電流增益 A_i，以及輸出阻抗 R_o 的基本電流放大器，其回授電路串聯取樣部分輸出電流並轉換為電流，回授至輸入端與信號電流源並聯。

其中回授電路的三個參數，計算方式如下，

$$R_x = \frac{v_f}{i_f}\bigg|_{i_o=0} \quad （輸出端斷路） \qquad , \qquad R_y = \frac{v_y}{i_o}\bigg|_{v_f=0} \quad （輸入端短路）$$

$$\beta = \frac{i_f}{i_o}\bigg|_{v_f=0} \quad （輸入端短路）$$

例如，如下圖所示的回授放大器， $A = 2 \times 10^5$

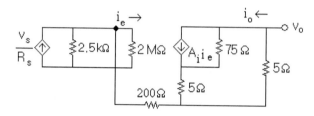

1. 確定回授放大器：

2. 確定輸入輸出端回授型態：此為並-串回授電路， $A_i = A \dfrac{R_i}{R_o}$

$$A_i = (2 \times 10^5) \frac{2 \times 10^6}{75} = 53.55 \times 10^8 \ A/A$$

3. 考慮開路增益 A 的回授電路效應。

   (1) 將**並聯回授端短路**， $v_f = 0$

   $$R_x = R_f + R_1 = 200 + 5 = 205 \ \Omega$$

   (2) 將**串聯回授端短路**， $v_f = 0$

   $$R_y = R_f \parallel R_1 = (200) \parallel (5) = 4.88 \ \Omega$$

4. 分類使用。

   電流放大器：使用並-串回授電路。

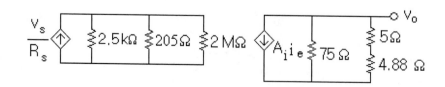

求等效電路的輸入電阻：並即是並聯處理。

$$R_{ie} = (2.5\,k)\,\|\,(205)\,\|\,(2000\,k) = 189.3\,\Omega$$

求等效電路的輸出電阻：串即是串聯處理。

$$R_{oe} = (75) + (5) + (4.88) = 84.88\,\Omega$$

求等效電路的電壓增益：$A_e = \left(\dfrac{R_x}{R_x + R_i}\right)(A_i)\left(\dfrac{R_o}{R_y + R_L + R_o}\right)$

$$A_e = \left(\frac{205}{205 + 2\times10^6}\right)\left(53.55\times10^8\right)\left(\frac{75}{4.88 + 5 + 75}\right) = 482.3\,kA\,/\,A$$

5. 放大器的輸出即為回授放大器的輸入：求 $\beta = \beta_i = \dfrac{R_1}{R_f + R_1}$

$$\beta = \beta_i = \frac{5}{200 + 5} = 24.4\,mA\,/\,A$$

6. 計算回授的輸入電阻：並即是除以環路增益 $(1 + A_e\beta)$

$$R_{if} = \frac{R_{ie}}{(1 + A_e\beta)} = \frac{189.3}{(1 + 482.3\,k\times24.4\,m)} = 16.1\,m\Omega$$

7. 計算回授的輸出電阻：串即是乘上環路增益 $(1 + A_e\beta)$

$$R_{of} = R_{oe}(1 + A_e\beta) = (84.88)(1 + 482.3\,k\times24.4\,m) = 999\,k\Omega$$

8. 計算閉路增益 A_f。

$$A_f = \frac{482.3\,k}{(1 + 482.3\,k\times24.4\,m)} = 41$$

　　理想並串回授放大器組態，就是將回授電路的輸入阻抗 R_y 短路，輸出阻抗 R_x 斷路（如下圖所示），此部分的推導留作練習，請比照前述串並回授放大器的作法自行習作。

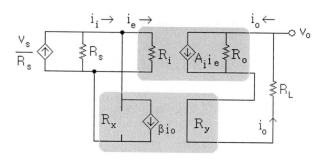

$$v_o = A_i I_i R_o \quad , \quad v_i = I_i R_i$$

$$\frac{v_o}{v_i} = A_v = \frac{A_i I_i R_o}{I_i R_i} = \frac{A_i R_o}{R_i} \quad , \quad A_v = A_i \frac{R_o}{R_i}$$

$$R_{if} = \frac{R_i}{1 + A_i \beta_i} \quad , \quad R_{of} = (1 + A_i \beta_i) R_o$$

17 範例

如圖電路，$A_{ol} = 10^4$，$R_i = 10 \text{ k}\Omega$，$R_o = 100 \Omega$，求閉環路(a)電流增益 A_{if}　(b)輸入阻抗 R_{if}　(c)輸出阻抗 R_{of}。

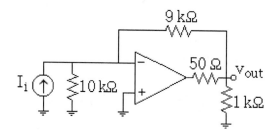

解

根據電路，可知交流等效電路如下所示。

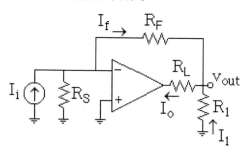

假設 R_s 遠大於 R_{if}，並且因為虛短路的緣故，可知 $I_f \cong I_i$，$v_{out} = -I_f R_F = -I_i R_F$，根據輸出端的節點 KCL 方程式，

$$I_o = I_f + I_1 = I_i + \frac{-v_{out}}{R_1} = I_i + \frac{-(-I_i R_F)}{R_1} = I_i\left(1 + \frac{R_F}{R_1}\right)$$

$$A_{if} = \frac{I_o}{I_i} = \left(1 + \frac{R_F}{R_1}\right) \cong \frac{1}{\beta_i}$$

$$\beta_i = \left(1 + \frac{R_F}{R_1}\right)^{-1}$$

(a) 代入數值計算

$$A_{if} = 1 + 9\ k\Omega / 1\ k\Omega = 10$$

即 $\beta_i = 0.1$，再利用 $A_v = A_i \times R_o / R_i$ 計算 A_i

$$10^4 = A_i \times (100\ \Omega / 10\ k\Omega)$$

求出 $A_i = 10^6$

(b) 對輸入電流源而言，回授輸入阻抗 R_{if} 當然愈小愈好，因為希望送入所有的電流。

$$R_{if} = \frac{10k\Omega}{1 + 10^6(0.1)} = 0.1\Omega$$

(c) 對輸出電流源而言，回授輸入阻抗 R_{if} 當然愈大愈好，這樣負載才能分流到最大的電流，達到理想電流放大器的最大電流增益的目標。

$$R_{of} = (1 + 10^6 \times 0.1)(100\ \Omega) = 10\ M\Omega$$

15-6　特殊回授電路※

● 15-6-1　JFET 回授電路

考慮一特殊回授電路(Feedback circuit)，如下圖所示。

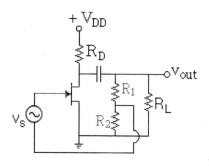

沒有回授時，放大器**電壓增益**為

$$A = -g_m R_{out}$$

其中 $R_{out} = R_D \| (R_1 + R_2) \| R_L$；若考慮回授效應時，回授電路的**回授比例**為

$$B = \frac{R_2}{R_1 + R_2}$$

已知負回授的增益為

$$A_f = \frac{A}{1 + AB} = \frac{-g_m R_{out}}{1 + \dfrac{R_2}{R_1 + R_2} R_{out} g_m}$$

若 $A \gg 1$

$$A_f \cong \frac{-1}{B} = -\left[1 + \frac{R_1}{R_2} \right]$$

● 15-6-2　BJT 雙級回授放大器

例如下圖所示的 BJT 雙級回授放大器電路，輸出端透過回授電阻 r_f，將輸出信號送回到第一級的淹沒電阻 r_E，可見

$$v_e = \frac{r_E}{r_f + r_E} v_{out}$$

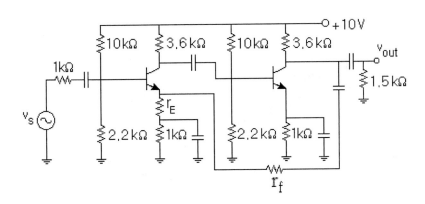

當串級放大器完美設計時，電壓增益可以表示成

$$A_f = \left(\frac{r_E}{r_f + r_E} \right)^{-1} = 1 + \frac{r_f}{r_E}$$

　　如同前述所討論的閉環路回授電路的結果，其電壓增益只相關於兩外加電阻 r_f 與 r_E，當這兩電阻值固定，此回授放大器電路的電壓增益也會固定。

18 範例

　　如圖電路，假設 $g_m = 4000\,\mu S$，求 A_f。

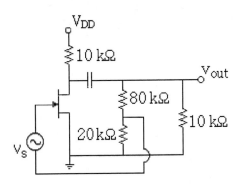

解

計算 $R_{out} = R_D \,||\, (R_1 + R_2) \,||\, R_L$，

$$R_{out} = 10k \,||\, 100k \,||\, 10k = 5k \,||\, 100k = 4.76\,k\Omega$$

沒有回授時，放大器電壓增益為

$$A = -(4000 \times 10^{-6}) \times (4.76 \times 10^3) = -19.04$$

回授電路的回授比例為

$$B = \frac{20k}{80k + 20k} = 0.2$$

負回授的增益為 $A_f = \dfrac{A}{1+AB} = \dfrac{-g_m R_{out}}{1 + \dfrac{R_2 R_{out}}{R_1 + R_2} g_m}$

$$A_f = \frac{-19.04}{1 + (0.2)(19.04)} = -3.96$$

---

19 範例

如圖電路，求回授放大器電路的電壓增益 A_f。

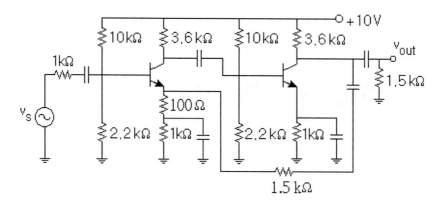

解

計算 $A_f = \left(\dfrac{r_E}{r_f + r_E} \right)^{-1} = 1 + \dfrac{r_f}{r_E}$

$$A_f = 1 + \frac{1.5 \text{ k}\Omega}{100 \text{ }\Omega} = 16$$

練習 18　如圖電路，假設 $g_m = 3000 \; \mu S$，求 A_f。

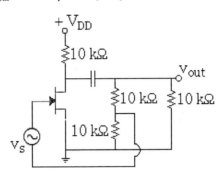

Answer　$A_f = -1.714$

練習 19　如圖電路，求回授放大器電路的最大電壓增益 A_f。

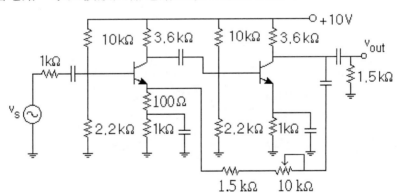

Answer　$A_f = 116$

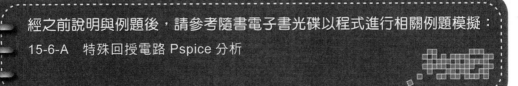

經之前說明與例題後，請參考隨書電子書光碟以程式進行相關例題模擬：

15-6-A　特殊回授電路 Pspice 分析

習 題 Exercises

15-1 如圖的 OPA 電路,求轉換率 S_R。

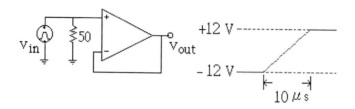

15-2 若 OPA 的轉換率 $S_R = 0.5\,V/\mu s$,若正弦波的峰值為 $8\,V$,求最大不失真頻率 f_{max}。

15-3 如圖電路,若開環路電壓增益 $A_{ol} = 10^5$,求 v_{out}。

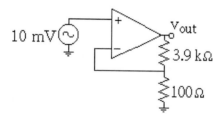

15-4 如圖電路,若開環路增益 $A_{ol} = 10^5$,求閉環路電壓增益。

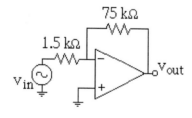

15-5 如圖電路,若開環路電壓增益 $A_{ol} = 10^5$,求 v_{out}。

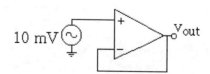

15- 6 續第 3 題，$Z_{in} = 2\,M\Omega$，$Z_{out} = 75\,\Omega$，求閉環路輸入與輸出阻抗。

15- 7 續第 4 題，$Z_{in} = 2\,M\Omega$，$Z_{out} = 75\,\Omega$，求閉環路輸入與輸出阻抗。

15- 8 續第 5 題，$Z_{in} = 2\,M\Omega$，$Z_{out} = 75\,\Omega$，求閉環路輸入與輸出阻抗。

15- 9 如圖電路，求閉環路電壓增益。

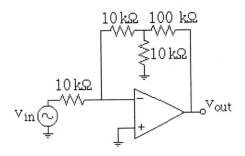

15-10 如圖電路，若開環路電壓增益 $A_v = 10^5$，$R_i = 100\,k\Omega$，$R_o = 100\,\Omega$，求閉環路(a)電壓增益 A_{vf}　(b)輸入阻抗 R_{if}　(c)輸出阻抗 R_{of}。

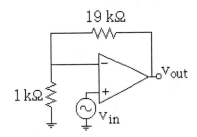

15-11 如圖電路，$h_{FE} = 100$，$V_T = 26mV$，求(a)轉導增益 A_{gf}　(b)總電壓增益 A_t。

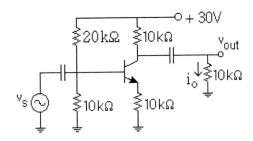

15-12 如圖電路，$K_n = 3/25 \text{ mA}/V^2$，$V_{TN} = 5 \text{ V}$，求(a)轉導增益 A_{gf} (b)總電壓增益 A_t。

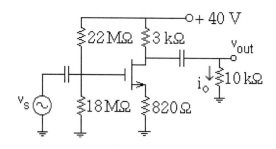

15-13 如圖電路，$\beta = h_{FE} = 150$，求閉環路(a)電壓增益 A_{vf} (b)轉阻增益 A_{zf}。

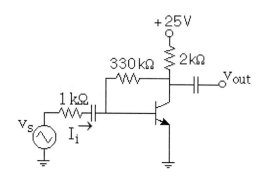

15-14 如圖電路，$K_n = 0.2 \text{ mA}/V^2$，$V_{TN} = 2V$，求閉環路(a)電壓增益 A_{vf} (b)轉阻增益 A_{zf}。

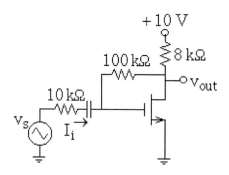

15-15 如圖電路，假設 $g_m = 3500 \ \mu S$ ，求 A_f 。

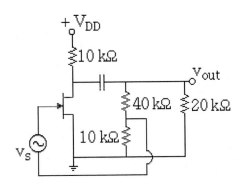

15-16 如圖電路，求回授放大器電路的最小與最大電壓增益 A_f 。

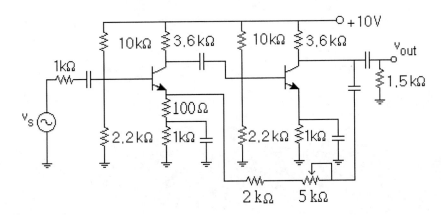

Memo

16
Chapter

運算放大器
頻率響應

研究完本章，將學會

- 基本原理
- OPA 開環路響應
- OPA 閉環路響應
- 正回授與穩定度
- 頻率補償

16-1　基本原理※

下圖左顯示開環路的運算放大器開，其開環路電壓增益很大，以下圖右為例，$A_{ol} = 100$ dB，即 $A_{ol} = 10^5$ 倍，頻率在臨界頻率 f_c 以後，斜率是 -20 dB/十倍，而單位增益頻寬為 1 MHz。

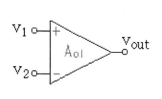

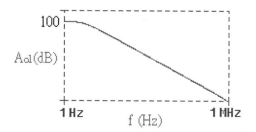

頻寬

OPA 屬於**低通濾波器**(Low Pass filter)的特性，因此，頻寬（Bandwidth，簡稱 BW）就是**高臨界頻率** $f_{c(high)}$。

$$BW = f_{c(high)}$$

以下圖左為例，頻寬 $BW = 10$ Hz，開環路電壓增益 $A_{ol} = 97$ dB，近似的頻率響應如圖下圖右所示，因為衰減率為 -20 dB/10 倍，可知當頻率 $f = 100$ Hz，$A_{ol} = 80$ dB，$f = 1$ kHz，$A_{ol} = 60$ dB，$f = 10$ kHz，$A_{ol} = 40$ dB，$f = 100$ kHz，$A_{ol} = 20$ dB，$f = 1$ MHz，$A_{ol} = 0$ dB，意即單位增益頻寬 $f_{unity} = 1$ MHz，$A_{ol} = 1$ 倍。

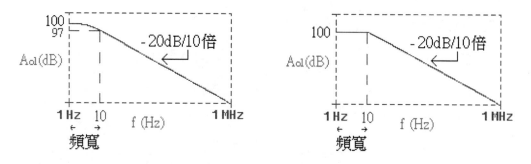

綜上分析，可知 OPA 的頻率響應特性，如同下圖所示的 RC 網路。

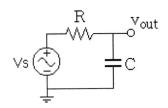

由上圖電路，已知

$$A_t = \frac{Z_C}{Z_R + Z_C} = \frac{\dfrac{1}{SC}}{R + \dfrac{1}{SC}} = \frac{\dfrac{1}{SC}}{\dfrac{RSC+1}{SC}} = \frac{1}{RSC+1}$$

上式代換 $S = j\omega$

$$A_t = \frac{1}{1+j\omega RC} = \frac{1\angle 0^\circ}{\sqrt{1+(\omega RC)^2}\,\angle\tan^{-1}(\omega RC)} = \frac{1}{\sqrt{1+(\omega RC)^2}}\angle -\tan^{-1}(\omega RC)$$

可得振幅與相位表示式

$$|A_t| = \frac{1}{\sqrt{1+(\omega RC)^2}} \qquad , \qquad \theta = -\tan^{-1}(\omega RC)$$

當振幅大小為最大值的 $\dfrac{1}{\sqrt{2}}$ 時，所對應的頻率稱為臨界角頻率 ω_c，即

$$\frac{1}{\sqrt{1+(\omega_c RC)^2}} = \frac{1}{\sqrt{2}} \qquad , \qquad (\omega_c RC)^2 = 1$$

$$\omega_c = \frac{1}{RC} = 2\pi f_c \qquad , \qquad f_c = \frac{1}{2\pi RC}$$

根據以上關係，振幅 $|A_t| = \dfrac{1}{\sqrt{1+(\omega RC)^2}}$ 與相位角 $\theta = -\tan^{-1}(\omega RC)$ 可以改寫為

$$|A_t| = \frac{1}{\sqrt{1+\left(\dfrac{\omega}{\omega_c}\right)^2}} = \frac{1}{\sqrt{1+\left(\dfrac{2\pi f}{2\pi f_c}\right)^2}} = \frac{1}{\sqrt{1+\left(\dfrac{f}{f_c}\right)^2}}$$

$$\theta = -\tan^{-1}\left(\frac{\omega}{\omega_c}\right) = -\tan^{-1}\left(\frac{f}{f_c}\right)$$

若是 OPA 串接 RC 網路，如下圖所示

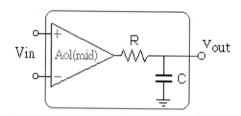

則整個電路的開環路電壓增益 A_{ol} 與相位 θ 分別為

$$A_{ol} = \frac{A_{ol(mid)}}{\sqrt{1+\left(\dfrac{f}{f_c}\right)^2}} \qquad , \qquad \theta = -\tan^{-1}\left(\frac{R}{X_C}\right) = -\tan^{-1}\left(\frac{f}{f_c}\right)$$

其中 $A_{ol(mid)}$ 為中頻帶增益，$f_c = f_{c(ol)}$ 為臨界頻率。

1 範例

若 $f_{c(ol)} = 10\ Hz$ ， $A_{ol(mid)} = 10^5$ ，求下列各頻率的 A_{ol} 　(a) $f = 0\ Hz$ (b) $f = 10\ Hz$ 　(c) $f = 100\ Hz$ 　(d) $f = 1000\ Hz$ 。

解

代入 $A_{ol} = \dfrac{A_{ol(mid)}}{\sqrt{1+\left(\dfrac{f}{f_c}\right)^2}}$

(a) $A_{ol} = \dfrac{100000}{\sqrt{1+\left(\dfrac{0}{10}\right)^2}} = 10^5$

(b) $A_{ol} = \dfrac{100000}{\sqrt{1+\left(\dfrac{10}{10}\right)^2}} = \dfrac{100000}{\sqrt{2}} = 7.07 \times 10^4$

(c) $A_{ol} = \dfrac{100000}{\sqrt{1+\left(\dfrac{100}{10}\right)^2}} = \dfrac{100000}{\sqrt{101}} = 9.95 \times 10^3$

(d) $A_{ol} = \dfrac{100000}{\sqrt{1+\left(\dfrac{1000}{10}\right)^2}} = \dfrac{100000}{\sqrt{10001}} = 999.95$

2 範例

若 $f_{c(ol)} = 10\ Hz$, $A_{ol(mid)} = 10^5$,求下列各頻率的相位角　(a) $f = 0\ Hz$ (b) $f = 10\ Hz$ 　(c) $f = 100\ Hz$ 　(d) $f = 1000\ Hz$ 。

解

代入 $\theta = -\tan^{-1}\left(\dfrac{R}{X_C}\right) = -\tan^{-1}\left(\dfrac{f}{f_c}\right)$

(a) $\theta = -\tan^{-1}\left(\dfrac{0}{10}\right) = 0^\circ$ 　(b) $\theta = -\tan^{-1}\left(\dfrac{10}{10}\right) = -45^\circ$

(c) $\theta = -\tan^{-1}\left(\dfrac{100}{10}\right) = -84.3^\circ$ 　(d) $\theta = -\tan^{-1}\left(\dfrac{1000}{10}\right) = -89.43^\circ$

經之前說明與例題後,請參考隨書電子書光碟以程式進行相關例題模擬:

16-1-A　RC 電路 Pspice 分析

16-2 OPA 開環路響應※

　　一般 OPA,內含多個串級放大器,每個放大器的增益皆與頻率有關,換言之,整個 OPA 的頻率響應為各級放大器頻率響應的組合。

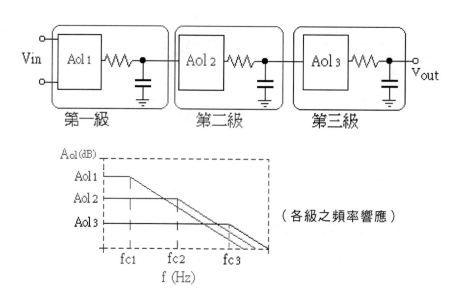

（各級之頻率響應）

以三級 OPA 為例，總增益為各級增益 dB 值之和，如下圖所示；又由於相加結果，斜率轉折為累加 –20 dB／十倍。

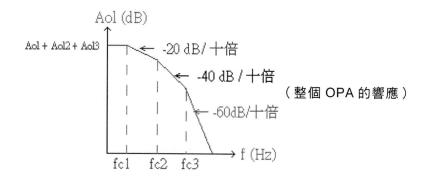

（整個 OPA 的響應）

另外有關相位響應，由於 **RC 落後網路**的最大落後為 90 度，可見三級串級放大器的總相位移可以達到 –270度，換言之，串級 OPA 之總相相位移為各級相相位移之總和，

$$\theta_{total} = -\tan^{-1}\left(\frac{f}{f_{c1}}\right) - \tan^{-1}\left(\frac{f}{f_{c2}}\right) - \tan^{-1}\left(\frac{f}{f_{c3}}\right)$$

其中 θ_{total}：總相位移，f_{c1}：第一級放大器之臨界頻率，f_{c2}：第二級放大器之臨界頻率，f_{c3}：第三級放大器之臨界頻率。

3 | 範例

一 OPA 由三級放大器所構成，已知條件為第一級：$A_{o11} = 60\,dB$，$f_{c1} = 1\,kHz$；第二級：$A_{o12} = 40\,dB$，$f_{c2} = 10\,kHz$；第三級：$A_{o13} = 20\,dB$，$f_{c3} = 100\,kHz$，求 $f = 1\,kHz$ 時開環路中頻帶增益 dB 值。

解

總增益為各級增益 dB 值之和

$$A_{ol(mid)} = A_{o11(mid)} + A_{o12(mid)} + A_{o13(mid)} = 60 + 40 + 20 = 120\,dB$$

4 | 範例

同範例 3 條件，求 $f = 1\,kHz$ 時總相位移 θ_{total}。

解

代入 $\theta_{total} = -\tan^{-1}\left(\dfrac{f}{f_{c1}}\right) - \tan^{-1}\left(\dfrac{f}{f_{c2}}\right) - \tan^{-1}\left(\dfrac{f}{f_{c3}}\right)$

$$\theta_{total} = -\tan^{-1}\left(\frac{1k}{1k}\right) - \tan^{-1}\left(\frac{1k}{10k}\right) - \tan^{-1}\left(\frac{1k}{100k}\right)$$

$$= -45° - 5.71° - 0.57°$$

$$= -51.28°$$

OPA 由三級放大器所構成，已知條件為第一級：$A_{o11} = 40\,dB$，$f_{c1} = 10\,Hz$；第二級：$A_{o12} = 30\,dB$，$f_{c2} = 1\,kHz$；第三級：$A_{o13} = 20\,dB$，$f_{c3} = 100\,kHz$，求開環路中頻帶增益 dB 值。

Answer | $A_{ol(mid)} = 90\,dB$

練習 **2**   同上練習 1 條件，求 $f = 10$ kHz 時總相位移 θ_{total}。

Answer $\theta_{total} = -179.96°$

經之前說明與例題後，請參考隨書電子書光碟以程式進行相關例題模擬：

16-2-A   OPA 開環路頻率響應 Pspice 分析

16-3 OPA 閉環路響應※

通常 OPA 會以負回授電路，精確控制其增益與頻寬，而**負回授**電路主要有以下三種：

1. $A_{cl(NI)} = \dfrac{A_{ol}}{1 + A_{ol}B}$，或近似為 $A_{cl(NI)} = \dfrac{1}{B}$

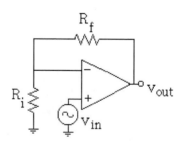

2. $A_{cl(I)} = -\dfrac{R_f}{R_i}$

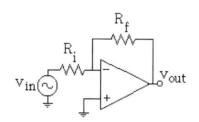

3. $A_{cl(VF)} = 1$

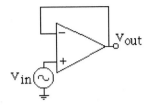

B：**衰減率**，或**回授比例**，計算式為

$$B = \frac{R_f}{R_i + R_f}$$

負回授對頻寬的影響

　　由上一節可知，開環路電壓增益的複數型式為

$$A_{ol} = \frac{A_{ol(mid)}}{1 + j\dfrac{f}{f_{c(ol)}}}$$

若是閉環路電壓增益則為

$$A_{cl} = \frac{A_{cl(mid)}}{1 + j\dfrac{f}{f_{c(cl)}}}$$

$$f_{c(cl)} = f_{c(ol)}(1 + A_{ol(mid)} \times B)$$

$f_{c(cl)}$：閉環路之臨界頻率，換言之，**閉環路臨界頻率** $f_{c(cl)}$ 是**開環路臨界頻率** $f_{c(ol)}$ 的 $(1 + A_{ol(mid)}B)$ 倍；或者以頻寬 BW 表示，

$$BW_{cl} = BW_{ol}(1 + A_{ol(mid)} \times B)$$

BW_{cl}：閉環路之頻寬（對 OPA 而言，頻寬＝臨界頻率），BW_{ol}：開環路之頻寬，綜上負回授對頻寬的影響結果圖示如下，犧牲閉環路電壓增益的代價就是取得更寬廣的頻寬。

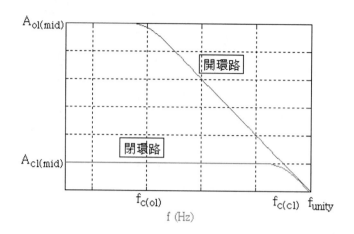

單位增益頻寬

增益與頻寬的乘積，等於開環路**單位增益頻寬** f_{unity}，即

$$A_{cl} \times f_{c(cl)} = A_{ol} \times f_{c(ol)} = f_{unity}$$

換言之，不論閉環路或開環路的電路，電壓增益值乘上臨界頻率永遠相等並且等於定值 f_{unity}。

5 範例

如圖電路，若開環路增益 100 dB，單位增益頻寬為 1 MHz，求頻寬 BW。

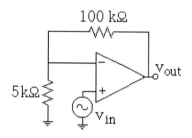

解

100 dB 意即 $A_{ol} = 10^5$，v_{in} 從＋端送入，判斷是非反相放大器，回授比例

$$B = \frac{5k}{5k + 100k} = 0.0476$$

$$A_{cl(NI)} = \frac{A_{ol}}{1 + A_{ol}B} = \frac{10^5}{1 + 10^5 \times 0.0476} = 21$$

或代入 $A_{cl(NI)} \doteq 1/B = (R_i \times R_f)/R_i = 1 + R_f/R_i$

$$A_{cl(NI)} = 1 + \frac{100k}{5k} = 21$$

根據 $A_{cl} \times f_{c(cl)} = A_{ol} \times f_{c(ol)} = f_{unity}$ 得 $21 \times f_{c(cl)} = 10^5 \times f_{c(ol)} = 10^6$

$$BW_{cl} = f_{c(cl)} = \frac{10^6}{21} = 47.6 \text{ kHz}$$

$$BW_{ol} = f_{c(ol)} = \frac{10^6}{10^5} = 10 \text{ Hz}$$

6 範例

如圖電路，若開環路增益 $100\,\text{dB}$，單位增益頻寬為 $1\,\text{MHz}$，求頻寬 BW。

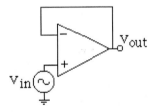

解

$100\,\text{dB}$ 意即 $A_{ol} = 10^5$，v_{in} 從 + 端送入，判斷是非反相放大器，回授比例

$$B = \frac{\infty}{\infty + 0} = 1 \qquad , \qquad A_{cl(NI)} = \frac{1}{B} = 1$$

根據 $A_{cl} \times f_{c(cl)} = A_{ol} \times f_{c(ol)} = f_{unity}$ 得 $1 \times f_{c(cl)} = 10^5 \times f_{c(ol)} = 10^6$

$$BW_{cl} = f_{c(cl)} = \frac{10^6}{1} = 1\,\text{MHz} \qquad , \qquad BW_{ol} = f_{c(ol)} = \frac{10^6}{10^5} = 10\,\text{Hz}$$

7 範例

如圖電路，若開環路增益 100 dB，單位增益頻寬為 1 MHz，求頻寬 BW。

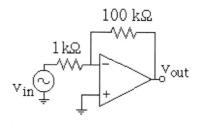

解

100 dB 意即 $A_{ol} = 10^5$，v_{in} 從－端送入，判斷是反相放大器。

$$A_{cl(I)} = -\frac{R_f}{R_i} = -\frac{100\,k}{1\,k} = -100$$

根據 $A_{cl} \times f_{c(cl)} = A_{ol} \times f_{c(ol)} = f_{unity}$ 得 $100 \times f_{c(cl)} = 10^5 \times f_{c(ol)} = 10^6$

$$BW_{cl} = f_{c(cl)} = \frac{10^6}{100} = 10\,kHz \qquad , \qquad BW_{ol} = f_{c(ol)} = \frac{10^6}{10^5} = 10\,Hz$$

練習 3

如圖電路，若開環路增益 100 dB，單位增益頻寬為 3 MHz，求頻寬 BW。

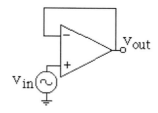

Answer　3 MHz

練習 4

如圖電路，若開環路增益 100 dB，單位增益頻寬為 3 MHz，求頻寬 BW。

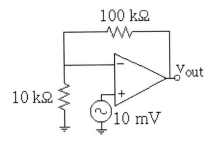

Answer   273 kHz

練習 5

如圖電路，若 $R_f = 10 \text{ k}\Omega$，單位增益頻寬為 1 MHz，求頻寬 BW。

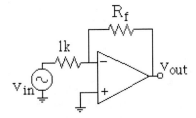

Answer   100 kHz

經之前說明與例題後，請參考隨書電子書光碟以程式進行相關例題模擬：

16-3-A   OPA 閉環路頻率響應 Pspice 分析

16-4 正回授與穩定度 *

穩定度是使用運算放大器時很重要的考慮因素,倘若能穩定操作,代表運算放大器不會產生振盪,反之,不穩定操作會產生振盪,造成即使輸入端沒有信號,輸出端也會有非預期的信號出現的現象。

● 16-4-1 相位邊際

由前述討論的負回授效應,得知輸出端信號以相位相差180°的方式回授至輸入端,使得能有效降低放大器的電壓增益值,因此,只要是負回授接法,放大器是穩定的;同理類推,所謂**正回授**(Positive feedback)係指回授信號與輸入信號同相,意即信號經此一 OPA 電路,將會產生360°得相位移,此種回授是屬於不穩定狀態,有可能產生振盪現象。

使放大器產生不穩定現象的條件:

1. 正回授。

2. 環路增益(Loop gain) $T = A_{ol} \times B$ 大於 1。

如下圖電路,各 OPA 的回授信號皆接至反相輸入端,因此輸入與輸出信號有180°的相位移;換言之,若 OPA 內部 RC 網路的相位移為 θ_{total},則 OPA 總相位移為 $180° + \theta_{total}$。

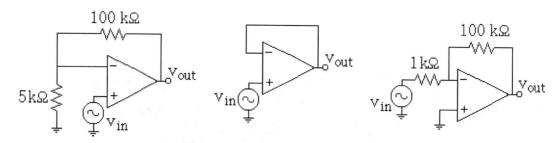

一般而言,OPA 的環路增益皆大 1,所以 **RC 落後網路**之相位移便成為放大器穩定與否的決定因素;如前所述,OPA 是由 3 級放大器串接而成,合成之總頻率響應方程式與波德圖如下圖所示,其 $A_{ol} = 100$, $f_{c1} = 10$ Hz , $f_{c2} = 10^4$ Hz , $f_{c3} = 10^8$ Hz 。

$$A = \frac{A_{ol}}{\left(1+j\dfrac{f}{f_{c1}}\right)\left(1+j\dfrac{f}{f_{c2}}\right)\left(1+j\dfrac{f}{f_{c3}}\right)}$$

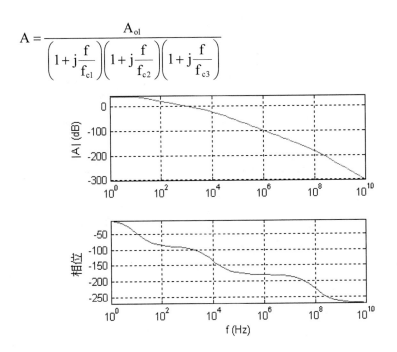

上圖中，很清楚看到每一級 RC 落後網路的 –90° 效果，因為有 3 級串接，因此最多可以落後到 270°，振幅部分在臨界頻率處轉折，每一段斜率增加衰減 20 dB，意即第一個臨界頻率 f_{c1} 之後，每十倍臨界頻率衰減 20 dB，直到第二個臨界頻率 f_{c2} 之後，每十倍臨界頻率衰減 40 dB，直到第三個臨界頻率 f_{c3} 之後，每十倍臨界頻率衰減 60 dB，其示意圖誇張重繪如下。

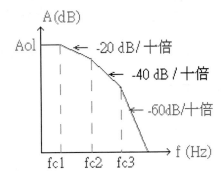

若是單極點放大器，例如 $A_{ol} = 100$ ，$f_{c1} = 10\ Hz$，其頻率響應方程式與波德圖如下所示。

$$A = \frac{A_{ol}}{(1+j\dfrac{f}{f_{c1}})}$$

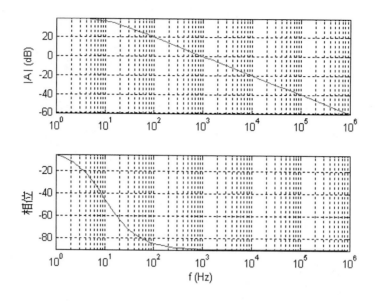

若是雙極點放大器，例如 $A_{ol} = 100$ ， $f_{c1} = 10$ Hz ， $f_{c2} = 10^4$ Hz ，其頻率響應方程式與波德圖如下所示。

$$A = \frac{A_{ol}}{\left(1 + j\dfrac{f}{f_{c1}}\right)\left(1 + j\dfrac{f}{f_{c2}}\right)}$$

定義相位邊際(Phase margin)：使整個放大器相位移為 360 度，所需再加入的相位角。

$$\theta_{pm} = 180° - \left|\theta_{total}\right|$$

　　由上式可知，相位邊際會有三種狀況：

一、 θ_{total} 遠大於180°：相位邊際 θ_{pm} 負值，放大器系統不穩定。

二、 θ_{total} 小於180°：相位邊際 θ_{pm} 為正值，此時放大器系統邊際穩定；這是比較嚴格的規定，一般而言，進入 45° 範圍，即可稱為邊際穩定。

三、 θ_{total} 遠小於180°：相位邊際 θ_{pm} 為正值，放大器系統穩定。

步驟

1. 計算總相位移 θ_{total}。

2. 代入 $\theta_{pm} = 180° - |\theta_{total}|$。

3. 若相位邊際 θ_{pm} 為正值，OPA 穩定；反之，則否。

8　範例

　　如圖輸出頻率響應條件，若中頻帶閉環路增益為 106 dB，臨界頻率為 5 kHz，試求其中頻帶時是否穩定？

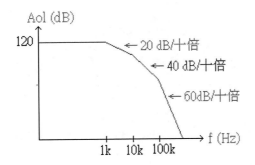

解

已知：開環路 120 dB 意即 10^6 倍，其 $f_c = 1$ kHz，106 dB 意即 2×10^5 倍，檢查閉環路 f_c 是否為 5 kHz。

$$10^6 \times 1k = 2 \times 10^5 \times f \qquad , \qquad f = 5 \text{ kHz}$$

又 $f_{c1} = 1$ kHz, $f_{c2} = 10$ kHz, $f_{c3} = 100$ kHz, 代入

$$\theta_{total} = -\tan^{-1}(f/f_{c1}) - \tan^{-1}(f/f_{c2}) - \tan^{-1}(f/f_{c3}) \text{ 得}$$

$$\theta_{total} = -\tan^{-1}(5/1) - \tan^{-1}(5/10) - \tan^{-1}(5/100)$$

$$= -78° - 26.57° - 2.86° = -108.13°$$

相位邊際 $\theta_{pm} = 180° - |\theta_{total}|$ 為

$$\theta_{pm} = 180° - |\theta_{total}| = 180° - 108.13° = 71.87°$$

因為相位邊際為正值，所以此 OPA 在中頻帶範圍是穩定的。

---

9 範例

如上題條件，若中頻帶閉環路增益為 72 dB，臨界頻率為 30 KHz，試求其中頻帶時是否穩定？

解

已知：$f_{c1} = 1\,kHz$，$f_{c2} = 10\,kHz$，$f_{c3} = 100\,kHz$，代入
$\theta_{total} = -\tan^{-1}(f/f_{c1}) - \tan^{-1}(f/f_{c2}) - \tan^{-1}(f/f_{c3})$ 得

$$\theta_{total} = -\tan^{-1}(30/1) - \tan^{-1}(30/10) - \tan^{-1}(30/100)$$
$$= -88.09° - 71.57° - 16.7° = -176.36°$$

相位邊際 $\theta_{pm} = 180° - |\theta_{total}|$ 為

$$\theta_{pm} = 180° - 176.36° = 3.64°$$

相位邊際雖為正值，但是很接近零度，所以此 OPA 屬於邊際穩定。

---

10 範例

如上題條件，若中頻帶閉環路增益為 18 dB，臨界頻率為 500 kHz，試求其中頻帶時是否穩定？

解

已知：$f_{c1} = 1\,kHz$，$f_{c2} = 10\,kHz$，$f_{c3} = 100\,kHz$，代入
$\theta_{total} = -\tan^{-1}(f/f_{c1}) - \tan^{-1}(f/f_{c2}) - \tan^{-1}(f/f_{c3})$ 得

$$\theta_{total} = -\tan^{-1}(500/1) - \tan^{-1}(500/10) - \tan^{-1}(500/100)$$
$$= -89.89° - 88.85° - 78.69° = -257.43°$$

相位邊際 $\theta_{pm} = 180° - |\theta_{total}|$ 為

$$\theta_{pm} = 180° - 257.43° = -77.43°$$

相位邊際為負值，所以此 OPA 屬於不穩定。

 練習 6　如圖電路，若中頻帶開環路增益為 100 dB，三個臨界頻率分別為 1.2 kHz，50 kHz，250 kHz，求此放大器的閉環路頻寬 BW。

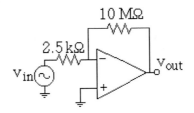

Answer　30 kHz

 練習 7　續上題，相位邊際 θ_{pm}？

Answer　$\theta_{pm} = 50°$

 練習 8　續上題，此放大器是否穩定？

Answer　穩定。

● 16-4-2　穩定度

前述假設 OPA 的環路增益大 1，使用 RC 落後網路之相位移與180°的差距判斷放大器是否穩定，反之，也可以將相位移固定在180°，再根據環路增益大小判斷放大器是否穩定；例如，具有臨界頻率簡併三極點回授放大器的環路增益 T 為

$$T = \frac{100\,B}{\left(1 + j\dfrac{f}{10^5}\right)^3}$$

其環路增益振幅$|T|$與相位θ分別為

$$|T| = \frac{100\,B}{\left[\sqrt{1 + \left(\dfrac{f}{10^5}\right)^2}\right]^3} \qquad , \qquad f = -3\tan^{-1}\left(\frac{f}{10^5}\right)$$

因為環路增益相位移等於$180°$，即

$$-3\tan^{-1}\left(\frac{f}{10^5}\right) = 180° \qquad , \qquad f = 1.73 \times 10^5 \ \text{Hz}$$

此回授放大器環路增益 T 的振幅與相位波德圖如下圖所示。

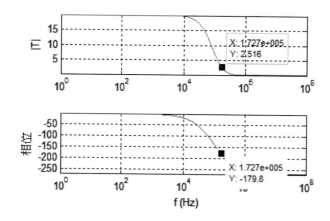

此時若回授比例 $B = 0.2$，計算其環路增益振幅$|T|$為

$$|T| = \frac{100(0.2)}{\left[\sqrt{1 + \left(\dfrac{1.73 \times 10^5}{10^5}\right)^2}\right]^3} = 2.51$$

　　由上式結果可知，環路增益振幅大於 1，系統為不穩定狀態；若以臨界值表示，設定環路增益振幅等於 1，求出回授比例 B 的臨界值為

$$|T| = \frac{100B}{\left[\sqrt{1+\left(\dfrac{1.73 \times 10^5}{10^5}\right)^2}\right]^3} = 1$$

由上式得知回授比例 B 的臨界值為 0.08，意即回授比例 B 大於 0.08 者，放大器屬於不穩定系統，若小於 0.08 者，則為穩定系統。

 補充

倪奎士穩定準則(Nyquist stability criteria)：根據環路增益的極座標圖判斷系統是否穩定的方法，當回授放大器的倪奎士圖曲線有環繞過 $(-1,0)$，表示在相位 $-180°$ 時，環路增益振幅 $|T|$ 大於 1，因此可知系統不穩定，反之，當回授放大器的倪奎士圖曲線未環繞過 $(-1,0)$，代表系統是穩定的。

例如上述的範例條件，回授比例 $B = 0.2$，計算其環路增益振幅 $|T| = 2.51$，其倪奎士圖如下所示，圖中很清楚看到曲線有環繞過 $(-1,0)$，可知系統不穩定。

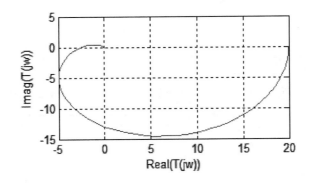

若回授比例 $B = 0.02$，計算其環路增益振幅 $|T| = 0.25$，其倪奎士圖如下所示，圖中很清楚看到曲線未曾環繞過 $(-1,0)$，可知系統穩定。

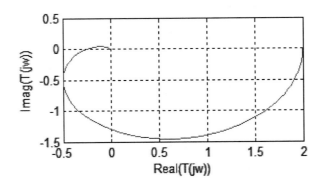

11 範例

如下所示三極點回授放大器的環路增益 T，若相位邊際 $\theta_{pm} = 45°$，試求回授比例 B。

$$T = \frac{100B}{\left(1 + j\dfrac{f}{10^3}\right)\left(1 + j\dfrac{f}{5 \times 10^4}\right)\left(1 + j\dfrac{f}{10^6}\right)}$$

解

已知：$f_{c1} = 1 \text{ kHz}$，$f_{c2} = 50 \text{ kHz}$，$f_{c3} = 1 \text{ MHz}$，相位邊際 $\theta_{pm} = 45°$，表示 $\theta_{total} = -135°$，即 $f \cong 47.26 \text{ kHz}$，模擬波德圖如下所示。

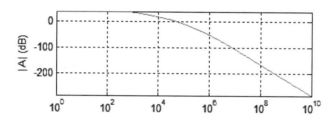

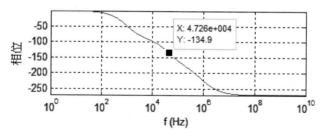

環路增益振幅等於 1

$$|T| = \frac{100B}{\sqrt{1 + \left(\dfrac{4.726 \times 10^4}{10^3}\right)^2}\sqrt{1 + \left(\dfrac{4.726 \times 10^4}{5 \times 10^4}\right)^2}\sqrt{1 + \left(\dfrac{4.726 \times 10^4}{10^6}\right)^2}} = 1$$

$$\frac{100B}{(47.27)(1.38)(1)} = 1$$

可得回授比例 B 的臨界值為 0.65。

練習 9

如下表示的單極點回授放大器的環路增益，回授比例 B = 0.01，環路增益振幅大小為 1，求(a)頻率　(b)相位邊際 θ_{pm}。

$$T = \frac{10^5\,B}{\left(1 + j\dfrac{f}{10}\right)}$$

Answer　(a) 10 kHz　(b) 90°

經之前說明與例題後，請參考隨書電子書光碟以程式進行相關例題模擬：

16-4-A　正回授與穩定度 MATLAB 分析

16-5　頻率補償

設法使回授系統穩定的補償技巧，一般稱為**頻率補償** (Frequency compensation)，例如具有三極點回授放大器的環路增益 T 函式表示為

$$T = \frac{5 \times 10^5\,(1)}{\left(1 + j\dfrac{f}{10^6}\right)\left(1 + j\dfrac{f}{10^7}\right)\left(1 + j\dfrac{f}{10^8}\right)}$$

此回授放大器環路增益 T 的振幅與相位波德圖如右圖所示。

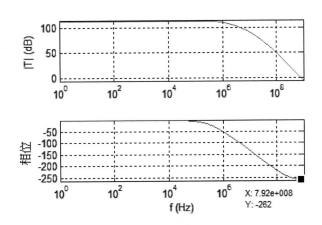

當環路增益振幅|T|等於 1，由上圖可知，相位角大於 180 度，可知系統不穩定；針對此不穩定問題，提出頻率補償方案，可以新增一個極點至求環路增益函式中，如下所示。

$$T = \frac{5 \times 10^5 \,(1)}{\left(1 + j\dfrac{f}{f_{FD}}\right)\left(1 + j\dfrac{f}{10^6}\right)\left(1 + j\dfrac{f}{10^7}\right)\left(1 + j\dfrac{f}{10^8}\right)}$$

若設定相位邊際 θ_{pm} 為 45 度，亦即環路增益相位 −135 度，頻率大約為 887 kHz，令環路增益振幅為 1，求出 f_{FD} 近似值為 2.38 Hz，將所有數據代回環路增益函式，可得環路增益振幅與相位波德圖如下所示。

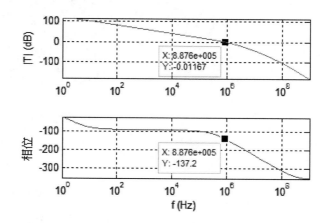

由於新增極點的臨界頻率很低，意即主控整個回授系統的頻率響應，因此稱為**主控極點**(Dominant pole)；此補償法通常必須使用極大的電容，才能取得極低的臨界頻率，以致於應用上似乎有點不切實際，針對此項問題，如果有需要改善，可以在不新增極點的情況下，直接在 OPA 第二級上使用回授電容（或稱補償電容）C_F，因為第二級反相的增益 A 很大，使得輸入端密勒電容值變得很大，因而達到不新增極點與極低臨界頻率的要求。

習　題　Exercises

16-1 如下圖所示的 RC 電路，求(a)臨界頻率　(b)頻率 f =159.15 Hz 之相位角。

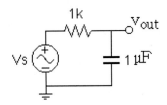

16-2 如下圖所示電路，若開環路增益 100 dB ，單位增益頻寬為 1 MHz，求頻寬 BW。

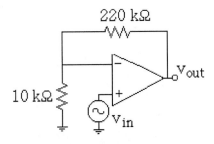

16-3 如下圖所示電路，若開環路電壓增益 $A_{ol} = 10^5$，單位增益頻寬為 1 MHz，求頻寬 BW。

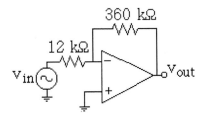

16-4 如下圖所示電路，若開環路增益 $A_{ol} = 2 \times 10^5$，單位增益頻寬為 2 MHz，求頻寬 BW。

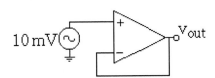

16-5 如下表示的雙極點回授放大器的環路增益，求回授比例 B = 0.01，環路增益振幅大小為 1 時，(a)頻率　(b)相位邊際 θ_{pm}　(c)系統是否穩定？

$$T = \frac{10^5 \, B}{\left(1 + j\dfrac{f}{10}\right)\left(1 + j\dfrac{f}{10^4}\right)}$$

16-6 如下表示的參極點回授放大器的環路增益，求回授比例 B = 0.01，環路增益振幅大小為 1 時，(a)頻率　(b)相位邊際 θ_{pm}　(c)系統是否穩定？

$$T = \frac{2 \times 10^5 \, B}{\left(1 + j\dfrac{f}{10^4}\right)\left(1 + j\dfrac{f}{10^5}\right)\left(1 + j\dfrac{f}{10^6}\right)}$$

16-7 續上一題 16-6，求回授比例 B = 0.001，環路增益振幅大小為 1 時，(a)頻率 (b)相位邊際 θ_{pm}　(c)系統是否穩定？

16-8 續上一題 16-6，求回授比例 B = 0.0001，環路增益振幅大小為 1 時，(a)頻率　(b)相位邊際 θ_{pm}　(c)系統是否穩定？

17
Chapter

運算放大器
之應用

研究完本章，將學會

- 比較器
- 加法器分析
- 積分器分析
- 微分器分析
- 其他運算放大器
- 儀表放大器

17-1　比較器※

● 17-1-1　電壓比較器

如下圖所示的非反相放大器電路，可用來作**電壓比較器**(Voltage comparator)，偵測輸入電壓是否超過某設定值。

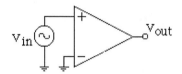

例如所謂的**零位檢測器**(Zero-Level detection)，可以用來測試輸入電壓是否大於 0，其工作動作的重點在於 OPA 的開環路增益非常大，因此兩輸入端只要有微小的電壓差，即可將輸出電壓推至 OPA 飽和電壓，換言之，輸入正弦波，輸出就是方波，示意圖如下所示。

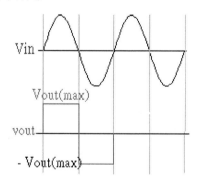

將零位檢測器的反相輸入端電位修正為某一定值，同上述理由，即為用來檢測非 0 準位的**非零位檢測器**(Nonzero-Level detection)，電路如下圖所示。

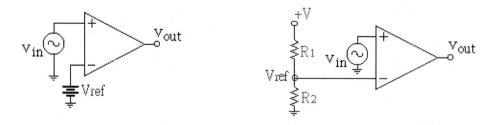

上圖左電路直接使用直流電池，上圖右則使用分壓電路，其中的分壓式的參考電壓 V_{ref}，可以表示為

$$V_{ref} = V \times \frac{R_2}{R_1 + R_2}$$

參考電壓 V_{ref} 是電阻 R_2 所分壓到的電壓值，因此也可以使用相近似稽納電壓的稽納二極體，如下圖所示。

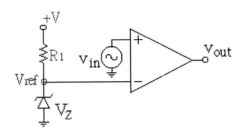

以上所述非零位檢測器的輸出結果，分解動作依序圖示如下，當輸入電壓大於參考電壓 V_{ref}，輸出電壓達到 OPA 最大電壓，反之，輸入電壓小於參考電壓 V_{ref}，輸出電壓反向達到 OPA 負最大電壓。

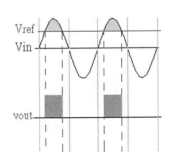

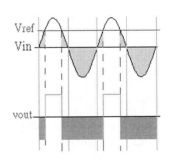

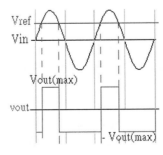

1 範例

如圖電路，若 v_{in} 的峰值為 5 V，OPA 的最大輸出電壓為 ±15 V，求輸出波形。

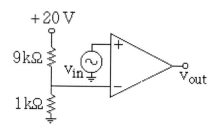

解

以分壓法計算參考電壓 V_{ref}

$$V_{ref} = 20 \times \frac{1}{9+1} = 2 \text{ V}$$

意即輸入電壓只要大於 2 V，輸出將衝到正最大電壓值 +15 V；反之，輸入電壓只要小於 2 V，輸出將衝到負最大電壓值 −15 V，綜上可知輸出波形如下圖所示。

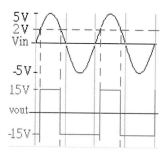

● 17-1-2　磁滯現象

一般而言，輸入信號會伴隨著雜訊，當此輸入信號送入比較器電路時，其效應如下圖所示。

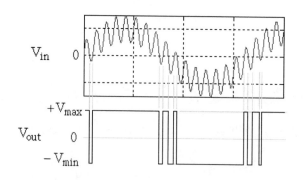

由上圖很清楚看到，輸入電壓在 0 準位附近產生上下巨幅變動數次，因而造成不穩定的輸出電壓；為了改善輸出電壓無規律性的現象，可以使用比較器配合正回授，稱為**滯後現象**(Hysteresis)，電路如下圖所示。

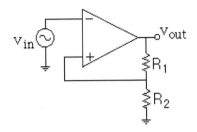

正回授的電路安排，相對有兩個參考準位：**上激發點**（Upper trigger point，簡稱**UTP**）與**下激發點**（Lower trigger point，簡稱 **LTP**），當輸出電壓為正最大值 $V_{out(max)}$，回授電壓就是 **UTP**，

$$V_{UTP} = V_{out(max)} \times \frac{R_2}{R_1 + R_2}$$

此時只要輸入信號大於 V_{UTP}，不論雜訊狀況，輸出均被推至負最大值；同理類推，當輸出電壓為負最大值 $-V_{out(max)}$，回授電壓就是 **LTP**，

$$V_{LTP} = -V_{out(max)} \times \frac{R_2}{R_1 + R_2}$$

此時只要輸入信號小於 V_{LTP}，不論雜訊狀況，輸出均被推至正最大值，換言之，當輸入電壓達到 UTP 或 LTP 時，才會有轉態輸出，如此一來便可避免雜訊干擾，效果示意圖如下所示。

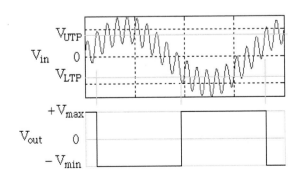

2 範例

如圖電路，若 v_{in} 的峰值為 5 V，OPA 的最大輸出電壓為 ±5 V，求上激發點與下激發點。

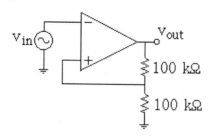

解

以分壓法計算上激發點 UTP 與下激發點 LTP

$$UTP = 5 \times \frac{100}{100+100} = 2.5 \text{ V}$$

$$LTP = -5 \times \frac{100}{100+100} = -2.5 \text{ V}$$

練習 **1** 如圖電路，若 OPA 的最大輸出電壓為 ±15 V，求上激發點 UTP。

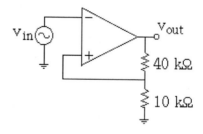

Answer 3 V

● 17-1-3 輸出限制

避免輸出電壓達到 OPA 的飽和值，可以使用稽納二極體來加以限制，例如下圖左所示的正值輸出限制電路，其輸入從 − 端送入，+ 端接地，為虛接地，正半週：稽納二極體導通 0.7 V，左正右負，v_{out} 輸出 −0.7 V，負半週：稽納二極體不導通 V_Z，左負右正，v_{out} 輸出 +V_Z，輸出波形如下圖右所示。

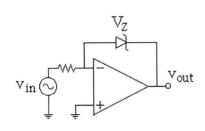 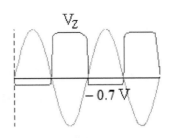

　　因位輸出波形被限制在正的稽納電壓值 V_Z，故稱為正值輸出限制；同理，將稽納二極體反向，即為負值輸出限制電路，如下圖左所示，其正半週：稽納二極體不導通，左正右負，v_{out} 輸出 $-V_Z$，負半週：稽納二極體導通 0.7 V，左負右正，v_{out} 輸出 $+0.7$ V，輸出波形如下圖右所示。

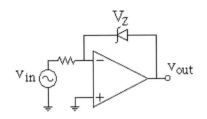 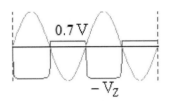

　　因位輸出波形被限制在負的稽納電壓值 V_Z，故稱為負值輸出限制；同理，綜合以上兩種輸出限制電路，即為雙向輸出限制(Double-bounded comparator)電路，如下圖左所示，其正半週：稽納二極體 V_{Z1} 不導通，V_{Z2} 導通，左正右負，v_{out} 輸出 $-V_{Z1}-0.7$ V，負半週：稽納二極體 V_{Z1} 導通，V_{Z2} 不導通，左負右正，v_{out} 輸出 $V_{Z2}+0.7$ V，輸出波形如下圖右所示。

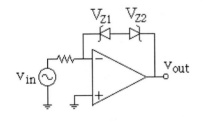 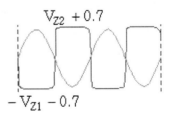

　　若是比較器同時結合磁滯現象與雙向輸出限制兩種電路，如下圖所示。

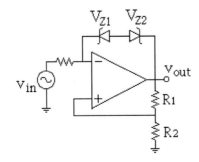

假設輸入電壓 V_{in} 峰值為 5 V，$V_{Z1} = V_{Z2} = 4.7$ V，$R_1 = 100$ kΩ，$R_2 = 50$ kΩ，由前述雙向輸出限制器結果可知，兩稽納二極體會有 ±5.4 V 的輸出，此狀況下反相輸入端－電壓為 $V_{out} \pm 5.4$ V，根據虛短路觀念，非反相輸入端＋的電位也是 $V_{out} \pm 5.4$ V，換言之，電阻 R_1 兩端的電壓與流經的電流為

$$V_{R1} = V_{out} - (V_{out} \pm 5.4) = \pm 5.4 \text{ V}$$

$$I_{R1} = \frac{V_{R1}}{R_1} = \frac{\pm 5.4 \text{ V}}{100 \text{ k}\Omega} = \pm 54 \text{ }\mu\text{A}$$

因為虛短路緣故，$I_{R1} = I_{R2}$，因此可知電阻 R_2 兩端的電壓為

$$V_{R2} = I_{R2}R_2 = (\pm 54 \text{ }\mu\text{A})(50 \text{ k}\Omega) = \pm 2.7 \text{ V}$$

綜上結果求出輸出電壓 V_{out} 等於

$$V_{R1} + V_{R2} = (\pm 5.4 \text{ V}) + (\pm 2.7 \text{ V}) = \pm 8.1 \text{ V}$$

以分壓法計算上激發點 UTP 與下激發點 LTP

$$V_{UTP} = \frac{R_2}{R_1 + R_2}(+V_{out}) = \frac{50}{100 + 50}(+8.1) = 2.7 \text{ V}$$

$$V_{LTP} = \frac{R_2}{R_1 + R_2}(-V_{out}) = \frac{50}{100 + 50}(-8.1) = -2.7 \text{ V}$$

綜合以上分析，可得輸出波形如下所示

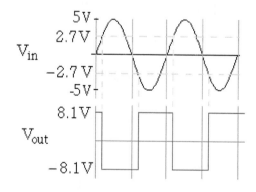

3 範例

如圖電路，若 v_{in} 的峰值為 5 V，OPA 的最大輸出電壓為 ±15 V，求輸出波形。

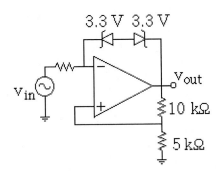

解

由前述雙向輸出限制器結果可知，兩稽納二極體會有 ±4 V 的輸出，此狀況下反相輸入端 − 電壓為 V_{out} ± 4 V，根據虛短路觀念，非反相輸入端 + 的電位也是 V_{out} ± 4 V，換言之，電阻 R_1 兩端的電壓與流經的電流為

$$V_{R1} = V_{out} - (V_{out} \pm 4V) = \pm 4V$$

$$I_{R1} = \frac{V_{R1}}{R_1} = \frac{\pm 4V}{10k\Omega} = \pm 0.4 \text{ mA}$$

因為虛短路緣故，$I_{R1} = I_{R2}$，因此可知電阻 R_2 兩端的電壓為

$$V_{R2} = I_{R2} \, R_2 = (\pm 0.4 \text{ mA})(5 \text{ k}\Omega) = \pm 2 \text{ V}$$

綜上結果求出輸出電壓 V_{out} 等於

$$V_{R1} + V_{R2} = (\pm 4V) + (\pm 2V) = \pm 6V$$

以分壓法計算上激發點 UTP 與下激發點 LTP

$$V_{UTP} = (+V_{out}) \frac{R_2}{R_1 + R_2} = (+6) \frac{5}{5+10} = 2 \text{ V}$$

$$V_{LTP} = (-V_{out}) \frac{R_2}{R_1 + R_2} = (-6) \frac{5}{5+10} = -2 \text{ V}$$

綜合以上分析，可得輸出波形如下所示

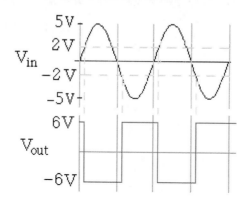

練習 2

如圖電路，求輸出波形。

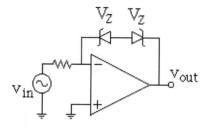

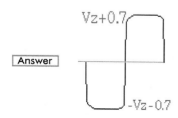

經之前說明與例題後，請參考隨書電子書光碟以程式進行相關例題模擬：

17-1-A　比較器 Pspice 分析

17-2　加法器分析※

如圖所示為二個輸入之反相加法器(Summing amplifier)，

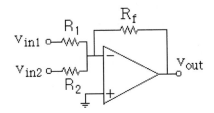

根據**虛接地**的觀念，流進反相輸入端的電流 $I_1 + I_2$ 等於 I_f，如下圖所示，

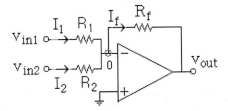

即輸出 v_{out} 可以表示成

$$\frac{v_{in1}}{R_1} + \frac{v_{in2}}{R_2} = \frac{0 - v_{out}}{R_f} \qquad , \qquad v_{out} = -\left(\frac{R_f}{R_1} v_{in1} + \frac{R_f}{R_2} v_{in2} \right)$$

當然，雙輸入的情況可以類推至 N 個輸入

$$v_{out} = -\left(\frac{R_f}{R_1} v_{in1} + \frac{R_f}{R_2} v_{in2} + \cdots + \frac{R_f}{R_N} v_{inN} \right)$$

假如 $R_1 = R_2 = \cdots = R_N = R$，上式簡化為

$$v_{out} = -\frac{R_f}{R} (v_{in1} + v_{in2} + \cdots v_{inN})$$

假如 $R = R_f$，上式簡化為

$$v_{out} = -(v_{in1} + v_{in2} + \cdots v_{inN})$$

換言之，由不同電阻值可以決定不同輸入電壓的代數和比例。

4 範例

如圖電路，求輸出電壓 v_{out}。

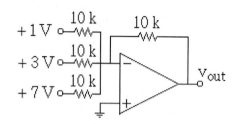

解

注意反相輸入的特性

$$v_{out} = -\left(\frac{10k}{10k} \times 1 + \frac{10k}{10k} \times 3 + \frac{10k}{10k} \times 7\right) = -11\,V$$

---

5 範例

如圖電路，求輸出電壓 v_{out}。

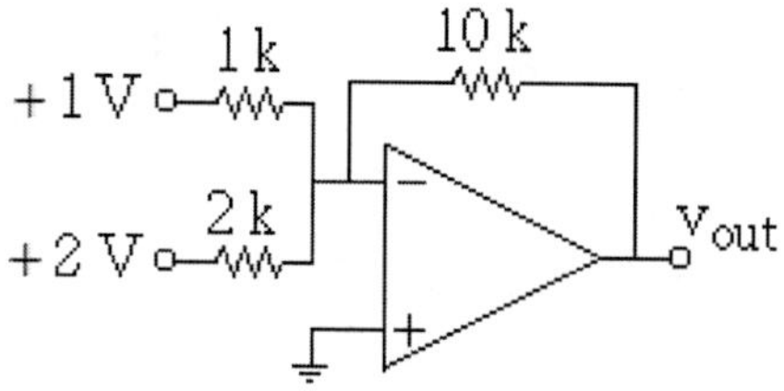

解

注意反相輸入

$$v_{out} = -\left(\frac{10\,k}{1k} \times 1 + \frac{10\,k}{2k} \times 2\right) = -20\,V$$

雖然 $v_{out} = -20\,V$，但是 $v_{out(max)} = \pm 15\,V$，因此 $v_{out} = -15\,V$

練習 3　如圖電路，若 OPA 的最大輸出電壓為 ±15 V，求 v_{out}。

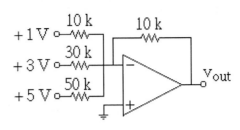

Answer　−3 V

練習 4　如圖電路，若 OPA 的最大輸出電壓為 ±15 V，求 v_{out}。

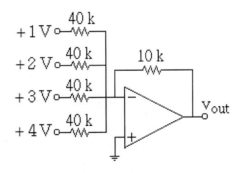

Answer　−2.5 V

經之前說明與例題後，請參考隨書電子書光碟以程式進行相關例題模擬：

17-2-A　加法器 Pspice 分析

17-3 積分器分析※

積分器(Integrator)電路如下圖所示，其中有很明顯的 RC 組態電路，但是電阻在輸入端，

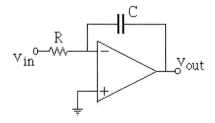

電容充電電荷與電壓關係為 $\int I_C \, dt = Q = C \, V_C$，由於虛接地的緣故

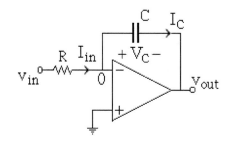

$$V_C = \frac{1}{C} \int I_C \, dt = \frac{1}{C} \int \frac{v_{in} - 0}{R} \, dt = \frac{1}{R \, C} \int v_{in} \, dt$$

因此輸出電壓 v_{out} 等於

$$v_{out} = -\frac{1}{RC} \int v_{in} \, dt$$

上式表示輸出電壓 v_{out} 等於輸入電壓 v_{in} 的積分除以時間常數 RC 乘積，並且相位差 180 度，因此稱為**積分器**；若考慮輸出電壓 v_{out} 時間等於 0 的起始值，上示改寫為

$$v_{out} = -\frac{1}{RC} \int v_{in} \, dt + v_{out}(0)$$

此種電路可以改變輸入電壓的波形，例如積分器電路與輸入電壓波形如下所示，當輸入為方波，峰值 2 V，頻率 500 Hz，

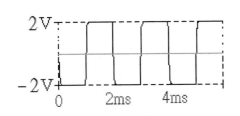

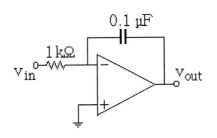

輸出就是正半週起始的三角波，其數值計算過程如下：

1. $RC = 1 \times 10^3 \times 0.1 \times 10^{-6} = 10^{-4}$ ，$1/RC = 10^4$

2. $0 \le t \le 1ms$ ：代入 $v_{out} = -\dfrac{1}{RC} \int v_{in}\, dt + v_{out}(0)$

$$v_{out} = -10^4 \int_0^t (-2)\, dt + 0 = 20000t$$

代入 $t = 1\,ms$ ，$v_{out} = 20\ V$ ，但是運算放大器有飽和電壓的限制，假設其飽和電壓為 $10\ V$ ，意即 v_{out} 最多等於 $10\ V$ ，此值所對應時間為

$$10 = 20000\ t$$

$$t = 0.5\ ms$$

3. $1ms \le t \le 2\ ms$ ：同步驟 2 計算，此時起始值為 $10\ V$

$$v_{out} = -10^4 \int_1^t (2)\, dt - 10 = -20000(t-1) + 10$$

代入 $t = 2\ ms$ ，$v_{out} = -10\ V$

4. $2\ ms \le t \le 3\ ms$ ：同步驟 3 計算，此時起始值為 $-10\ V$

$$v_{out} = -10^4 \int_2^t (-2)\, dt - 10 = 20000(t-2) - 10$$

代入 $t = 3\ ms$ ，$v_{out} = 10\ V$

重複上述步驟，可得如下所示的輸出電壓波形，

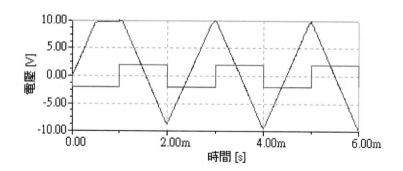

上圖為 Pspice 模擬的結果，雖然相較於理論值有些許差異，卻已經可以清楚看到所謂積分器積分的運算效果。

通常，積分器的電容會並聯高數值電阻，做為低頻失真補償，如下圖所示。

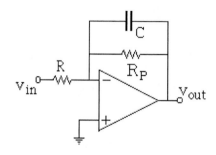

當低頻時，電容阻抗 $Z_C = 1/(j\omega C)$ 很大，與電阻並聯 R_P 結果，可以忽略電容阻抗的作用，因此電路轉變為反相放大器；當中高頻時，電容阻抗 $Z_C = 1/(j\omega C)$ 隨著頻率增加而遞減，與電阻 R_P 並聯結果，可以忽略電阻的作用，因此電路為積分器。

6 範例

如圖電路，輸入電壓 v_{in} 為方波，求 v_{out} 輸出波形。

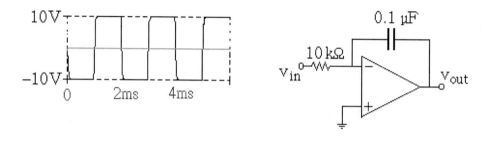

解

應用公式 $v_{out} = -\dfrac{1}{RC}\int v_{in}\,dt$ ，計算方波負半週的 v_{out} ，

$RC = 10\times10^3\times0.1\times10^{-6} = 10^{-3}$ ，$1/RC = 10^3$

$$\int_0^{1ms} -10\,dt = -10\times1\,ms \qquad , \qquad v_{out} = -\dfrac{1}{1\,m}(-10\times1\,m) = 10\,V$$

上式中 $10\,V$ 為輸出三角波的峰對峰值；同理，方波正半週的 v_{out} ，$v_{out} = -10\,V$ ，綜合以上，可知輸出波形為

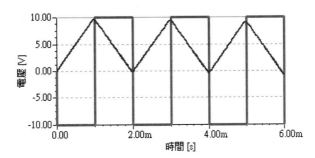

若輸入電壓 v_{in} 的頻率為 $100\,Hz$ ，輸出波形為

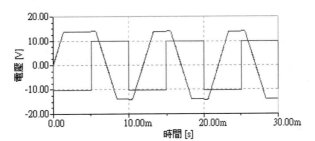

若輸入電壓 v_{in} 的頻率為 $2.5\,kHz$ ，輸出波形為

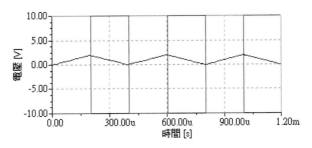

顯見輸出電壓 v_{out} 波形相關於輸入電壓 v_{in} 的頻率。

7 範例

如圖所示的電路，$V_C(0) = 0$，求 v_{out} 輸出波形。

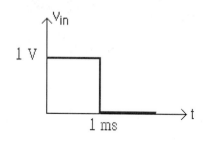

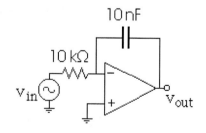

解

使用 $v_{out} = V_C(0) - \dfrac{1}{RC}\int v_i dt$

$$RC = 10 \times 10^3 \times 10 \times 10^{-9} = 10^{-4}$$

$$v_{out} = -10^4 \int_0^t 1\, dt = -10^4\, t \qquad 0 \le t \le 1\text{ms}$$

當 $t = 1\text{ ms}$，

$$v_{out} = -10^4 \times 1 \times 10^{-3} = -10 \text{ V}$$

輸出波形，如下圖所示

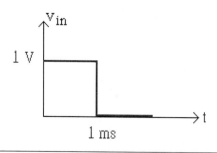

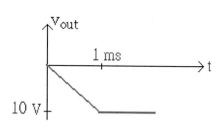

8 範例

如圖所示的電路，$V_C(0) = 0$，求 v_{out} 輸出波形。

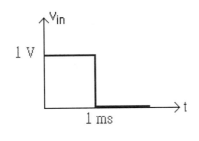 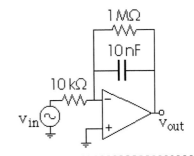

解

充電電流 I

$$I = \frac{1\,V}{10\,k\Omega} = 0.1\,mA$$

當 $t = \infty$，電容充電最大電壓為

$$v_{out}(t = \infty) = -I\,R_f = -(0.1\,mA) \times (1\,M\Omega) = -100\,V$$

充電方程式為

$$v_{out}(t) = -100(1 - e^{-\frac{t}{\tau}}) = -100(1 - e^{-\frac{t}{R_f C}})$$

其中 $R_f C = (1\,M\Omega) \times (10\,nF) = 10\,ms$，當 $t = 1\,ms$

$$v_{out}(t = 1\,ms) = -100(1 - e^{-\frac{1ms}{10ms}}) = -9.5\,V$$

輸出波形，如下圖所示

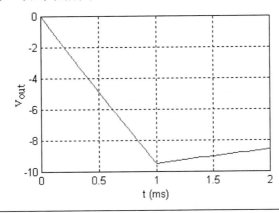

練習 5 如圖電路，若 v_{in} 為方波，週期 2ms，求 v_{out} 波形。

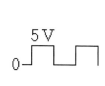

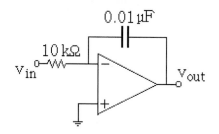

Answer

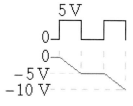

練習 6 如圖電路，若 v_{in} 為三角波，則 v_{out} 為

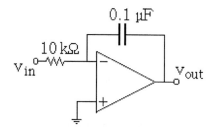

Answer　方波。

經之前說明與例題後，請參考隨書電子書光碟以程式進行相關例題模擬：

17-3-A　積分器 Pspice 分析

17-4　微分器分析※

微分器(Differentiator)電路如下圖左所示，其中同樣有很明顯的 RC 組態電路，但是電容在輸入端，

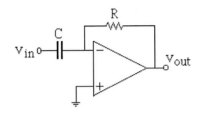 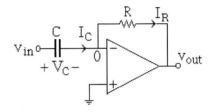

電容充電電荷與電壓關係為 $\int I_C \, dt = Q = C V_C$，由於虛接地緣故，如上圖右所示，

$$I_C = I_R = C\frac{dV_C}{dt} = C\frac{d\,v_{in}}{dt}$$

因此輸出電壓 v_{out} 等於

$$v_{out} = -I_R\, R = -RC\frac{d\,v_{in}}{dt}$$

上式表示輸出電壓 v_{out} 等於輸入電壓 v_{in} 的微分乘上時間常數 RC，並且相位差 180 度，因此稱為**微分器**；此種電路可以改變輸入電壓的波形，例如下圖所示的微分器電路，當輸入為三角波，峰值 10 V，頻率 500 Hz，輸出就是方波。

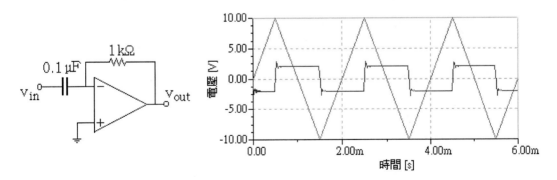

上圖為 Pspice 模擬的結果，數值很接近理論值，同時也可以清楚看到所謂微分器微分的運算效果，恰好是積分器積分運算的相反。

通常，微分器的電容會串聯低數值電阻，做為高頻雜訊補償，如下圖所示，

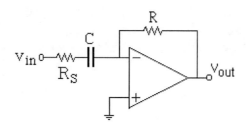

當低頻時，電容阻抗 $Z_C = 1/(j\omega C)$ 很大，與電阻串聯 R_S 結果，可以忽略電阻的作用，因此電路仍然是微分器；當中高頻時，電容阻抗 $Z_C = 1/(j\omega C)$ 隨著頻率增加而遞減，與電阻 R_S 串聯結果，可以忽略電容的作用，因此電路為反相放大器。

9 範例

如圖電路，輸入 v_{in} 為三角波，求 v_{out} 輸出波形。

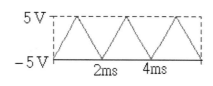

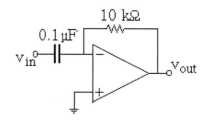

 解

應用公式 $v_{out} = -RC\dfrac{dv_{in}}{dt}$ ，計算三角波正斜率的 v_{out} ， $RC = 10 \times 10^3 \times 0.1 \times 10^{-6} = 10^{-3}$

$$\frac{dv_{in}}{dt} = \frac{5-(-5)}{1m-0} = 10^4$$

$$v_{out} = -(10^{-3}) \times (10^4) = -10 \text{ V}$$

同理，三角波負斜率的 $v_{out} = 10$ V ，綜合以上結果，可知輸出波形如下所示。

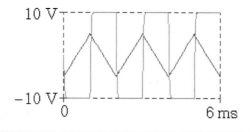

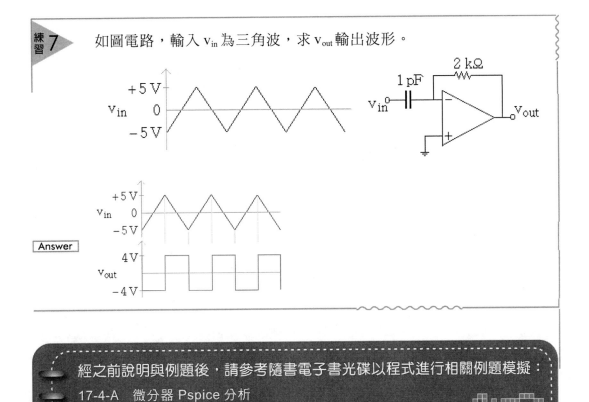

練習 7　如圖電路，輸入 v_{in} 為三角波，求 v_{out} 輸出波形。

Answer

經之前說明與例題後，請參考隨書電子書光碟以程式進行相關例題模擬：

17-4-A　微分器 Pspice 分析

17-5　其他運算放大器

● 17-5-1　二極體對數放大器

所謂**對數放大器**(Logarithmic amplifier)，係指放大器具有輸出值是輸入值取對數的函式型態者，例如

$$V_{out} = K \ln(V_{in})$$

上式 K 為常數；針對這樣的特性，回想過去所學，已知有二極體 pn 接面與電晶體基射接面，具有對數的特性，例如二極體順向偏壓電流，

$$I_F = I_S e^{V_D / V_T}$$

兩邊取對數並且移項處理,

$$\ln(I_F) = \ln(I_S) + \frac{V_D}{V_T} \quad , \quad \ln(I_F) - \ln(I_S) = \ln(\frac{I_F}{I_S}) = \frac{V_D}{V_T}$$

$$V_D = V_T \ln(\frac{I_F}{I_S})$$

根據上述二極體的對數特性,使用二極體當作回授元件的對數放大器電路如下圖所示,由此可知輸出電壓受限最大輸出 −0.7 V,

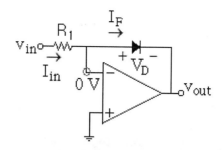

因為虛接地緣故,反相輸入端的電壓等於 0 V,意即輸出電壓 v_{out} 等於 $-V_D$,而 V_D 是對數特性,因此 v_{out} 也是對數特性

$$v_{out} = -V_D = -V_T \ln(\frac{I_F}{I_S})$$

代入 $I_{in} = I_F = v_{in}/R_1$,上式可以改寫為

$$v_{out} = -V_T \ln\left(\frac{v_{in}}{I_S R_1}\right)$$

上式熱電壓 V_T 在室溫 25 度 C 下大約為 25 mV。

反對數放大器

　　將二極體對數放大器電路中,二極體與電阻位置互換,安排電路如右所示,即為所謂二極體反對數放大器(或者稱為指數放大器)

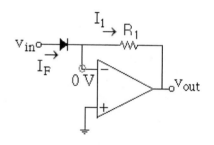

由接地緣故，可知輸出電壓 v_{out} 等於 $-I_1R_1$，以及 $I_1 = I_F$，$v_{in} = V_D$，即

$$v_{out} = -I_S R_1 e^{v_{in}/V_T}$$

　　由上式可以清楚看到輸出電壓 v_{out} 是輸入電壓的指數函式，故名為反對數（指數）放大器。綜上分析，似乎很簡單，只要使用虛接地觀念與克希荷夫電流定理 KCL，即可推導出對數與指數放大器的相關數學式，但是，若是反過來提問這個問題，例如，如何使用 OPA、電阻與二極體設計組合與證明對數與指數放大器：假設已知（當然這又是另一個問題）有下列兩種可能的電路組合：

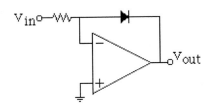 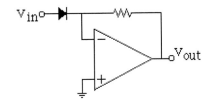

一、回授元件為二極體：輸出電壓 v_{out} 相關於二極體兩端電壓 V_D，V_D 指數函式相關於二極體電流，二極體電流相關於輸入電壓 v_{in}，因此，欲求 V_D 必須取反指數（對數）函式，可見此安排為對數放大器電路。

二、回授元件為電阻：輸出電壓 v_{out} 相關於電阻兩端電壓 V_R，V_R 相關於流經電阻的電流，電阻的電流等於二極體電流，二極體電流相關於二極體兩端電壓 V_D 的指數函式，二極體兩端電壓 V_D 等於輸入電壓 v_{in}，可見此安排為指數（反對數）放大器電路。

　　諸如此類的設計問題，請多加注意並且練習。

10 範例

如圖電路，二極體逆向飽和電流 $I_S = 10\ nA$，求 v_{out}。假設熱電壓 $V_T = 25\ mV$

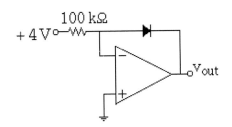

解

使用 $v_{out} = -V_T \ln(\dfrac{v_{in}}{I_S R_1})$

$$v_{out} = -(25\ \text{mV})\ln\left(\frac{4}{(10\times10^{-9})(100\times10^3)}\right) = -0.207\ \text{V}$$

直接代入公式，著眼於方便示範說明而已，不鼓勵這樣使用，請自行練習不代入公式的計算方法。

● 17-5-2 電晶體對數放大器

已知電晶體基射接面也具有對數的特性，若使用電晶體取代二極體，安排電路如下所示，

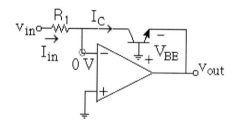

因為集極電流 I_C 為

$$I_C = I_{EBO}\, e^{V_{BE}/V_T}$$

比照二極體的輸出電壓型態，改寫如下，

$$v_{out} = -V_T \ln(\frac{v_{in}}{I_{EBO} R_1})$$

換言之， I_C 對應 I_F ， I_{EBO} 對應 I_S 。

11 範例

如圖電路，$I_{EBO} = 40$ nA，求 v_{out}。

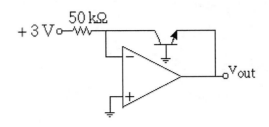

解

使用 $v_{out} = -V_T \ln(\dfrac{v_{in}}{I_{EBO} R_1})$

$$v_{out} = -(25 \text{ mV}) \ln\left(\frac{3}{(40 \times 10^{-9})(50 \times 10^3)} \right) = -0.183 \text{ V}$$

● 17-5-3　電晶體反對數放大器

將電晶體對數放大器電路中，電晶體與電阻位置互換，安排電路如下所示，即為所謂電晶體反對數放大器(Antilog amplifier)。

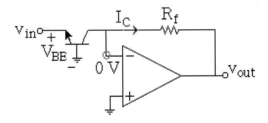

已知集極電流 $I_C = I_{EBO} e^{V_{BE}/V_T}$，輸出電壓 v_{out} 等於 $-R_f I_C$，$V_{BE} = v_{in}$，即

$$v_{out} = -R_f I_{EBO} e^{V_{BE}/V_T} = -R_f I_{EBO} \operatorname{anti\,log}\left(\frac{v_{in}}{V_T} \right)$$

12 範例

如圖電路，$I_{EBO} = 40 \text{ nA}$ ，求 v_{out} 。假設熱電壓 $V_T = 25 \text{ mV}$

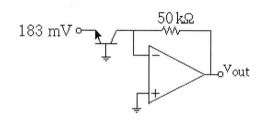

解

使用 $v_{out} = -R_f \, I_{EBO} \, e^{V_{BE}/V_T} = -R_f \, I_{EBO} \, \text{anti} \log\left(\dfrac{v_{in}}{V_T}\right)$

$$v_{out} = -(50 \times 10^3)(40 \times 10^{-9}) \text{anti} \log\left(\frac{183}{25}\right) \cong -3 \text{ V}$$

● 17-5-4　其他運算放大器

定電流源(Constant-Current source)電路如下圖左所示，當負載電阻 R_L 變動時，負載電流 I_L 仍維持固定值。

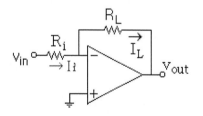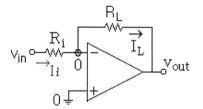

由於虛接地緣故（參考上圖右），可使用節點分析法計算流進節點的電流 I_i

$$I_i = \frac{v_{in} - 0}{R_i} = \frac{v_{in}}{R_i}$$

又因為 OPA 的輸入阻抗很大，可視為斷路，所以 I_i 全部流向 R_L，意即等於 I_L

$$I_L = I_i = \frac{v_{in}}{R_i}$$

意即只要控制 v_{in} 與 R_i，不管 R_L 如何變化，I_L 仍為定電流。

　　電流至電壓轉換器(Current-To-Voltage Converter)電路如下圖所示，目的在將可變輸入電流轉換成正比的輸出電壓。

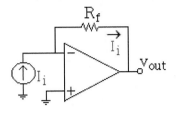

反相輸入端同樣是虛接地，I_i 由左向右流經 R_f，極性左正右負，所以 v_{out} 正比於 I_i

$$v_{out} = -I_i \times R_f$$

　　電壓至電流轉換器(Voltage-To-Current converter)電路如下圖所示，可由輸入電壓控制輸出電流。

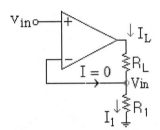

若 OPA 為理想狀態，則兩電阻間節點電壓為 v_{in}，並且沒有電流從反相輸入端流出，根據 KCL 原理可得負載電流 I_L 為

$$I_L = \frac{v_{in}}{R_1} = I_i$$

　　峰值檢測器(Peak detector)電路如下圖所示，目的在檢測輸入電壓的峰值與儲存峰值電壓在電容上。

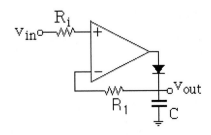

　　當輸入電壓 v_{in} 正電壓送入非反相輸入端時,二極體的 p 接高電位,因此二極體導通,電容開始充電,充電至與輸入電壓 v_{in} 相同為止,此時 OPA 比較器特性轉態至低電位,二極體逆偏下不導通,電容停止充電;假設 v_{in} 峰值 5 V, f = 1 kHz,其 v_{out} 波形如下所示。

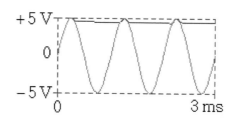

13 範例

如圖電路,求 I_L。

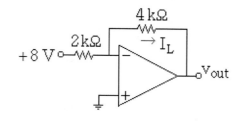

解

回憶虛接地的觀念

$$I_L = \frac{V_{in}}{R_1} = \frac{8\,V}{2k\Omega} = 4\ mA$$

14 範例

如圖電路,求 v_{out}。

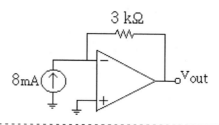

解

回憶虛接地的觀念

$$v_{out} = -I_i \times R_f = -8\,mA \times 3\,k\Omega = -24\,V$$

（若 OPA 的 $v_{out(max)} = \pm 15\,V$，則理論的 $v_{out} = -15\,V$）

練習 **8** 如圖電路，求 v_{out}。

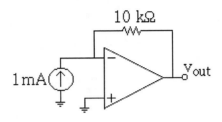

Answer   −10 V

練習 **9** 如圖電路，求 I_L。

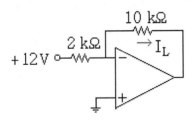

Answer   6 mA

 練習 **10**　如圖電路，若 v_{in} 的峰值為 10 V，求電容上最大電壓值。

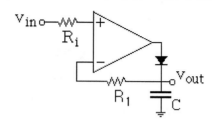

Answer　10 V

 練習 **11**　如圖電路，求流過 5 kΩ 電阻的電流。

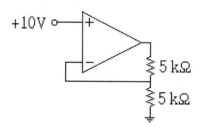

Answer　2 mA

 練習 **12**　如圖電路，$I_S = 50$ nA，求 v_{out}。

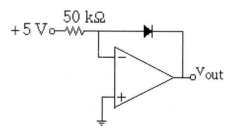

Answer　-0.19 V

練習 **13**   如圖電路，$I_{EBO} = 10 \text{ nA}$，求 v_{out}。

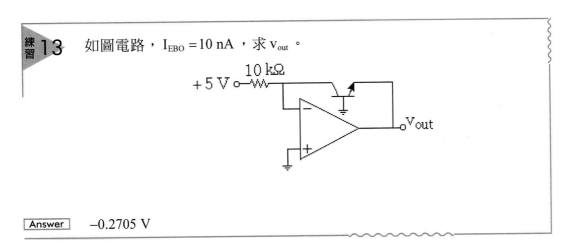

Answer -0.2705 V

練習 **14**   如圖電路，$I_{EBO} = 10 \text{ nA}$，求 v_{out}。

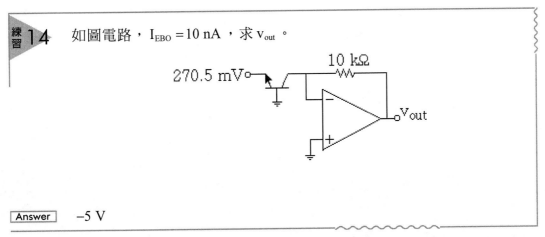

Answer -5 V

17-6   儀表放大器

如下圖所示的**差動放大器**，其動作原理已經在 15-3 章節中介紹過，

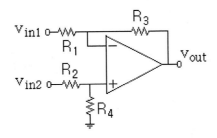

現在快速回顧：使用重疊原理，即可求出輸出電壓 v_{out}。

一、 v_{in1} 單獨存在（ v_{in2} 短路，參考如下圖所示的電路）：此時為反相放大器，因此可知輸出電壓 v_{out} 為

$$v_{out1} = -\frac{R_3}{R_1}v_{in1}$$

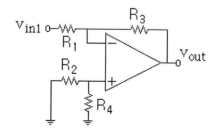

二、 v_{in2} 單獨存在（ v_{in1} 短路，參考如下圖所示的電路）：此時為非反相放大器，因此可知輸出電壓 v_{out} 為

$$v_{out2} = \left(1+\frac{R_3}{R_1}\right)v_+ = \left(1+\frac{R_3}{R_1}\right)\left(\frac{R_4}{R_2+R_4}v_{in2}\right)$$

綜合以上結果，假設 $R_1 = R_2 = R$ ， $R_3 = R_4 = R_f$ ，可得輸出電壓 v_{out} 為

$$v_{out1} = -\frac{R_f}{R}v_{in1} \qquad , \qquad v_{out2} = \frac{R_f}{R}v_{in2}$$

$$v_{out} = v_{out1} + v_{out2} = \frac{R_f}{R}(v_{in2}-v_{in1})$$

由上式可知，輸出電壓 v_{out} 等於兩輸入電壓的差再放大 R_f/R 倍，故稱為差動放大器；若此電路的電阻皆相同，則放大倍數等於 1，意即為單一增益的差動放大器。

　　儀表放大器(Instrumentation amplifier)電路如下圖所示，其中非反相放大器組態的 OPA_1 與 OPA_2 提供高輸入阻抗與電壓增益，差動放大器組態的 OPA_3 則是提供單一增益(Unity-gain)。

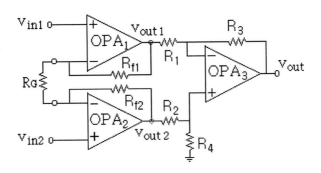

首先求 v_{out1}：參考下圖左電路，因為有兩個輸入，所以使用重疊原理求解。

一、v_{in1} 單獨存在：參考下圖中電路，因為 OPA_2 虛接地，可知電阻 R_G 下端接地，v_{in1} 從正端＋送入，此為非反相放大器特性。

二、v_{in2} 單獨存在：參考下圖右電路，因為 OPA_2 虛短路，可知電阻 R_G 下端接 v_{in2}，並且從負端－送入，此為反相放大器特性。

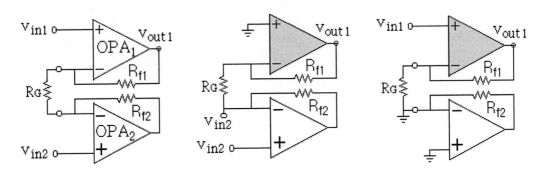

綜上分析，可得 v_{out1} 輸出電壓為

$$v_{out1} = \left(1 + \frac{R_{f1}}{R_G}\right)v_{in1} - \left(\frac{R_{f1}}{R_G}\right)v_{in2}$$

同理，v_{out2} 輸出電壓為

$$v_{out2} = \left(1 + \frac{R_{f2}}{R_G}\right)v_{in2} - \left(\frac{R_{f2}}{R_G}\right)v_{in1}$$

若設定 $R_{f1} = R_{f2} = R_f$ ，可知

$$v_{out2} - v_{out1} = (1 + \frac{2R_f}{R_G})(v_{in2} - v_{in1})$$

最右邊 OPA_3 兼具反相與非反相輸入型態，反相部分閉環路增益為 $-R_3/R_1$ ，非反相部分閉環路增益為 $1 + R_3/R_1$ ，令 $R_3/R_1 = R_4/R_2$ ，直接代入差動放大器結果，可得**閉環路增益**為

$$A_{cl} = \frac{R_3}{R_1}\left(1 + \frac{2R_f}{R_G}\right) = \frac{R_4}{R_2}\left(1 + \frac{2R_f}{R_G}\right)$$

若設定 $R_1 = R_2 = R_3 = R_4$ ，上式簡化為

$$A_{cl} = \left(1 + \frac{2R_f}{R_G}\right)$$

15 範例

如圖電路，求其閉環路增益 A_{cl} 。

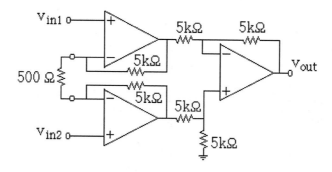

解

已知： $R_f = 5 \text{ k}\Omega$ ， $R_G = 500 \text{ }\Omega$ ，代入數學式 $A_{cl} = \left(1 + \frac{2R_f}{R_G}\right)$ 得

$$A_{cl} = \left(1 + \frac{2 \times 5000}{500}\right) = 21$$

另外一種處理方式：電路中電阻 R_G 可以切割成兩等值電阻，或者切割成兩等值電阻後中間再接地，其閉環路增益皆相同（此部分的證明請自行練習）。

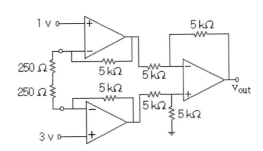

由上述討論可知儀表放大器的閉環路增益為

$$A_{cl} = \frac{5\ k\Omega}{5\ k\Omega}\left(1 + \frac{5\ k\Omega}{0.25\ k\Omega}\right) = 1(1+20) = 21$$

即輸出電壓為 $v_{out} = 21(3-1) = 42$ V 。

練習 15　如圖電路，求 v_{out} 。

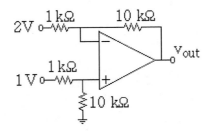

Answer　-10 V

練習 16　如圖電路，求 v_{out} 。

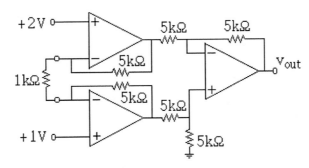

Answer　-11 V

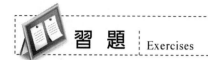

習題 Exercises

17-1 如圖電路,若 v_{in} 的峰值為 2 V,OPA 的最大輸出電壓為 ±10 V,求輸出波形。

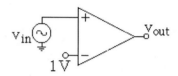

17-2 如圖電路,若 v_{in} 的峰值為 5 V,OPA 的最大輸出電壓為 ±15 V,求輸出波形。

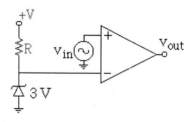

17-3 如圖電路,若 v_{in} 的峰值為 3 V,OPA 的最大輸出電壓為 ±15 V,求輸出波形。

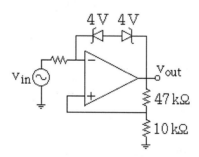

17-4 如圖電路,若 OPA 的最大輸出電壓為 ±15 V,求 v_{out}。

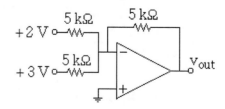

17- 5　如圖電路，若 OPA 的最大輸出電壓為 ±15 V，求(a) v_{out}　(b)流經 10 kΩ 之
電流。

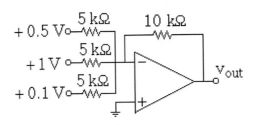

17- 6　如圖電路，輸入 v_{in} 為 $3.77\sin(2\pi\times60\times t)$，求 v_{out} 輸出波形。

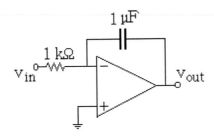

17- 7　如圖電路，輸入 v_{in} 為 $3.77\sin(2\pi\times60\times t)$，求 v_{out} 輸出波形。

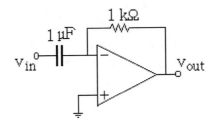

17- 8　如圖電路，$I_{EBO}=50$ nA，求 v_{out}。

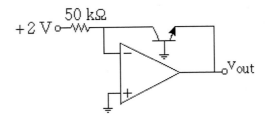

17- 9 如圖電路，$I_{EBO} = 20 \text{ nA}$ ，求 v_{out} 。

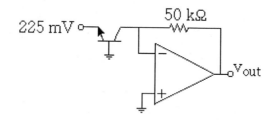

17-10 如圖電路，求負載電流。

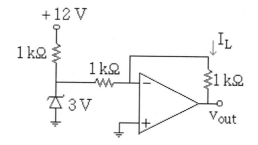

17-11 如圖電路，求 v_{out} 。

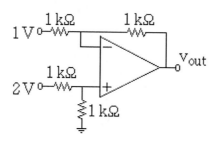

17-12 如圖電路，若 $R_{f1} = R_{f2} = 25 \text{ k}\Omega$ ，閉環路增益 $A_{cl} = 51$ ，求 R_G 。

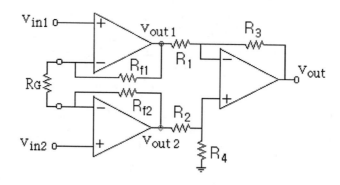

Memo

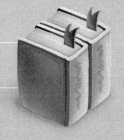

Memo

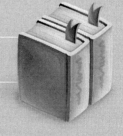